高等职业教育“互联网+”创新型系列教材
国家职业教育智能控制技术专业教学资源库配套教材

PLC应用技术项目教程

——西门子S7-200 Smart

第2版

主　编　丁金林　王　峰
副主编　邓建平
参　编　淮文军　袁海嵘
主　审　朱永芬

机 械 工 业 出 版 社

PLC是以微处理器为核心的工业控制器，具有功能强、可靠性高、编程简单、体积小、质量轻等优点。PLC应用技术将传统的继电器控制技术、计算机技术和通信技术融为一体，在工业自动化等方面的应用越来越广泛，已成为现代工业控制的主要支柱之一。

本书以西门子 S7－200 Smart PLC 为例，邀请西门子工程师共同编写，以实际应用项目为主线，打破传统模式，力图从认知角度将相关概念和原理等知识融入六个项目中，由浅入深、循序渐进地将理论与实践相结合。每个项目都设置了基本任务和提高任务，以适应不同的学生。

本书可作为高职高专院校电气自动化技术、机电一体化技术、智能控制技术等相关专业的教材，也可作为工程技术人员培训及自学用书。

为方便教学，本书有电子课件、思考题答案、模拟试卷及答案、二维码视频等教学资源，凡选用本书作为授课教材的老师，均可通过 QQ（2314073523）咨询。

图书在版编目（CIP）数据

PLC应用技术项目教程：西门子 S7－200 Smart/丁金林，王峰主编．—2版．—北京：机械工业出版社，2021.3（2025.1重印）
高等职业教育“互联网+”创新型系列教材
ISBN 978-7-111-68154-0

Ⅰ．①P…　Ⅱ．①丁…②王…　Ⅲ．①PLC技术—高等职业教育—教材　Ⅳ．①TM571.6

中国版本图书馆 CIP 数据核字（2021）第 083218 号

机械工业出版社（北京市百万庄大街22号　邮政编码100037）
策划编辑：曲世海　责任编辑：曲世海
责任校对：张　薇　封面设计：马精明
责任印制：单爱军
北京虎彩文化传播有限公司印刷
2025年1月第2版第6次印刷
184mm×260mm · 13.75印张 · 337千字
标准书号：ISBN 978-7-111-68154-0
定价：49.80元

电话服务
客服电话：010-88361066
010-88379833
010-68326294

网络服务
机　工　官　网：www.cmpbook.com
机　工　官　博：weibo.com/cmp1952
金　　书　　网：www.golden-book.com
机工教育服务网：www.cmpedu.com

前 言

可编程序控制器（Programmable Logic Controller，PLC）采用一类可编程的存储器，用于其内部存储程序，执行逻辑运算、顺序控制、定时、计数与算术操作等面向用户的指令，并通过数字或模拟式输入/输出控制各种类型的机械或生产过程。

自20世纪60年代美国推出可编程序控制器取代传统继电器控制装置以来，PLC得到了快速发展，在世界各地得到了广泛应用，同时PLC的功能也不断完善。随着计算机技术、信号处理技术、控制技术、网络技术的不断发展和用户需求的不断提高，PLC在开关量处理的基础上增加了模拟量处理和运动控制等功能。今天的PLC不再局限于逻辑控制，在运动控制、过程控制等领域也发挥着十分重要的作用。

西门子S7系列PLC体积小、速度快、标准化程度高，并且具有网络通信能力，功能更强，可靠性更高。S7系列PLC产品可分为微型PLC（如S7－200）、小规模低性能要求的PLC（如S7－300）和中高性能要求的PLC（如S7－400）等。S7－200 Smart是西门子公司于2012年7月推出的经济型、小型PLC，该机型在中国研发和生产，专为中国市场制造。S7－200 Smart的CPU保留了S7－200的RS-485接口，增加了一个以太网接口，同时集成了Micro SD卡插槽，使用市面上通用的Micro SD卡即可实现程序的更新和PLC固件升级，是国内广泛使用的S7－200的更新换代产品。

本书以西门子S7－200 Smart PLC为基础，邀请西门子工程师共同编写；以实际应用项目为主线，以“案例育人”为载体，以社会主义核心价值观和工匠精神为思政元素，将世界观、价值观、人生观塑造融入本课程教学；将相关概念和原理等知识融入六个项目中，由浅入深、循序渐进地将理论与实践相结合，培养学生不畏艰苦、勇攀高峰的精神和追求卓越、不懈奋斗的意志，帮助学生逐步树立学习自信、课程自信，实现课程育人。项目1抢答器控制，主要融入PLC的基础知识、编程软件及位逻辑指令的应用，引导爱国情怀和责任担当。项目2彩灯控制，主要融入定时器、计数器指令的应用，传送指令及移位指令作为提高内容，引导时间管理意识和创新意识。项目3密码锁控制，主要引入模块化编程思维，并融入数据格式转换指令的应用，引导保密安全意识。项目4电压、电流控制，引入模拟量输入/输出模块的使用，同时融入比较指令和四则运算指令的应用，引导标准规范意识。项目5温度控制，引入PID控制算法，引导团队协作意识。项目6步进电动机控制，引入运动控制编程方法，弘扬工匠精神，要严谨踏实，精益求精。全书所有项目均提供参考程序，鼓励学生自己编写程序，完成项目调试，培养创新思维和创新能力。

本书由丁金林和王峰主编，其中，项目1～3由丁金林编写，项目6由王峰编写，项目4由邓建平编写，项目5由准文军编写，上海西门子工业自动化有限公司袁海嵘整理了附录A～D。

本书所需操作手册、编程手册等资料，可以登录西门子（中国）有限公司工业业务领域工业自动化与驱动技术网站获取。

由于编者水平有限，书中难免有疏漏之处，恳请广大读者批评指正。

编　者

国家资源库在线课程

二维码索引

（续）

页码	名称	二维码	页码	名称	二维码
160	视频 5-3　画面设计		195	视频 6-2　画面设计	
169	视频 5-4　画面调试		195	视频 6-3　程序编写	
181	视频 6-1　运动控制向导		197	视频 6-4　程序调试	

目　录

项目1 抢答器控制

20 世纪 70 年代以前，电气自动控制任务基本上是由继电器控制系统来实现的。继电器控制系统的优点是结构简单、价格低廉、抗干扰能力强，至今仍在许多简单的机械设备中被大量应用。但继电器控制系统也存在明显的缺点：首先，它采用固定的硬件接线方式来完成各种逻辑控制，灵活性差；另外，机械性触点的工作频率低，易损坏，可靠性差。随着当前生产工艺不断提出新的要求，电气控制系统也得到了飞速发展，由继电器控制系统逐步过渡到了以 PLC 为核心的控制系统。

本项目将以西门子 S7 - 200 Smart PLC 为例介绍抢答器控制的基本要点。

项目学习目标：

知识目标：了解 PLC 的产生及发展状况，熟悉 PLC 的性能规格、结构类型及控制功能；掌握 PLC 的基本组成及工作原理；通过抢答器设计掌握 S7 - 200 Smart PLC 的外部结构和简单指令，熟悉 SmartLine 触摸屏硬件及画面设计软件，掌握一般控制系统监控画面设计方法。

技能目标：能对 S7 - 200 Smart PLC 进行简单接线、编程与调试；能熟练掌握 STEP 7 - Micro/WIN Smart 编程软件的安装过程；能进行 PLC 的简单输入/输出接线，并运用位逻辑指令实现简单电气控制。

职业素养目标：树立用电安全意识，并能从电气控制系统的发展轨迹中了解 PLC 在实际工程中的应用背景，了解 PLC 作为控制系统核心的重要性，理解团队核心的重要性。

课程思政目标：通过科技强国及中国梦相关视频，激发爱国热情，自强不息，坚定科技强国之路，规则很重要，要遵守法律法规，承担社会责任。

1.1 项目背景及要求

1.1.1 项目背景

规则有人为设定和客观存在两种，但只要是规则便具有约束性，有绝对的或者相对的约束力。人的行为在一定范围内得到许可，包括自然界、社会、他人的许可，这就是规则的制约性。没有规矩不成方圆，一个国家要有相应的法律来制约，一所学校也要有一种制度来维持校纪，这就是校规，作为在校学生就要遵守校纪校规。

这里需要了解的是竞赛规则，不同的竞技项目会有不同的竞赛规则。在抢答竞赛中，组委会也会制定相应的抢答规则，选手需要遵守竞赛规则，否则将被判犯规或淘汰出局。而抢答器则是抢答竞赛中一种常用的必备装置，实现抢答器功能的方式有多种，例如，可采用早期的模拟电路、数字电路或者模-数混合电路，也可采用单片机、PLC 等控制器来实现。这里用 PLC 来实现抢答器的功能，同时认识到规则的重要性，做一个遵纪守法的好公民。而抢答器是竞赛问题中一种常用的必备装置，实现抢答器功能的方式有多种，例如，可以采用早期的模拟电路、数字电路或者模-数混合电路，也可以采用单片机、PLC 等控制器来实现。这里用 PLC 来实现抢答器的功能。

1.1.2　控制要求

设计一个四人抢答器，要求：

主持人控制抢答过程，当他按下开始按钮后，开始指示灯亮，选手才能抢答，否则被判犯规。一轮抢答结束，主持人按复位按钮，复位所有选手的抢答器。主持人按下开始抢答按钮后，首先按下抢答按钮者，其指示灯亮，其余选手按下抢答按钮无效，指示灯不亮；主持人未按下开始抢答按钮时，按下抢答按钮者，其指示灯闪，被判犯规。犯规情况出现时，只识别第一个犯规者。

1.2　知识基础

1.2.1　什么是 PLC

PLC（Programmable Logic Controller）是可编程序逻辑控制器的简称，最初也称为 PC，但个人计算机（简称 PC）发展起来后，为了方便区分，也为了反映可编程序控制器的功能特点，可编程序控制器定名为 Programmable Logic Controller（PLC）。

据统计，全球的 PLC 共有 200 多种，但国内常用的 PLC 也就二三十种，包括德国西门子，法国施耐德，美国 AB、ABB、GE，日本欧姆龙、三菱、松下，韩国三星，国产和利时、汇川、信捷等。

1. PLC 的定义

在 1987 年国际电工委员会颁布的 PLC 标准草案中对 PLC 做了如下定义：

可编程序控制器是一种数字运算操作的电子系统，专为在工业环境下应用而设计。它采用可编程序的存储器，用来在其内部存储执行逻辑运算、顺序控制、定时、计数和算术运算等操作的指令，并通过数字的、模拟的输入和输出，控制各种类型的机械或生产过程。可编程序控制器及其有关设备，都应按易于与工业控制系统形成一个整体、易于扩充其功能的原则设计。

2. PLC 的组成

PLC 的组成分为硬件系统和软件系统两部分，如图 1-1 所示。其中硬件系统包括 CPU、存储器、I/O 接口、通信接口、电源模块等。软件系统包括系统软件和用户软件。

（1）CPU　CPU 是 PLC 的核心，主要作用如下：

1）接收并存储从编程器输入的用户程序和数据。

2）诊断PLC内部电路的工作故障和编程中的语法错误。

3）用扫描的方式通过I/O部件接收现场的状态或数据，并存入输入映像存储器或数据存储器中。

4）PLC进入运行状态后，从存储器中逐条读取用户指令，并按指令规定的任务进行数据传送、逻辑或算术运算；根据运算结果，更新有关标志位状态和输出映像存储器的内容，再经输出部件实现输出控制、制表打印或数据通信功能。

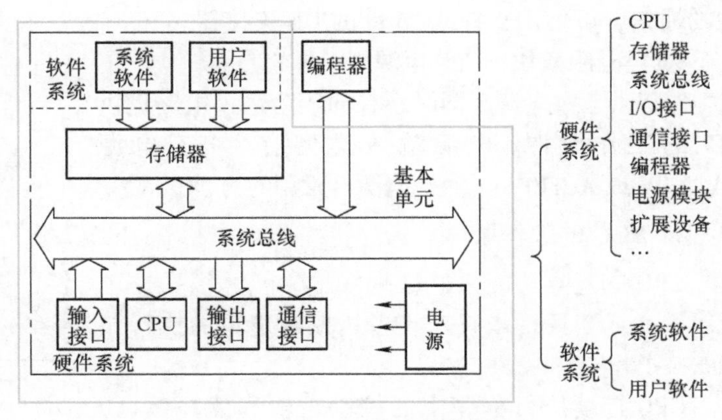

图1-1　PLC组成结构图

（2）存储器　用来存放系统程序、用户程序和运行数据，按其作用不同可分为系统存储器和用户存储器两部分。

1）系统存储器：用来存放由PLC生产厂家编写的系统程序，用户不能直接更改，属于只读存储器（ROM），其内容只能读出，不能写入，具有非易失性；电源消失后，仍能保存存储的内容。系统程序由三部分组成：系统管理程序，控制PLC的运行；用户指令解释程序，将PLC的编程语言变为机器语言，再由CPU执行该指令；标准程序模块与系统调用管理程序，包括许多不同功能的子程序及其调用管理程序。

2）用户存储器：包括用户程序存储器和功能存储器两部分。用户程序存储器（程序区）用来存放用户针对具体控制任务用规定的PLC编程语言编写的各种用户程序；功能存储器（数据区）用来存放用户程序中使用的ON/OFF状态、数值数据等，构成PLC的各种内部器件，也称“软元件”。

（3）I/O接口　I/O接口即输入/输出接口，是PLC与外界的接口。

1）输入接口用来接收和采集输入信号（开关量或模拟量）。

2）输出接口用来连接被控对象中各种执行元件。

3）数字量输入/输出接口将外部控制现场的数字信号与PLC内部信号的电平相互转换。

4）模拟量输入/输出接口将外部控制现场的模拟信号与PLC内部的数字信号相互转换。

5）输入/输出接口具有光电隔离和滤波的作用，将PLC与外部电路隔离开，提高PLC的抗干扰能力。

6）开关量输入接口根据电源类型分为：直流、交流、交直流。

7）开关量输出接口按输出开关器件种类分为：继电器输出，用于低速大功率交流、直流负载；晶体管输出，用于高速小功率直流负载；双向晶体管输出，适用于高速大功率交流负载。

（4）通信接口　PLC通信主要采用串行异步通信，其常用的串行通信接口标准有RS-232C、RS-422A和RS-485等。

RS-232C是美国电子工业协会（EIA）于1969年公布的通信协议，它的全称是“数据终端设备（DTE）和数据通信设备（DCE）之间串行二进制数据交换接口技术标准”。RS-232C接口标准是目前计算机和PLC中最常用的一种串行通信接口。RS-232C只能进行一对一的通信，可使用9针或25针的DB连接器。

（5）电源模块 PLC电源用于为PLC各模块的集成电路提供工作电源，同时，有的还为输入电路提供24V的工作电源。电源输入类型有：交流电源（AC220V或AC110V）、直流电源（常用的为DC24V）。

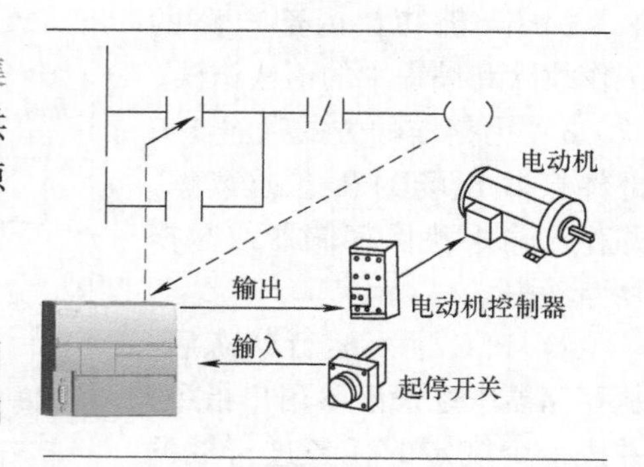

图1-2 PLC控制逻辑执行示意图

3. PLC的工作原理

CPU的基本功能是监视现场输入，并根据控制逻辑接通或断开现场输出设备。控制逻辑的执行如图1-2所示。

CPU连续执行程序中的控制逻辑和读写数据，其基本操作非常简单，包括以下几个步骤：

1）CPU读取输入状态。

2）存储在CPU中的程序使用这些输入评估控制逻辑。

3）程序运行时，CPU更新数据。

4）CPU将数据写入/输出。

CPU反复执行上述一系列任务，像这样任务循环执行一次称为一个扫描周期。用户程序的执行与否取决于CPU是处于STOP模式还是RUN模式，在RUN模式下，执行程序；在STOP模式下，不执行程序。早期PLC进行实时控制常用的工作方式为循环扫描的工作方式。按一定的顺序，每一时刻执行一个操作，即分时操作方式。PLC执行程序的过程分为三个阶段，即输入采样阶段、程序执行阶段、输出刷新阶段，如图1-3所示。

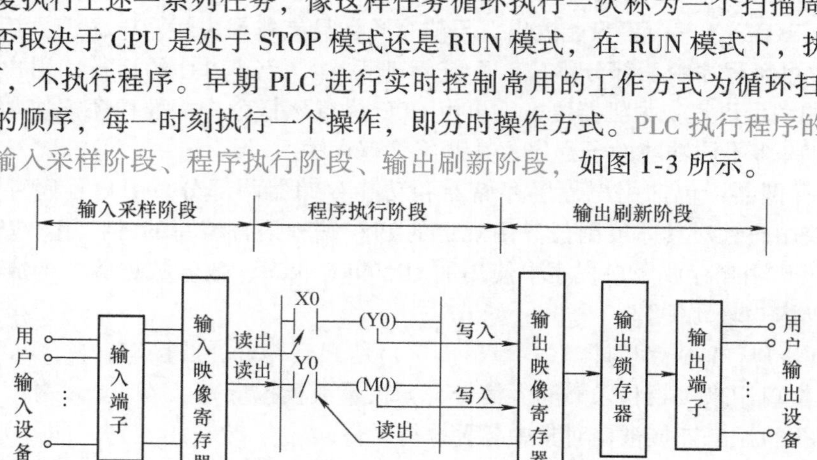

图1-3 PLC程序执行过程示意图

（1）输入采样阶段 PLC以扫描方式读入所有输入端子的输入信号，并将各输入状态存入输入映像寄存器中。在程序执行阶段和输出刷新阶段，输入映像寄存器与外界隔离，内容保持不变，直至下一扫描周期的输入采样阶段，才被重新读入的输入信号刷新。所以，PLC在执行程序的处理数据时，不直接使用现场输入信号，而使用本次采样时输入到映像寄存器中的数据。一般来说，输入信号的脉冲宽度要大于一个扫描周期，否则可能会造成信号的丢失。

（2）程序执行阶段 PLC按自左而右、自上而下的顺序逐步执行程序。在程序执行过程中，涉及输入、输出状态时，PLC从输入、输出映像寄存器中读入对应元件的当前状态。

运算结果再存入输出映像寄存器中，所以对输出映像寄存器来说，每一个元件的状态会随着程序执行过程而变化。

（3）输出刷新阶段 PLC 将输出映像区中的输出变量送入输出锁存器，然后由锁存器通过输出模块产生本周期的控制输出。如果内部输出继电器状态为“1”，则输出继电器触点闭合，经过输出端子驱动外部负载。全部输出设备的状态要保持一个扫描周期。

目前 PLC 用于控制的还有中断方式，所以现在的 PLC 一般采用中断加扫描的工作方式。

4. PLC 的分类

PLC 产品种类繁多，其规格和性能也各不相同，通常根据其结构形式的不同、功能的差异和 I/O 点数的多少等进行大致分类。

（1）按结构形式分类 根据 PLC 的结构形式，可将 PLC 分为整体式、模块式和叠装式三类。

1）整体式 PLC。整体式 PLC 是将电源、CPU、I/O 接口等部件都集中装在一个机箱内，具有结构紧凑、体积小、价格低的特点。小型 PLC 一般采用这种整体式结构。整体式 PLC 由不同 I/O 点数的基本单元（又称主机）和扩展单元组成。基本单元内有 CPU、I/O 接口、与 I/O 扩展单元相连的扩展口，以及与编程器或 EPROM 写入器相连的接口等。扩展单元内只有 I/O 和电源等，没有 CPU。基本单元和扩展单元之间一般用扁平电缆连接。整体式 PLC 一般还可配备特殊功能单元，如模拟量单元、位置控制单元等，使其功能得以扩展。

2）模块式 PLC。模块式 PLC 是将 PLC 各组成部分，分别做成若干个单独的模块，如 CPU 模块、I/O 模块、电源模块（有的含在 CPU 模块中）以及各种功能模块。模块式 PLC 由框架或基板和各种模块组成，模块装在框架或基板的插座上。这种模块式 PLC 的特点是配置灵活，可根据需要选配不同规模的系统，而且装配方便，便于扩展和维修。大、中型 PLC 一般采用模块式结构。

3）叠装式 PLC。还有一些 PLC 将整体式和模块式的特点结合起来，构成所谓叠装式 PLC。叠装式 PLC 的 CPU、电源、I/O 接口等也是各自独立的模块，但它们之间是靠电缆进行连接的，并且各模块可以一层层地叠装。这样一来，不但系统可以灵活配置，还可做得体积小巧。

（2）按功能分类 根据 PLC 所具有的功能不同，可将 PLC 分为低档、中档、高档三类。

1）低档 PLC：具有逻辑运算、定时、计数、移位以及自诊断、监控等基本功能，还可有少量模拟量输入/输出、算术运算、数据传送和比较、通信等功能。主要用于逻辑控制、顺序控制或少量模拟量控制的单机控制系统。

2）中档 PLC：除具有低档 PLC 的功能外，还具有较强的模拟量输入/输出、算术运算、数据传送和比较、数制转换、远程 I/O、子程序、通信联网等功能。有些还可增设中断控制、PID 控制等功能，适用于复杂控制系统。

3）高档 PLC：除具有中档机的功能外，还增加了带符号算术运算、矩阵运算、位逻辑运算、二次方根运算及其他特殊功能函数的运算、制表及表格传送功能等。高档 PLC 具有更强的通信联网功能，可用于大规模过程控制或构成分布式网络控制系统，实现工厂自动化。

（3）按 I/O 点数分类 根据 PLC 的 I/O 点数的多少，可将 PLC 分为小型、中型和大型三类。

1）小型 PLC：I/O 点数小于 256 点，单 CPU，8 位或 16 位处理器，用户存储器容量为 4KB 以下。例如：

GE-I型	美国通用电气（GE）公司
TI100	美国德州仪器公司
F、F1、F2	日本三菱电气公司
C20、C40	日本立石公司（欧姆龙）
S7-200	德国西门子公司
EX20、EX40	日本东芝公司
SR-20/21	中外合资无锡华光电子工业有限公司

2）中型PLC：I/O点数为256～2048点，双CPU，用户存储器容量为2～8KB。例如：

S7-300	德国西门子公司
SR-400	中外合资无锡华光电子工业有限公司
SU-5、SU-6	德国西门子公司
C-500	日本立石公司
GE-Ⅲ	GE公司

3）大型PLC：I/O点数大于2048点，多CPU，16位、32位处理器，用户存储器容量为8～16KB。例如：

S7-400	德国西门子公司
GE-Ⅳ	GE公司
C-2000	立石公司-Z5
K3	三菱公司

5. PLC的主要特点

（1）可靠性高、抗干扰能力强　高可靠性是电气控制设备的关键性能，PLC由于采用现代大规模集成电路技术，采用严格的生产工艺制造，内部电路采取了先进的抗干扰技术，具有很高的可靠性。从PLC的外部电路来说，使用PLC构成的控制系统，和同等规模的继电器-接触器系统相比，电气接线及开关触点已减少到数百甚至数千分之一，故障也就大大降低。此外，PLC带有硬件故障自我检测功能，出现故障时可及时发出警报信息。在应用软件中，应用者还可以编入外围器件的故障自诊断程序，使系统中除PLC以外的电路及设备也获得故障自诊断保护，因此整个系统具有极高的可靠性。

（2）配套齐全、功能完善、适用性强　PLC发展到今天，已经形成了大、中、小各种规模的系列化产品，可以用于各种规模的工业控制场合。除了逻辑处理功能以外，现代PLC大多具有完善的数据运算能力，可用于各种数字控制领域。近年来PLC的功能单元大量涌现，使PLC渗透到了位置控制、温度控制、CNC等各种工业控制中。加上PLC通信能力的增强及人机界面技术的发展，使利用PLC组成各种控制系统变得非常容易。

（3）易学易用　PLC作为通用工业控制计算机，是面向工矿企业的工控设备。它接口简单，编程语言易于为工程技术人员接受。梯形图语言的图形符号与表达方式和继电器电路图相当接近，只用PLC的少量开关量逻辑控制指令就可以方便地实现继电器电路的功能。为不熟悉电子电路、不懂计算机原理和汇编语言的人使用计算机从事工业控制打开了方便之门，深受工程技术人员欢迎。

（4）系统的设计、建造工作量小，维护方便，容易改造　PLC用存储逻辑代替接线逻辑，大大减少了控制设备外部的接线，使控制系统设计及建造的周期大为缩短，同时维护也变得容易起来。更重要的是使同一设备经过改变程序而改变生产过程成为可能，适合多品种、小批量的生产场合。

（5）体积小、重量轻、能耗低　以超小型 PLC 为例，新近出产的品种底部尺寸小于 100mm，重量小于 150g，功耗仅数瓦。由于其体积小，很容易装入机械内部，是实现机电一体化的理想控制设备。

6. PLC 的国内外状况

世界上公认的第一台 PLC 是 1969 年美国数字设备公司（DEC）研制的。限于当时的元器件条件及计算机发展水平，早期的 PLC 主要由分立元件和中小规模集成电路组成，可以完成简单的逻辑控制及定时、计数功能。20 世纪 70 年代初出现了微处理器，人们很快将其引入 PLC，使 PLC 增加了运算、数据传送及处理等功能，完成了真正具有计算机特征的工业控制装置。为了方便熟悉继电器-接触器系统的工程技术人员使用，PLC 采用和继电器电路图类似的梯形图作为主要编程语言，并将参加运算及处理的计算机存储元件都以继电器命名。此时的 PLC 为微型计算机技术和继电器常规控制概念相结合的产物。

20 世纪 70 年代中末期，PLC 进入实用化发展阶段，计算机技术已全面引入 PLC 中，使其功能发生了飞跃，更高的运算速度、超小型的体积、更可靠的工业抗干扰设计、模拟量运算、PID 功能及极高的性价比奠定了它在现代工业中的地位。20 世纪 80 年代初，PLC 在先进工业国家中已获得广泛应用。这个时期 PLC 发展的特点是大规模、高速度、高性能、产品系列化。这个阶段的另一个特点是世界上生产 PLC 的国家日益增多，产量日益上升，这标志着 PLC 已步入成熟阶段。

20 世纪末期，PLC 的发展特点是更加适应于现代工业的需要。从控制规模上来说，这个时期发展了大型机和超小型机；从控制能力上来说，诞生了各种各样的特殊功能单元，用于压力、温度、转速、位移等各式各样的控制场合；从产品的配套能力来说，生产了各种人机界面单元、通信单元，使应用 PLC 的工业控制设备的配套更加容易。目前，PLC 在机械制造、石油化工、冶金钢铁、汽车、轻工业等领域的应用都得到了长足的发展。

我国 PLC 的引进、应用、研制、生产是伴随着改革开放开始的。最初是在引进设备中大量使用了 PLC。接下来在各种企业的生产设备及产品中不断扩大了 PLC 的应用。目前，我国自己已可以生产中小型 PLC。上海东屋电器有限公司生产的 CF 系列、杭州机床电器厂生产的 DKK 及 D 系列、大连组合机床研究所生产的 S 系列、苏州电子计算机厂生产的 YZ 系列等多种产品已具备了一定的规模，并在工业产品中获得了应用。此外，无锡信捷、和利时、汇川等国内企业也是我国比较著名的 PLC 生产厂家。可以预期，随着我国现代化进程的深入，PLC 在我国将有更广阔的应用天地。

1.2.2　PLC 的用途

目前，PLC 在国内外已广泛应用于钢铁、石油、化工、电力、建材、机械制造、汽车、轻纺、交通运输、环保及文化娱乐等各个行业，使用情况大致可归纳为如下几类。

1. 开关量的逻辑控制

这是 PLC 最基本、最广泛的应用领域，它取代传统的继电器电路实现逻辑控制、顺序控制，既可用于单台设备的控制，也可用于多机群控及自动化流水线，如注塑机、印刷机、装订机械、组合机床、磨床、包装生产线、电镀流水线等。

2. 模拟量控制

在工业生产过程当中，有许多连续变化的量，如温度、压力、流量、液位和速度等都是模拟量。为了使 PLC 处理模拟量，必须实现模拟量（Analog）和数字量（Digital）之间的 A-D（模-数）转换及 D-A（数-模）转换。PLC 厂家都会生产配套的 A-D 和 D-A 转换模块，使 PLC 用于模拟量控制。

3. 运动控制

PLC 可以用于圆周运动或直线运动的控制，从控制机构配置来说，早期直接用于开关量 I/O 模块连接位置传感器和执行机构，现在一般使用专用的运动控制模块，如可驱动步进电动机或伺服电动机的单轴或多轴位置控制模块。世界上各主要 PLC 厂家的产品几乎都有运动控制功能，广泛用于各种机械、机床、机器人、电梯等设备。

4. 过程控制

过程控制是指对温度、压力、流量等模拟量的闭环控制。作为工业控制计算机，PLC 能编制各种各样的控制算法程序，完成闭环控制。PID 调节是一般闭环控制系统中用得较多的调节方法。大中型 PLC 都有 PID 模块，目前许多小型 PLC 也具有此功能模块。PID 处理一般是运行专用的 PID 子程序。过程控制在冶金、化工、热处理、锅炉控制等场合有非常广泛的应用。

5. 数据处理

现代 PLC 具有数学运算（含矩阵运算、函数运算、逻辑运算）、数据传送、数据转换、排序、查表、位操作等功能，可以完成数据的采集、分析及处理。这些数据可以与存储在存储器中的参考值比较，完成一定的控制操作，也可以利用通信功能传送到别的智能装置，或被打印制表。数据处理一般用于大型控制系统，如无人控制的柔性制造系统；也可用于过程控制系统，如造纸、冶金、食品工业中的一些大型控制系统。

6. 通信及联网

PLC 通信包括 PLC 间的通信及 PLC 与其他智能设备间的通信。随着计算机控制的发展，工厂自动化网络发展得很快，各 PLC 厂商都十分重视 PLC 的通信功能，纷纷推出各自的网络系统。新近生产的 PLC 都具有通信接口，通信非常方便。

1.2.3 西门子 PLC

1. 西门子 PLC 的发展

西门子 SIMATIC 系列 PLC 诞生于 1958 年，经历了 C3、S3、S5、S7 系列，已成为应用非常广泛的 PLC。

1）西门子公司的产品最早是 1975 年投放市场的 SIMATIC S3，它实际上是带有简单操作接口的二进制控制器。

2）1979 年，S3 系统被 SIMATIC S5 所取代，该系统广泛地使用了微处理器。

3）20 世纪 80 年代初，S5 系统进一步升级为 U 系列 PLC，较常用机型有：S5-90U、S5-95U、S5-100U、S5-115U、S5-135U、S5-155U。

4）1994 年 4 月，S7 系列 PLC 诞生，它具有更国际化、更高性能等级、安装空间更小、更良好的 Windows 用户界面等优势，其机型为：S7-200、S7-300、S7-400。

5）1996年，在过程控制领域，西门子公司又提出PCS7（过程控制系统7）的概念，将其颇具优势的WinCC（与Windows兼容的操作界面）、PROFIBUS（工业现场总线）、COROS（监控系统）、SINEC（西门子工业网络）及调控技术融为一体。

6）西门子公司提出TIA（Totally Integrated Automation）概念，即全集成自动化系统，将PLC技术融于全部自动化领域。

由最初发展至今，S3、S5系列PLC已逐步退出市场，停止生产，而S7系列PLC发展成为了西门子自动化系统的控制核心。而TDC系统沿用SIMADYN D技术内核，是对S7系列产品的进一步升级，它是西门子自动化系统最尖端，功能最强的PLC。

SIMATIC是一款面向所有制造应用和所有行业部署的独一无二的集成系统。按照控制规模，西门子PLC可分为以下三种类型：

1）西门子小型PLC。小型PLC的I/O点数一般在128点以下，其特点是体积小、结构紧凑，整个硬件融为一体，除了开关量I/O以外，还可以连接模拟量I/O以及其他各种特殊功能模块。它能执行包括逻辑运算、计时、计数、算术运算、数据处理和传送、通信联网以及各种应用指令。

2）西门子中型PLC。中型PLC采用模块化结构，其I/O点数一般在256~1024点之间。I/O的处理方式除了采用一般PLC通用的扫描处理方式外，还能采用直接处理方式，即在扫描用户程序的过程中，直接读输入，刷新输出。它能连接各种特殊功能模块，通信联网功能更强，指令系统更丰富，内存容量更大，扫描速度更快。

3）西门子大型PLC。一般I/O点数在1024点以上的PLC称为大型PLC。大型PLC的软、硬件功能极强，具有极强的自诊断功能；通信联网功能强，具有各种通信联网模块，可以构成三级通信网，实现工厂生产管理自动化。大型PLC还可以采用三CPU构成表决式系统，使机器的可靠性更高。

2. 西门子PLC的工作原理

西门子PLC的扫描周期示意图如图1-4所示，包括读取输入、执行程序、处理通信请求、执行CPU自检诊断和写入输出。读取输入是指CPU将物理输入的状态复制到过程映像输入寄存器。执行程序是指CPU执行程序指令，并将值存储到不同存储区。处理通信请求是指CPU执行通信所需的所有任务。执行CPU自检诊断是指CPU确保固件、程序存储器和所有扩展模块正确工作。写入输出是指将存储在过程映像输出寄存器中的值写入到物理输出。

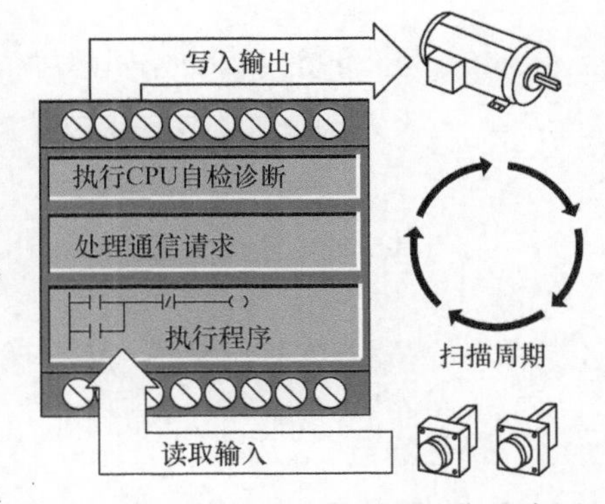

图1-4 西门子PLC的扫描周期示意图

西门子PLC的读取输入和写入输出有普通输入/输出和立即输入/输出之分。

（1）普通输入/输出功能　对于数字量输入，每个扫描周期开始时先读取数字量输入的当前值，然后将这些值写入过程映像输入寄存器。对于模拟量输入，CPU在正常扫描周期中不会读取模拟量输入值；而当程序访问模拟量输入时，将立即从设备中读取模拟量值。对于数字量输出，在每个扫描周期结束时，CPU会将存储在输出映像寄存器中的值写入数字量输出。对于模拟量输出，CPU 在正常扫描周期中不会写入模拟量输出值；而当程序访问模拟量输出值时，将立即写入模拟量输出。

（2）立即输入/输出功能　CPU 指令包含物理 I/O 立即读写指令。虽然通常使用映像寄存器作为 I/O 访问的源或目标，但通过这些立即 I/O 指令可直接访问实际输入或输出点。使用立即指令访问输入点时，不会修改相应过程映像输入寄存器位值。使用立即指令访问输出点时，会同时更新相应过程映像输出寄存器位值。

西门子 S7－200 Smart PLC 典型扫描流程图如图 1-5 所示。

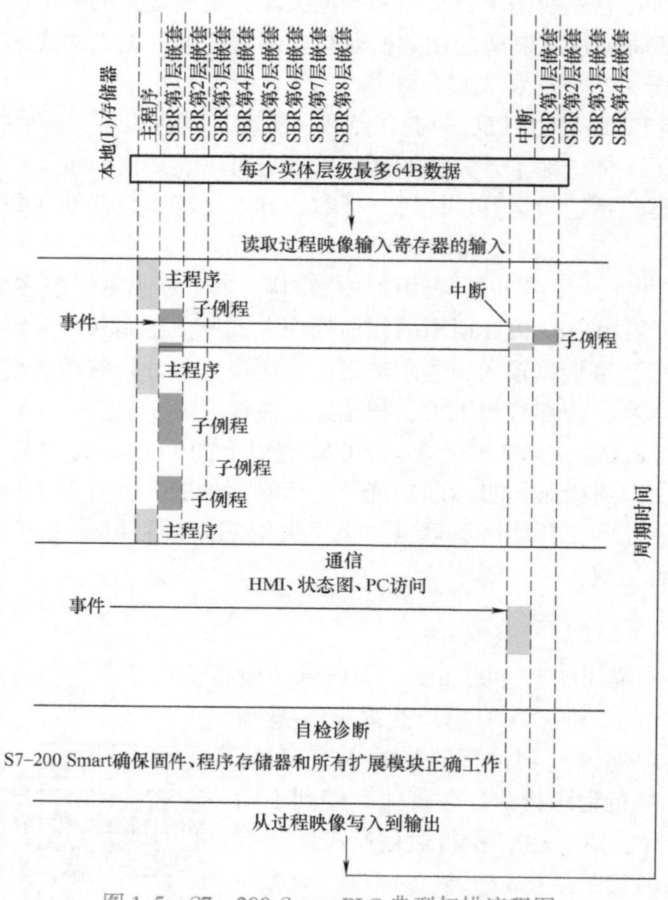

图 1-5　S7－200 Smart PLC 典型扫描流程图

1.2.4　SIMATIC S7－200 Smart

1. 产品亮点

（1）机型丰富，更多选择　提供不同类型、I/O 点数丰富的 CPU 模块，单体 I/O 点数最高可达 60 点，可满足大部分小型自动化设备的控制需求。另外，CPU 模块配备标准型和经济型供用户选择，对于不同的应用需求，产品配置更加灵活，最大限度地控制成本。

（2）选件扩展，精确定制　新颖的信号板设计可扩展通信端口、数字量通道、模拟量通道。在不额外占用电控柜空间的前提下，信号板扩展能更加贴合用户的实际配置，提升产品的利用率，同时降低用户的扩展成本。

（3）高速芯片，性能卓越　配备西门子专用高速处理器芯片，基本指令执行时间可达0.15μs，在同级别小型 PLC 中遥遥领先。一颗强有力的“芯”，能让使用者在应对繁琐的程序逻辑和复杂的工艺要求时表现得从容不迫。

（4）以太互联，经济便捷　CPU 模块本体标配以太网接口，集成了强大的以太网通信功能。一根普通的网线即可将程序下载到 PLC 中，方便快捷，省去了专用编程电缆。通过以太网接口还可与其他 CPU 模块、触摸屏、计算机进行通信，轻松组网。

（5）三轴脉冲，运动自如　CPU 模块本体最多可集成 3 路高速脉冲输出，频率高达100kHz，支持 PWM/PTO 输出方式以及多种运动模式，可自由设置运动包络。配以方便易用的向导设置装置，可快速实现设备调速、定位等功能。

（6）通用 SD 卡，方便下载　本机集成 Micro SD 卡插槽，使用市面上通用的 Micro SD 卡即可实现程序的更新和 PLC 固件升级，极大地方便了工程技术人员对最终用户的服务支持，也省去了因 PLC 固件升级返厂服务的不便。

（7）软件友好，编程高效　在继承西门子编程软件强大功能的基础上，融入了更多的人性化设计，如新颖的带状式菜单、全移动式界面窗口、方便的程序注释功能、强大的密码保护等。在体验强大功能的同时，大幅提高开发效率，缩短产品上市时间。

（8）完美整合，无缝集成　SIMATIC S7－200 Smart PLC、SIMATIC Smart Line 触摸屏和 SIMATIC V20 变频器完美整合，为客户带来高性价比的小型自动化解决方案，满足客户对于人机交互、控制、驱动等功能的全方位需求。

2. CPU 模块

全新的 S7－200 Smart 有标准型和经济型两种类型的 CPU 模块，见表 1-1，全方位满足不同行业、不同客户、不同设备的各种需求。标准型作为可扩展 CPU 模块，有继电器输出型和晶体管输出型，可满足对 I/O 规模有较大需求、逻辑控制较为复杂的应用，详见表 1-2；而经济型 CPU 模块只有继电器输出型，直接通过单机本体满足相对简单的控制需求。不同类型 CPU 模块基本性能比较见表 1-3。

表 1-1　S7－200 Smart CPU

型　号	CR40	SR20	SR40	ST40	SR60	ST60
经济型，不可扩展	×					
标准型，可扩展		×	×	×	×	×
继电器输出	×	×	×		×	
晶体管输出（DC）				×		×
I/O 点（内置）/个	40	20	40	40	60	60

表 1-2　标准型可扩展 CPU

特　性		CPU SR20	CPU SR40、CPU ST40	CPU SR60、CPU ST60
尺寸：$\frac{H}{mm}\times\frac{W}{mm}\times\frac{D}{mm}$		90×100×81	125×100×81	175×100×81
用户存储器容量	程序	12KB	24KB	30KB
	用户数据	8KB	16KB	20KB
	保持性	最大 10KB①	最大 10KB①	最大 10KB①

（续）

特　　性		CPU SR20	CPU SR40、CPU ST40	CPU SR60、CPU ST60
板载数字量 I/O	输入	12DI	24DI	36DI
	输出	8DQ	16DQ	24DQ
扩展模块		最多4个	最多4个	最多4个
信号板/块		1	1	1
高速计数器		共4个 • 60kHz 时 4 个，针对单相 • 40kHz 时 2 个，针对 A/B 相	共4个 • 60kHz 时 4 个，针对单相 • 40kHz 时 2 个，针对 A/B 相	共4个 • 60kHz 时 4 个，针对单相 • 40kHz 时 2 个，针对 A/B 相
脉冲输出②		2个，100kHz	3个，100kHz	3个，100kHz
PID 回路/个		8	8	8
实时时钟，备用时间7天		有	有	有

① 可组态 V 存储器、M 存储器、C 存储器的存储区（当前值），以及 T 存储器要保持的部分（保持性定时器上的当前值），最大可为最大指定量。

② 指定的最大脉冲频率仅适用于带晶体管输出的 CPU 型号。对于带有继电器输出的 CPU 型号，不建议进行脉冲输出操作。

表 1-3　S7－200 Smart 不同类型 CPU 模块基本性能比较

型号	CR40	SR20	SR40	SR60	ST40	ST60
产品图片						
高速计数	4路30kHz	4路60kHz				
高速脉冲输出	—				3路100kHz	
通信端口/个	2	2~3				
最大开关量 I/O 点/个	40	148	168	188	168	188
最大模拟量 I/O 通道数/个	—	24				

这里不包括信号板扩展的 I/O，本书以 ST40 为例介绍。

3. 网络通信

全新的 S7－200 Smart 具备丰富的通信端口，并集成了强大的以太网通信功能。

S7－200 Smart CPU 模块本体集成 1 个以太网接口和 1 个 RS－485 接口，通过扩展 CM01 信号板，其通信端口数量最多可增至 3 个，可满足小型自动化设备连接触摸屏、变频器等第三方设备的众多需求。

（1）以太网通信　所有 CPU 模块标配以太网接口，支持西门子 S7 协议、TCP/IP，有效支持多种终端连接：

1）可作为程序下载端口（使用普通网线即可）。

2）可与 Smart Line HMI 进行通信。

3）通过交换机与多台以太网设备进行通信，可实现数据的快速交互。

4）最多支持 4 个设备的通信。

（2）串口通信　S7－200 Smart CPU 模块均集成 1 个 RS－485 接口，可以与变频器、触摸屏等第三方设备通信。如果需要额外的串口，可通过扩展 CM01 信号板来实现，信号板支持 RS－232/RS－485 自由转换，最多支持 4 个设备。串口支持协议有 Modbus－RTU、PPI、USS、自由口通信。

（3）与上位机的通信　通过 PC Access，操作人员可以轻松通过上位机读取 S7－200 Smart 的数据，从而实现设备监控或者进行数据存档管理。PC Access 是专门为 S7－200 系列 PLC 开发的 OPC 服务器协议，专门用于小型 PLC 与上位机交互的 OPC 软件。

4. 运动控制

全新的 S7－200 Smart 支持三轴 100kHz 高速脉冲输出，可完美实现精确定位。

（1）运动控制的基本功能　标准型晶体管输出 CPU 模块 ST40/ST60 提供三轴 100kHz 高速脉冲输出，支持 PWM（脉宽调制）和 PTO 脉冲输出。

1）在 PWM 方式中，输出脉冲的周期是固定的，脉冲的宽度或占空比由程序来调节，可以调节电动机速度、阀门开度等。

2）在 PTO 方式（运动控制）中，输出脉冲可以组态为多种工作模式，包括自动寻找原点，可实现对步进电动机或伺服电动机的控制，达到调速和定位的目的。

3）CPU 本体上的 Q0.0、Q0.1 和 Q0.3 可组态为 PWM 输出或高速脉冲输出，均可通过向导设置完成上述功能。

（2）PWM 和运动控制向导设置　为了简化应用程序中位控功能的使用，STEP 7－Micro/WIN Smart 提供的位控向导可以帮助用户在几分钟内全部完成 PWM、PTO 的组态。该向导可以生成位控指令，用户可以用这些指令在用户应用程序中对速度和位置进行动态控制。

1）PWM 向导设置根据用户选择的 PWM 脉冲个数，生成相应的 PWMx_RUN 子程序框架用于编辑。

2）运动控制向导最多提供三轴脉冲输出的设置，脉冲输出速度从 20Hz 到 100kHz 可调。

（3）运动控制的功能特点

1）提供可组态的测量系统，输入数据时既可以使用工程单位（如英寸或厘米），也可以使用脉冲数。

2）提供可组态的反冲补偿。

3）支持绝对、相对和手动位控模式。

4）支持连续操作。

5）提供多达 32 组运动包络，每组包络最多可设置 16 种速度。

6）提供 4 种不同的参考点寻找模式，每种模式都可对起始的寻找方向和最终的接近方向进行选择。

（4）运动控制的监控　为了帮助用户开发运动控制方案，STEP 7－Micro/WIN Smart 提供运动控制面板。其中的操作、组态和包络组态的设置使用户在开发过程的启动和测试阶段就能轻松监控运动控制功能的操作。

1）使用运动控制面板可以验证运动控制功能接线是否正确，可以调整组态数据并测试每个移动包络。

2）显示位控操作的当前速度、当前位置和当前方向，以及输入和输出 LED（脉冲 LED 除外）的状态。

3）查看、修改在 CPU 模块中存储的位控操作的组态设置。

5. CPU 单元的型号

CPU 单元的型号读法如图 1-6 所示。

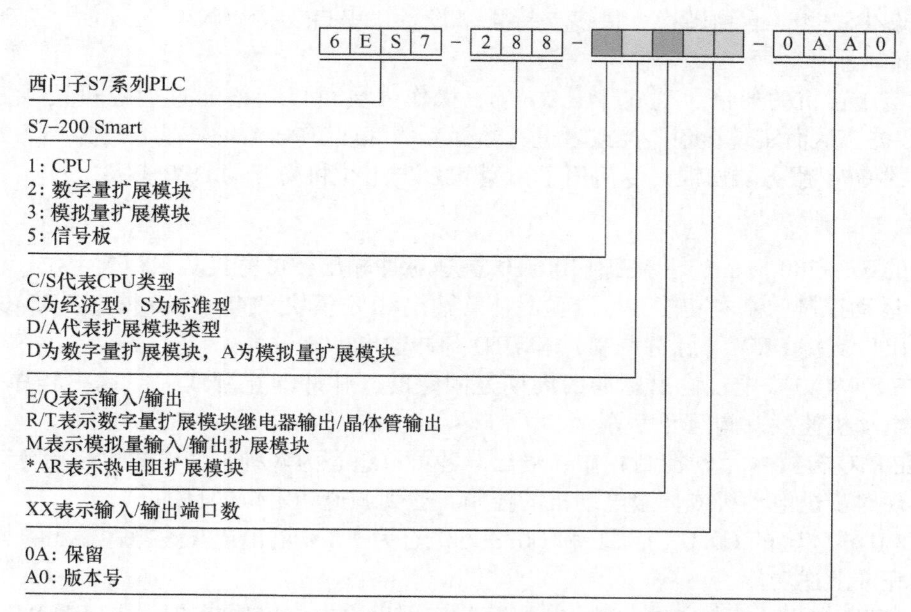

图 1-6 CPU 单元的型号读法

本书采用的 CPU 型号为 6ES7－288－1ST40－0AA0，标准型，晶体管输出方式，输入/输出端口总数为 40 点，其中输入 24 点，输出 16 点。

西门子 S7－200 Smart CPU 为紧凑型结构，将微处理器、集成电源、输入电路和输出电路组合到一个结构紧凑的外壳中形成功能强大的 Micro PLC。下载用户程序后，CPU 将包含监控应用中的输入和输出设备所需的逻辑。其结构图如图 1-7 所示，CPU 技术规范见表 1-4。模拟量输入/输出模块技术规范见表 1-5。

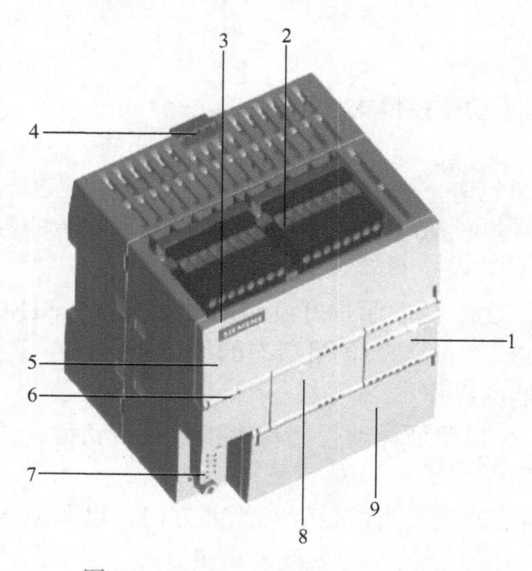

图 1-7 S7－200 Smart CPU 结构图

1—I/O 的 LED 2—端子连接器 3—以太网通信端口 4—用于在标准（DIN）导轨上安装的夹片
5—以太网状态 LED（保护盖下面）：LINK，RX/TX 6—状态 LED：RUN、STOP 和 ERROR
7—RS－485 通信端口 8—可选信号板（仅限标准型） 9—存储卡连接（保护盖下面）

表 1-4　CPU SR40/ST40/CR40 技术规范

型　号	CPU SR40 AC/DC/RLY	CPU ST40 DC/DC/DC	CPU CR40 AC/DC/RLY
订货号（MLFB）	6ES7 288－1SR40－0AA0	6ES7 288－1ST40－0AA0	6ES7 288－1CR40－0AA0
常规			
尺寸$\frac{W}{mm}\times\frac{H}{mm}\times\frac{D}{mm}$	125×100×81		
重量/g	441.3	410.3	440
功耗/W	23	18	18
可用电流（EM 总线）	最大 740mA（DC5V）		—
可用电流（DC24V）	最大 300mA（传感器电源）		
数字输入电流消耗（DC24V）	所用的每点输入为 4mA		
CPU 特征			
用户存储器	24KB 程序存储器/16KB 数据存储器/10KB 保持性存储器		12KB 程序存储器/8KB 数据存储器/10KB 保持性存储器
板载数字 I/O	24 点输入/16 点输出		
过程映像大小	256 位输入（I）/256 位输出（Q）		
位存储器（M）/位	256		
临时（局部）存储	主程序中为 64B，每个子程序和中断程序中为 64B		
I/O 模块扩展	最多 4 个扩展模块		—
信号板扩展	最多 1 个信号板		—
高速计数器	共 4 个 • 单相 4 个，60kHz • 正交相位 2 个，40kHz		共 4 个 • 单相 4 个，30kHz • 正交相位 2 个，20kHz
脉冲输出	—	3 路，100kHz	—
脉冲捕捉输入/个	14		
循环中断	共 2 个，分辨率为 1ms		
沿中断	4 个上升沿和 4 个下降沿（使用可选信号板时，各 6 个）		4 个上升沿和 4 个下降沿
存储卡	Micro SD 卡（选件）		
实时时钟精度/(s/月)	±120		—
实时时钟保持时间	通常为 7 天，25℃时最少为 6 天		—

（续）

型　号	CPU SR40 AC/DC/RLY	CPU ST40 DC/DC/DC	CPU CR40 AC/DC/RLY
性能			
布尔运算	0.15μs/指令		
移动率	1.2μs/指令		
实数数学运算	3.6μs/指令		
S7－200 Smart 支持的用户程序元素			
POUs	类型/数量 ● 主程序：1 个 ● 子程序：128 个（0～127） ● 中断程序：128 个（0～127） 嵌套深度 ● 来自主程序：8 个子程序级别 ● 来自中断程序：4 个子程序级别		
累加器/个	4		
定时器	类型/数量 ● 非保持性（TON、TOF）：192 个 ● 保持性：64 个		
计数器/个	256		
通信			
端口数	1 个以太网口/1 个串口（RS－485）/1 个附加串口（可选 RS－232）/485 信号板，仅限于 SR40 和 ST40）		
HMI 设备	每个端口 4 个		
编程设备（PG）	以太网：1 个		
连接数	以太网：1 个用于编程设备，4 个用于 HMI RS－485：4 个用于 HMI		
数据传输率	以太网：10/100Mbit/s RS－485 系统协议：960bit/s、19200bit/s 和 187500bit/s RS－485 自由端口：1200～115200bit/s		
隔离（外部信号与 PLC 逻辑侧）	以太网：变压器隔出，DC1500V RS－485：无		
电缆类型	以太网：CAT5e 屏蔽电缆 RS－485：PROFIBUS 网络电缆		
电源			
电压范围/V	AC85～264	DC20.4～28.8	AC85～264
电源频率/Hz	47～63	—	47～63

（续）

型号		CPU SR40 AC/DC/RLY	CPU ST40 DC/DC/DC	CPU CR40 AC/DC/RLY
输入电流	仅包括 CPU	AC120V 时 130mA（无 300mA 的传感器电源输出） AC120V 时 250mA（带 300mA 的传感器电源输出） AC240V 时 80mA（无 300mA 的传感器电源输出） AC240V 时 150mA（带 300mA 的传感器电源输出）	DC24V 时 190mA（无 300mA 的传感器电源输出） DC24V 时 470mA（带 300mA 的传感器电源输出）	AC120V 时 130mA（无 300mA 的传感器电源输出） AC120V 时 250mA（带 300mA 的传感器电源输出） AC240V 时 80mA（无 300mA 的传感器电源输出） AC240V 时 150mA（带 300mA 的传感器电源输出）
	包括 CPU 和所有扩展附件	AC120V 时 300mA AC264V 时 190mA	DC24V 时 680mA	—
浪涌电流（最大）		AC264V 时，为 16.3A	DC28.8V 时，为 11.7A	AC264V 时，为 7.3A
隔离电压（输入电源与逻辑侧）/V		AC1500	—	AC1500
漏电流（AC 线路对功能地）/mA		0.5	—	0.5
保持时间（掉电）		AC120V 时，为 30ms AC240V 时，为 200ms	DC24V 时，为 20ms	AC120V 时，为 50ms AC240V 时，为 400ms
内部熔丝（用户不可更换）		3A，250V，慢速熔断		
传感器电源				
电压范围/V		DC20.4～28.8		
额定输出电流（最大）/mA		300		
最大波纹噪声（<10MHz）		<1V（峰峰值）		
隔离（CPU 逻辑侧与传感器电源）		未隔离		
数字输入				
输入点数/个		24		
类型		漏型/源型（IEC 1 类漏型）	漏型/源型（IEC 1 类漏型，I0.0～I0.3 除外）	漏型/源型（IEC 1 类漏型）
额定电压		4mA 时，为 DC24V，额定值		
允许的连续电压		最大 DC30V		
浪涌电压		DC35V，持续 0.5s		
逻辑 1 信号（最小）		2.5mA 时，为 DC15V		
逻辑 0 信号（最大）		1mA 时，为 DC5V		
隔离（现场侧与逻辑侧）		AC500V 持续 1min		
隔离组/个		1		

（续）

型　号	CPU SR40 AC/DC/RLY	CPU ST40 DC/DC/DC	CPU CR40 AC/DC/RLY
滤波时间	每个通道可单独选择（仅前14个板载输入，包括信号板的数字输入）： 0.2μs、0.4μs、0.8μs、1.6μs、3.2μs、6.4μs和12.8μs 0.2ms、0.4ms、0.8ms、1.6ms、3.2ms、6.4ms和12.8ms		
HSC时钟输入频率（最大）（逻辑1电平为DC15~26V）	单相：4个，60kHz 正交相位：2个，40kHz		单相：4个，30kHz 正交相位：2个，20kHz
电缆长度	屏蔽：500m（正常输入）、50m（HSC输入）；非屏蔽：300m（正常输入）		
数字输出			
输出点数/个	16		
类型	继电器，干触点	固态-MOSFET	继电器，干触点
电压范围/V	DC5~30或AC5~250	DC20.4~28.8	DC5~30或AC5~250
最大电流时的逻辑1信号	—	最小DC20V	—
具有10kΩ负载时的逻辑0信号	—	最大DC0.1V	—
每点的额定电流（最大）/A	2.0	0.5	2.0
灯负载	DC30W/AC200W	5W	DC30W/AC200W
通态电阻	新设备最大为0.2Ω	最大0.6Ω	新设备最大为0.2Ω
每点的漏电流	—	最大10μA	—
浪涌电流	触点闭合时为7A	8A最长持续100ms	触点闭合时为7A
过载保护	无		
隔离（现场侧与逻辑侧）	AC1500V持续1min（线圈与触点） 无（线圈与逻辑侧）	AC500V持续1min	AC1500V持续1min（线圈与触点） 无（线圈与逻辑侧）
隔离电阻	新设备最小为100MΩ	—	新设备最小为100MΩ
断开触点间的绝缘	AC750V持续1min	—	AC750V持续1min
隔离组/个	4	2	4
电感钳位电压	—	±DC48V，1W损耗	—
开关延迟（Qa.0~Qa.3）	最长10ms	断开到接通最长1.0μs 接通到断开最长3.0μs	最长10ms
开关延迟（Qa.4~Qa.7）	最长10ms	断开到接通最长50μs 接通到断开最长200μs	最长10ms
机械寿命（无负载）	10 000 000个断开/闭合周期	—	10 000 000个断开/闭合周期
额定负载下的触点寿命	100 000个断开/闭合周期	—	100 000个断开/闭合周期
STOP模式下的输出状态	上一个值或替换值（默认值为0）		
电缆长度/m	500（屏蔽）、150（非屏蔽）		

表 1-5　模拟量输入/输出模块技术规范

型号	EM AM06
订货号（MLFB）	6ES7 288－3AM06－0AA0
常规	
尺寸$\frac{W}{mm}\times\frac{H}{mm}\times\frac{D}{mm}$	45×100×81
重量/g	173.4
功耗/W	2.0（空载）
电流消耗（SM 总线）/mA	80
电流消耗（DC24V）/mA	60（空载）
模拟输入	
输入路数/路	4
类型	电压或电流（差动）：可两个选为一组
范围	±10V、±5V、±2.5V、或0～20mA
满量程范围（数据字）	－27 649～27 648
过冲/下冲范围（数据字）	电压：27 649～32 511/－27 649～－32 512 电流：27 649～32 511/－4 864～0
上溢/下溢（数据字）	电压：32 512～32 767/－32 513～－32 768 电流：32 512～32 767/－4 865～－32 768
分辨率	电压模式：11 位＋符号位 电流模式：11 位
最大耐压/耐流	±35V/±40mA
平滑化	无、弱、中或强
噪声抑制	400Hz、60Hz、50Hz 或 10Hz
输入阻抗/MΩ	≥9（电压）
隔离（现场侧与逻辑侧）	无
精度（25℃/0～55℃）	电压模式：满量程的±0.1%/±0.2% 电流模式：满量程的±0.2%/±0.3%

型号	EM AM06
模-数转换时间	625μs（400Hz 抑制）
共模抑制	40dB，0～60Hz
工作信号范围	信号加共模电压必须小于 12V 且大于－12V
电缆长度（最大值）	10m，屏蔽双绞线
模拟输出	
输出路数/路	2
类型	电压或电流
范围	±10V 或 0～20mA
分辨率	电压模式：10 位＋符号位 电流模式：10 位
满量程范围（数据字）	电压：－27 648～27 648 电流：0～27 648
精度（25℃/0～55℃）	满量程的±0.5%/±1.0%
稳定时间（新值的 95%）	电压：300μs（电阻 R）、750μs（1μF） 电流：600μs（1mH）、2ms（10mH）
负载阻抗	电压≥1000Ω 电流≤600Ω
STOP 模式下的输出状态	上一个值或替换值（默认值为0）
隔离（现场侧与逻辑侧）	无
电缆长度（最大值）	100m，屏蔽双绞线
诊断	
上溢/下溢	√
对地短路（仅限电压模式）	√
断路（仅限电流模式）	√
DC24V	√

6. S7－200 Smart 扩展模块

为更好地满足应用要求，S7－200 Smart 系列包括各种扩展模块和信号板。可以将这些扩展模块与标准型 CPU（SR20、SR40、ST40、SR60 或 ST60）一起使用，给 CPU 增加附加功能。

（1）信号模块和信号板　S7－200 Smart系列支持的信号模块有数字信号模块和模拟信号模块，详细类型见表1-6。

表1-6　信号模块和信号板

类型	仅输入	仅输出	输入/输出组合	其他
数字信号模块	• 8个直流输入	• 8个直流输出 • 8个继电器输出	• 8个直流输入/8个直流输出 • 8个直流输入/8个继电器输出 • 16个直流输入/16个直流输出 • 16个直流输入/16个继电器输出	
模拟信号模块	• 4个模拟量输入 • 2个RTD输入	• 2个模拟量输出	• 4个模拟量输入/2个模拟量输出	
信号板		• 1个模拟量输出	• 2个直流输入/2个直流输出	• RS－485/RS－232

（2）适用于S7－200 Smart的HMI设备　S7－200 Smart支持Comfort HMI、Smart HMI、Basic HMI和Micro HMI。表1-7列出了两种显示设备TD400C和KTP1000。

表1-7　HMI设备

TD400C		文本显示单元：TD400C是一款显示设备，可以连接到CPU 使用文本显示向导，可以轻松地对CPU进行编程，以显示文本信息和其他与用户的应用有关的数据 TD400C设备可以作为应用的低成本接口，使用该设备可查看、监视和更改与应用有关的过程变量
KTP1000	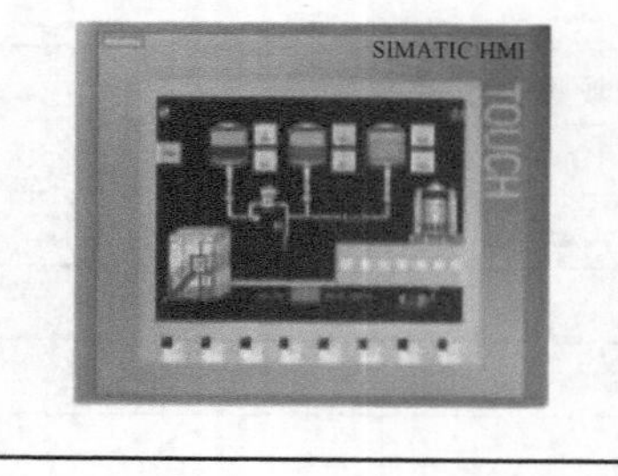	Basic HMI：KTP1000（是SIMATIC HMI中的一种）为小型机器和工厂提供操作和监视功能 组态和调试时间短，可通过PROFINET接口在WinCC flexible/WinCC Basic/STEP 7 Basic中组态，这些是Basic HMI的主要亮点

（3）通信选项　S7－200 Smart可实现CPU、编程设备和HMI之间的多种通信。

1）以太网：实现编程设备到CPU的数据交换、HMI与CPU间的数据交换。

2）RS－485：总共支持126个可寻址设备（每个程序段32个设备）、支持PPI（点对点接口）协议、支持HMI与CPU间的数据交换和使用自由端口在设备与CPU之间交换数据（XMT/RCV指令）。

3）RS－232：支持与一台设备的点对点连接、支持PPI协议、支持HMI与CPU间的数据交换和使用自由端口在设备与CPU之间交换数据（XMT/RCV指令）。

1.2.5　编程基础

1. PLC 的编程方式

不同公司的 PLC 支持的编程语言不尽相同，但最常用的是梯形图和语句表。西门子 S7－200 Smart PLC 支持的编程语言有：梯形图（LAD）、语句表（STL）和功能块图（FBD）。

梯形图是一种图形语言，与继电器控制电路形状相似，由继电器线圈符号和触点符号组成，这些符号上标注有继电器编号。梯形图以独立的触点和线圈的组合作为一条语句，左边以母线开始，以继电器线圈作为一阶的结尾，右边以地线终止，也称右母线。

语句表是一种助记符编程语言，又称指令表、助记符等。每条指令由操作码和操作数组成。操作码是 PLC 指令系统中的指令代码、指令助记符，它表示需要进行的工作。操作数则是操作对象，主要是继电器的类型和编号。PLC 内部存储器位表示内部继电器，称为软继电器，即软元件，用不同的字母表示不同的元件类型。不同存储器类型和属性见表 1-8。

表 1-8　不同存储器类型和属性

区域	说　明	作为位存取	作为字节存取	作为字存取	作为双字存取	可保持	可强制
I	离散输入和映像寄存器	读取/写入	读取/写入	读取/写入	读取/写入	否	是
Q	离散输出和映像寄存器	读取/写入	读取/写入	读取/写入	读取/写入	否	是
M	标志存储器	读取/写入	读取/写入	读取/写入	读取/写入	是	是
SM	特殊存储器	读取/写入	读取/写入	读取/写入	读取/写入	否	否
V	变量存储器	读取/写入	读取/写入	读取/写入	读取/写入	是	是
T	定时器当前值和定时器位	定时器位 读取/写入	否	定时器当前值 读取/写入	否	定时器当前值，是； 定时器位，否	否
C	计数器当前值和计数器位	计数器位 读取/写入	否	计数器当前值 读取/写入	否	计数器当前值，是； 计数器位，否	否
HC	高速计数器当前值	否	否	否	只读	否	否
AI	模拟量输入	否	否	只读	否	否	是
AQ	模拟量输出	否	否	只写	否	否	是
AC	累加器寄存器	否	读取/写入	读取/写入	读取/写入	否	否
L	局部变量存储器	读取/写入	读取/写入	读取/写入	读取/写入	否	否
S	SCR	读取/写入	读取/写入	读取/写入	读取/写入	否	否

2. SM（特殊存储器）

程序中的 SMB0～SMB29 和 SMB1000～SMB1535 为只读地址。如果程序尝试对只读 SM 地址执行写入操作，STEP 7－Micro/WIN Smart 在编译程序时将出现错误。同时 CPU 程序编译器将拒绝程序，并显示“操作数范围错误，下载失败”（Operand range error，Download failed）。

程序可读取存储在特殊存储器地址的数据、评估当前系统状态和使用条件逻辑决定如何响应。在运行模式下，程序逻辑连续扫描提供对系统数据的连续监视功能。

特殊存储器（SM）及其系统符号名称如下：

1）SMB0：系统状态位。

2）SMB1：指令执行状态位。

3）SMB2：自由端口接收字符。

4）SMB3：用于自由端口模式，并且包含在接收字符中检测到奇偶校验、帧、中断或超限错误时所置位的错误位。

5）SMB4：包含中断队列溢出、运行时程序错误、中断启用、自由端口发送器空闲和强制值。

6）SMB5：I/O 错误状态位。

7）SMB6～SMB7：CPU ID、错误状态和数字量 I/O 点。

8）SMB8～SMB21：I/O 模块 ID 和错误代码。

9）SMW22～SMW26：扫描时间。

10）SMB28～SMB29：信号板 ID 和错误。

11）SMB1000～SMB1049：CPU 硬件/固件 ID。

12）SMB1050～SMB1099：SB（信号板）硬件/固件 ID。

13）SMB1100～SMB1299：EM（扩展模块）硬件/固件 ID。

（1）SMB0：系统状态　特殊存储器字节 0（SM0.0～SM0.7）包含 8 个位，在各扫描周期结束时 S7－200 Smart CPU 更新这些位。程序可以读取这些位的状态，然后根据位值做出决定，具体见表 1-9。

表 1-9　特殊存储器 SM0 位对应的功能

S7－200 Smart 符号名	SM 地址	说　明
Always_On	SM0.0	该位始终接通（设置为 1）
First_Scan_On	SM0.1	该位在第一个扫描周期接通，然后断开。该位的一个用途是调用初始化子例程
Retentive_Lost	SM0.2	在以下情况下，该位会接通一个扫描周期： • 重置为出厂通信命令 • 重置为出厂存储卡评估 • 评估程序传送卡（在此评估过程中，会从程序传送卡中加载新系统块） • NAND 闪存上保留的记录出现问题 该位可用作错误状态位或用作调用特殊启动顺序的机制
RUN_Power_Up	SM0.3	从上电或暖启动条件进入 RUN 模式时，该位接通一个扫描周期。该位可用于在开始操作之前给机器提供预热时间
Clock_60s	SM0.4	该位提供时钟脉冲，该脉冲的周期时间为 1min，OFF（断开）30s，ON（接通）30s。该位可简单轻松地实现延时或 1min 时钟脉冲
Clock_1s	SM0.5	该位提供时钟脉冲，该脉冲的周期时间为 1s，OFF（断开）0.5s，ON（接通）0.5s。该位可简单轻松地实现延时或 1s 时钟脉冲
Clock_Scan	SM0.6	该位是扫描周期时钟，接通一个扫描周期，然后断开一个扫描周期，在后续扫描中交替接通和断开。该位可用作扫描计数器输入
RTC_Lost	SM0.7	如果实时时钟设备的时间被重置或在上电时丢失（导致系统时间丢失），则该位将接通一个扫描周期。该位可用作错误状态位或用来调用特殊启动顺序

（2）SMB1：指令执行状态　特殊存储器字节1（SM1.0～SM1.7）提供各种指令的执行状态，例如表格和数学运算。执行指令时由指令置位和复位这些位。程序可以读取位值，然后根据值做出决定，详见表1-10。

表1-10　特殊存储器SM1位对应的功能

S7-200 Smart 符号名	SM 地址	说　明
Result_0	SM1.0	执行某些指令时，如果运算结果为零，该位将接通
Overflow_Illegal	SM1.1	执行某些指令时，如果结果溢出或检测到非法数字值，该位将接通
Neg_Result	SM1.2	数学运算得到负结果时，该位接通
Divide_By_0	SM1.3	尝试除以零时，该位接通
Table_Overflow	SM1.4	执行填表（ATT）指令时，如果参考数据表已满，该位将接通
Table_Empty	SM1.5	LIFO 或 FIFO 指令尝试从空表读取时，该位接通
Not_BCD	SM1.6	将 BCD 值转换为二进制值期间，如果值非法（非 BCD），该位将接通
Not_Hex	SM1.7	将 ASCII 码转换为十六进制（ATH）值期间，如果值非法（非十六进制 ASCII 数），该位将接通

3. PLC软元件地址分配

PLC内部有大量由软元件组成的内部继电器，这些软元件按一定的规律进行地址编号。使用“字节地址”格式可按字节、字或双字访问多数存储区（V、I、Q、M、S、L和SM）中的数据，采用类似于指定位地址的方法指定地址。如图1-8所示，地址包括区域标识符、数据大小指定和字节、字或双字值的起始字节地址。请注意这里的高字节低地址规律，如VW100包含VB100和VB101两个字节，其中VB100是高地址字节，VB101是低地址字节；VD100包含VB100～VB103四个字节，其中VB100是高地址字节，VB103是低

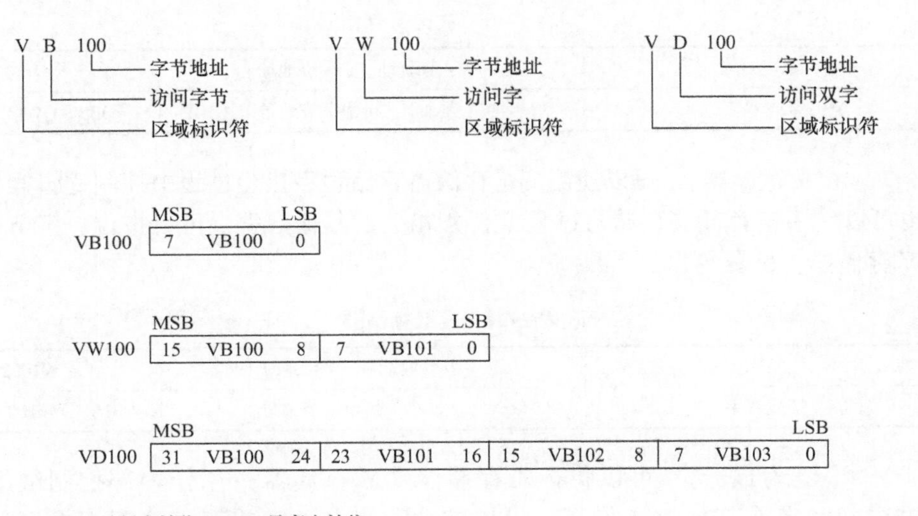

图1-8　位地址示意图

地址字节。但是在一个字节内部，VB100 包含八位存储器，即 V100.0 ~ V100.7，其中 V100.7 为高位，V100.0 为低位。不同数据长度表示的十进制和十六进制数范围不同，不同数据表示方式及范围见表 1-11。

表 1-11　不同数据表示方式及范围

表示方式	字节（B）	字（W）	双字（D）
无符号整数	0 ~ 255 16#00 ~ 16#FF	0 ~ 65 535 16#0000 ~ 16#FFFF	0 ~ 4 294 967 295 16#00000000 ~ 16#FFFFFFFF
有符号整数	−128 ~ 127 16#80 ~ 16#7F	−32 768 ~ 32 767 16#8000 ~ 16#7FFF	−2 147 483 648 ~ 2 147 483 647 16#8000 0000 ~ 16#7FFF FFFF
实数（IEEE 32 位浮点数）	不适用	不适用	1.175495E − 38 ~ 3.402823E + 38（正数） −1.175495E − 38 ~ −3.402823E + 38（负数）

4. 存储区的访问方式

（1）I（过程映像输入寄存器）　在每次扫描周期开始时，CPU 会对物理输入点进行采样，并将采样值写入过程映像输入寄存器中。可以按位、字节、字或双字访问过程映像输入寄存器中的数据，见表 1-12。

表 1-12　输入寄存器

位	I［字节地址］.［位地址］	I0.1
字节、字或双字	I［大小］［起始字节地址］	IB4、IW7、ID20

（2）Q（过程映像输出寄存器）　在扫描周期结束时，CPU 会将存储在过程映像输出寄存器中的数值复制到物理输出点上。可以按位、字节、字或双字访问过程映像输出寄存器中的数据，见表 1-13。

表 1-13　输出寄存器

位	Q［字节地址］.［位地址］	Q1.1
字节、字或双字	Q［大小］［起始字节地址］	QB5、QW14、QD28

（3）V（变量存储器）　可以使用变量存储器存储程序执行过程中控制逻辑操作的中间结果，也可以使用 V 存储器存储与过程或任务相关的其他数据。可以按位、字节、字或双字访问 V 存储器，见表 1-14。

表 1-14　变量存储器

位	V［字节地址］.［位地址］	V10.2
字节、字或双字	V［大小］［起始字节地址］	VB16、VW100、VD2136

（4）M（标志存储器）　可以将标志存储器（M 存储器）用作内部控制继电器来存储操作的中间状态或其他控制信息。可以按位、字节、字或双字访问标志存储器，见表 1-15。

表1-15 标志存储器

位	M［字节地址］.［位地址］	M26.7
字节、字或双字	M［大小］［起始字节地址］	MB0、MW11、MD20

（5）T（定时器存储器） CPU提供的定时器能够以1ms、10ms或100ms的精度（时基增量）累计时间。定时器有两个变量：

1）当前值：该16位有符号整数可存储定时器计数的时间量。

2）定时器位：比较当前值和预设值后，可置位或清除该位。

可以使用定时器地址（T+定时器编号）访问这两个变量。访问定时器位还是当前值取决于所使用的指令：带位操作数的指令会访问定时器位，而带字操作数的指令则访问当前值。如图1-9所示，“常开触点”指令访问的是定时器位，而“移动字”指令访问的是定时器的当前值。

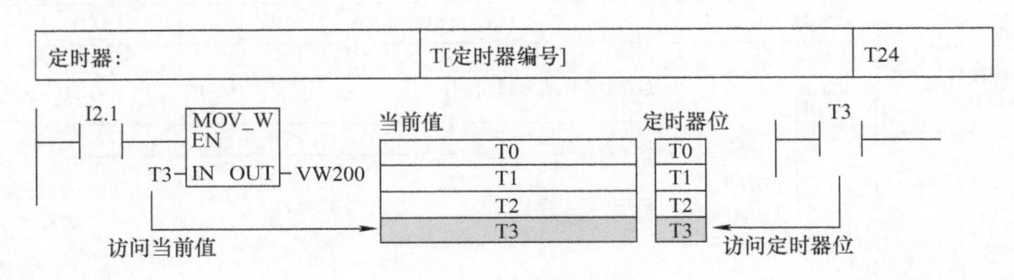

图1-9 定时器存储器

（6）C（计数器存储器） CPU提供三种类型的计数器，对计数器输入上的每一个由低到高的跳变事件进行计数：一种类型仅向上计数，一种仅向下计数，还有一种类型既可向上计数也向下计数。有两个与计数器相关的变量：

1）当前值：该16位有符号整数用于存储累加的计数值。

2）计数器位：比较当前值和预设值后，可置位或清除该位。预设值是计数器指令的一部分。

可以使用计数器地址（C+计数器编号）访问这两个变量。访问计数器位还是当前值取决于所使用的指令：带位操作数的指令会访问计数器位，而带字操作数的指令则访问当前值。如图1-10所示，“常开触点”指令访问的是计数器位，而“移动字”指令访问的是计数器的当前值。

（7）HC（高速计数器） 高速计数器独立于CPU的扫描周期对高速事件进行计数。高速计数器有一个有符号32位整数计数值（或当前值）。要访问高速计数器的计数值，需要

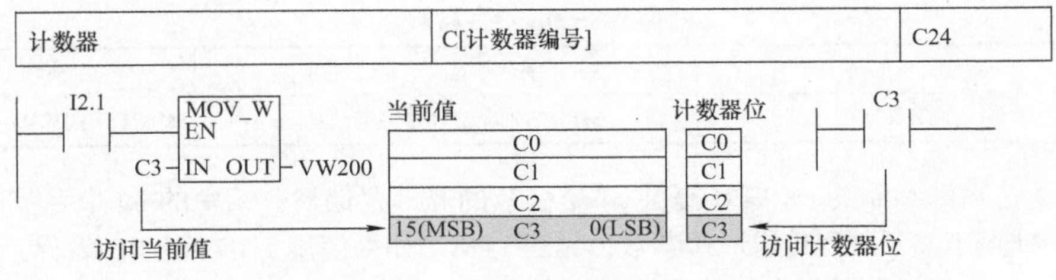

图1-10 计数器存储器

利用存储器类型（HC）和计数器编号指定高速计数器的地址。高速计数器的当前值是只读值，仅可作为双字（32 位）来寻址，高速计数器格式见表 1-16。

表 1-16　高速计数器格式

高速计数器	HC［高速计数器编号］	HC1

（8）AC（累加器）　累加器是可以像存储器一样使用的读/写器件。例如，可以使用累加器向子例程传递参数或从子例程返回参数，并可存储计算中使用的中间值。CPU 提供了四个 32 位累加器（AC0、AC1、AC2 和 AC3）。可以按位、字节、字或双字访问累加器中的数据。

被访问的数据大小取决于访问累加器时所使用的指令。如图 1-11 所示，当以字节或字的形式访问累加器时，使用的是数值的低 8 位或低 16 位。当以双字的形式访问累加器时，使用全部 32 位。

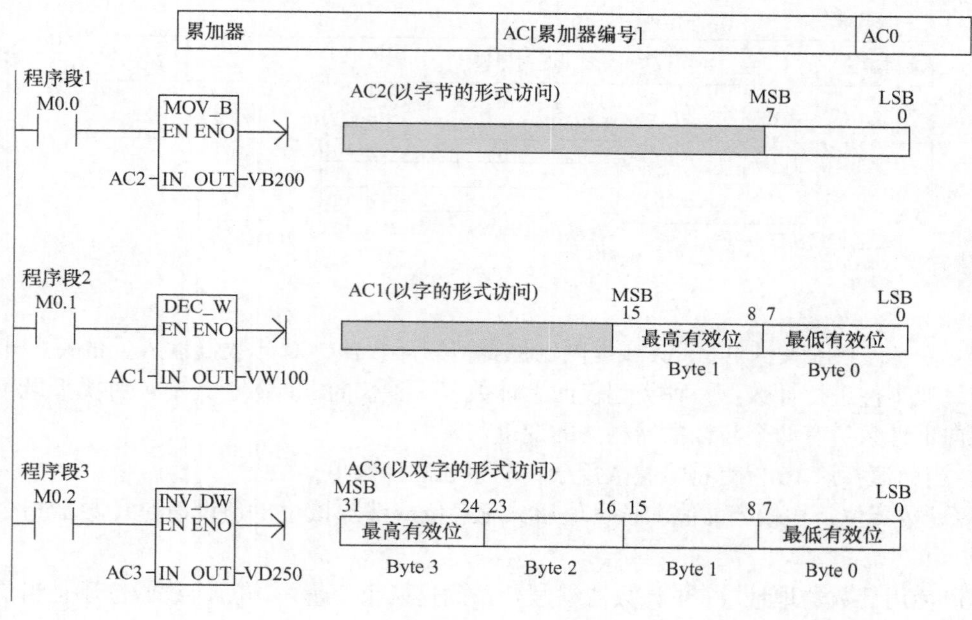

图 1-11　累加器

（9）SM（特殊存储器）　SM 位提供了在 CPU 和用户程序之间传递信息的一种方法。可以使用这些位来选择和控制 CPU 的某些特殊功能，例如：在第一个扫描周期接通的位、以固定速率切换的位、显示数学或运算指令状态的位。可以按位、字节、字或双字访问 SM 位，见表 1-17。

表 1-17　特殊存储器

位	SM［字节地址］.［位地址］	SM0.1
字节、字或双字	SM［大小］［起始字节地址］	SMB86、SMW300、SMD1000

（10）L（局部存储器）　CPU 提供 64 个字节的局部存储器，其中的 60 个字节可用作临时存储器，或用于向子例程传递形式参数，见表 1-18。如果使用 LAD 或 FBD 编程，STEP 7 - Micro/WIN Smart 将保留局部存储器的最后 4 个字节。

表 1-18　局部存储器

位	L［字节地址］.［位地址］	L0.0
字节、字或双字	L［大小］［起始字节地址］	LB33、LW5、LD20

局部存储器与 V 存储器很相似，但有一处重要区别，V 存储器是全局有效的，而 L 存储器只在局部有效。全局是指可以通过任何程序（包括主程序、子例程或中断例程）访问同一存储器位置。局部范围是指存储器分配与特定的子例程相关联，其他子例程无法访问。

下列 14 个实体均保留 64 字节的局部存储器分配：1 个主程序、8 个主程序开始后的子例程嵌套级别、1 个当前处于活动状态的中断和 4 个中断例程开始后的子例程嵌套级别。

（11）AIW（模拟量输入）　CPU 将模拟量值（如温度或电压）转换为一个字长度（16 位）的数字值。可以通过区域标识符（AI）、数据大小（W）以及起始字节地址访问这些值。由于模拟量输入为字，并且总是从偶数字节（例如 0、2 或 4）开始，所以必须使用偶数字节地址（例如 AIW0、AIW2 或 AIW4）访问这些值，模拟量输入值为只读值，模拟量输入格式见表 1-19。

表 1-19　模拟量输入格式

模拟量输入	AIW［起始字节地址］	AIW4

（12）AQW（模拟量输出）　CPU 将一个字长度（16 位）的数字值按比例转换为电流或电压。可以通过区域标识符（AQ）、数据大小（W）以及起始字节地址写入这些值。由于模拟量输出为字，并且总是从偶数字节（例如 0、2 或 4）开始，所以必须使用偶数字节地址（如 AQW0、AQW2 或 AQW4）写入这些值，模拟量输出值为只写值，模拟量输出格式见表 1-20。

表 1-20　模拟量输出格式

模拟量输出	AQW［起始字节地址］	AQW4

（13）S（顺序控制继电器）　S 位与 SCR 关联，可用于将步骤组织到等效的程序段中，可使用 SCR 实现控制程序的逻辑分段。可以按位、字节、字或双字访问 S 存储器，见表 1-21。

表 1-21　顺序控制继电器

位	S［字节地址］.［位地址］	S3.1
字节、字或双字	S［大小］［起始字节地址］	SB4、SW7、SD14

（14）实数格式　实数（或浮点数）以 32 位单精度数表示，其格式为 ANSI/IEEE 754 - 1985 标准中所描述的形式，实数按双字长度访问，如图 1-12 所示。浮点数精确到小数点后第 6 位，因此输入浮点常数时，最多只能指定 6 位小数。计算涉及包含非常大和非常小数字的一长串数值时，计算结果可能不准确。如果数值相差 10 的 x 次方（其中 $x>6$），则会发生上述情况，例如：100 000 000 + 1 = 100000 000。

（15）字符串格式　字符串是一个字符序列，其中的每个字符都以字节的形式存储。字

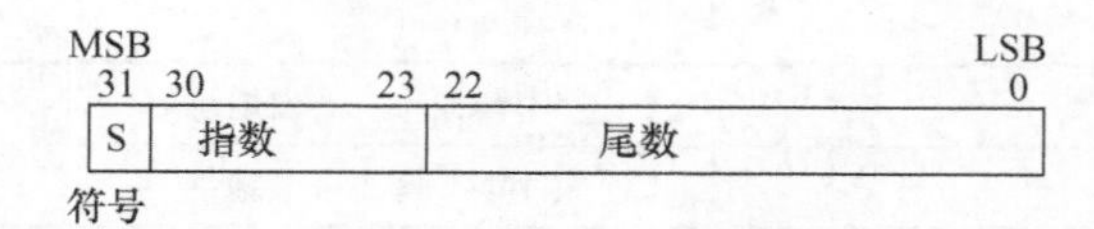

图 1-12 实数格式

符串的第一个字节定义字符串的长度，即字符数。图 1-13 显示了字符串的格式。字符串的长度可以是 0 ~ 254 个字符，再加上长度字节，因此字符串的最大长度为 255 个字节。字符串常数限制为 126 个字节。

长度	字符1	字符2	字符3	字符4	…	字符254
Byte 0	Byte 1	Byte 2	Byte 3	Byte 4		Byte 254

图 1-13 字符串格式

（16）分配指令的常数值 在许多编程指令中都可以使用常数值。常数可以是字节、字或双字。CPU 以二进制数的形式存储所有常数，随后可用十进制、十六进制、ASCII 或实数（浮点）等格式表示这些常数值，见表 1-22。

表 1-22 常数值

表示方式	格 式	示 例
十进制	［十进制值］	20047
十六进制	16#［十六进制值］	16#4E4F
二进制	2#［二进制数］	2#1010_0101_1010_0101
ASCII	'［ASCII 文本］'	'ABCD'
实数	ANSI/IEEE 754 - 1985	1. 175495E - 38（正数） -1. 175495E - 38（负数）
字符串	"［stringtext］"	"ABCDE"

1.3 编程举例

1.3.1 编程软件 STEP 7 - Micro/WIN Smart 的使用

STEP 7 - Micro/WIN Smart 是 S7 - 200 Smart 控制器的组态、编程和操作软件。

1. 软件界面

STEP 7 - Micro/WIN Smart 用户界面如图 1-14 所示，请注意，每个编辑窗口均可停放或浮动以及排列在屏幕上，既可单独显示每个窗口，也可合并多个窗口以从单独选项卡访问各窗口。

2. 控制程序元素

LAD、FBD 和 STL 控制程序的基本元素是不同的。

（1）LAD 在 LAD 程序中，逻辑的基本元素用触点、线圈和方框表示。构成完整电路

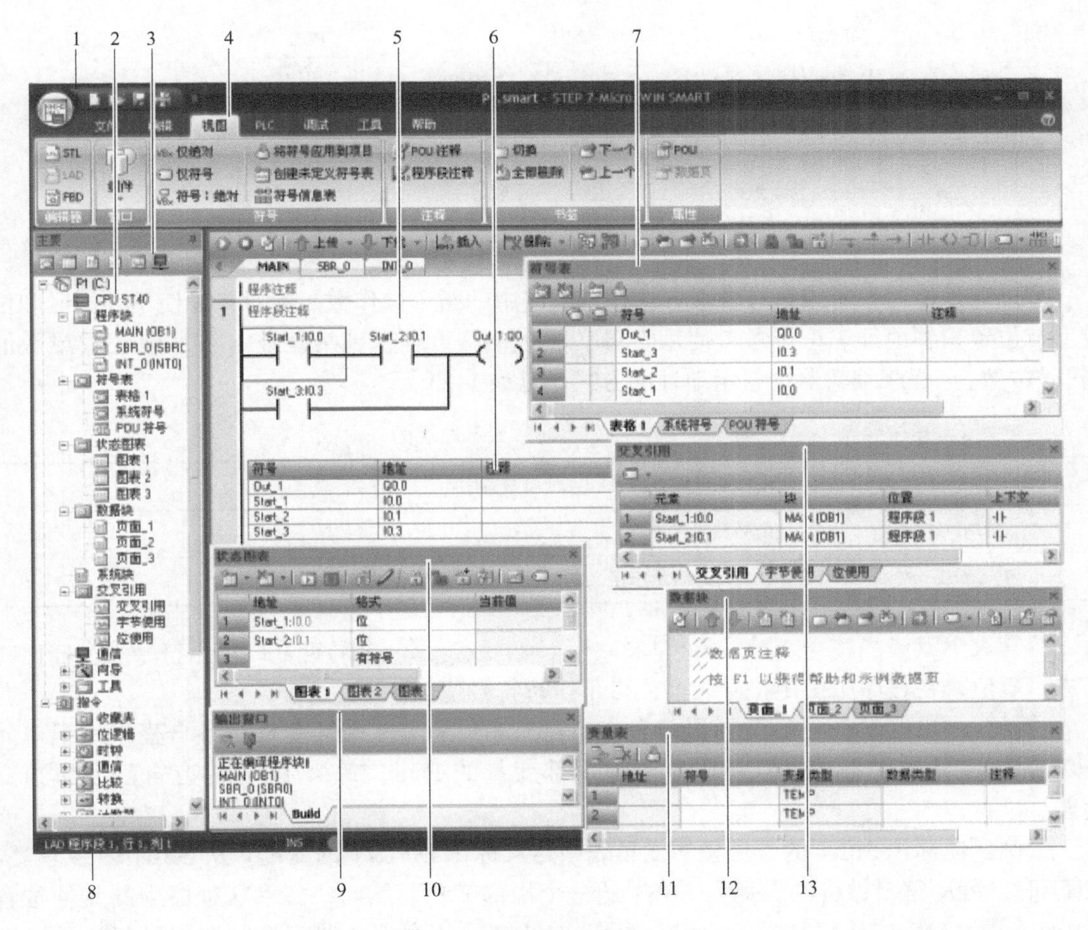

图 1-14　STEP 7 - Micro/WIN Smart 用户界面

1—快速访问工具栏　2—项目树　3—导航栏　4—菜单　5—程序编辑器

6—符号信息表　7—符号表　8—状态栏　9—输出窗口　10—状态图表

11—变量表　12—数据块　13—交叉引用

的一套互联元素被称为程序段。

1）输入以称作触点的符号表示。常开触点在闭合时启用能流；触点也可常闭，在这种情况下，打开触点时会出现能流。

2）输出以称作线圈的符号表示。线圈具有能流时，输出被打开。

3）方框是代表在 PLC 中执行的操作的符号。方框可简化操作编程，例如定时器、计数器和诸如算术运算等功能指令都由方框表示。

（2）FBD　FBD 程序元素用方框表示。AND/OR 方框（门）可用于处理布尔信号，处理方式与梯形图触点相同。

（3）STL　STL 程序元素由一组执行功能的指令表示。STL 程序不用梯形图程序和 FBD 程序使用的图形显示，而是用文本格式显示。在图 1-15 所示的示例中给出了等效逻辑的三种不同表示方法。

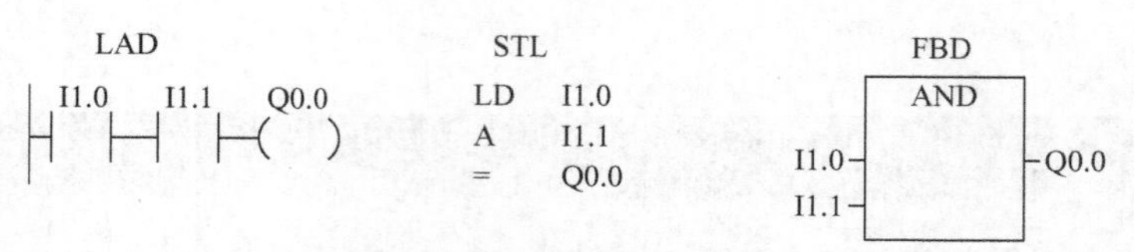

图 1-15 等效逻辑的三种不同表示方法

3. 寻址概述

可以通过绝对参考或符号参考方式识别程序中的指令操作数。绝对参考使用存储区和位或字节位置识别地址。符号参考使用字母、数字字符组合识别某地址（符号地址）或数值（符号常数）。程序编辑器中显示地址的方式详见表 1-23。

表 1-23 程序编辑器中显示地址的方式

I0.0	绝对地址由存储区和地址编号指定
INPUT1	全局符号名称
??.? 或 ????	红色问号表示未定义的地址（必须先定义，程序才能编译）

符号表中赋值的符号变量具有全局性，称为全局符号。全局符号可使用符号表在任何时间进行赋值，在程序中使用符号之前，可不执行符号赋值。

变量表中赋值的符号变量具有局部性，称为局部变量。局部变量在各自程序组织单元（POU）的变量表中赋值，且局限于创建局部变量的 POU。每个 POU 都有自己的单独变量表。

示例：在称作 SBR1 的子例程的变量表中定义称作 INPUT1 的变量。从 SBR1 内参考 INPUT1 时，程序编辑器将其识别为 SBR1 的一个局部变量。然而，如果从程序中的其他位置（例如，从 MAIN 或从第二个子例程）参考 INPUT1，程序编辑器不将其视作局部变量（因为它位于 SBR1 之外），而将 INPUT1 视作未定义的全局符号。

在局部和全局级别使用一个相同的地址名，局部用法优先。若程序编辑器在变量表中发现某一特定程序块的名称定义，则使用该定义；如果未发现定义，则程序编辑器会检查符号表。

示例：在“符号表”中将 PumpOn 定义为全局符号，同时在 SBR2（而不是 SBR1）的变量表中将其定义为局部变量。编译程序时，局部定义用于 SBR2 中的 PumpOn，全局定义用于 SBR1 中的 PumpOn。

局部变量使用临时 L 存储器，而不占用程序存储空间。仅使用局部变量参数（或根本不使用参数）的子例程可移植，且可在多个程序中重复使用。如果要在多个 POU 中使用一个参数，最好在符号表中将其定义为全局符号；若将其定义为局部变量，则必须为每个 POU 的变量表分别赋值。

因为局部变量使用临时存储器，每次调用 POU 时，务必在 POU 中初始化局部变量。局部变量不会将其数据值从一次 POU 调用保留到下一次调用。

4. 程序组织块

S7-200 Smart CPU 的控制程序由三种类型的程序组织单元（Program Organizational

Units，POU）组成，见表1-24。

表1-24　程序组织单元

主程序	程序主体（称为OB1），在其中放置控制应用程序的指令。主程序中的指令按顺序执行，每个CPU扫描周期执行一次
子例程	子例程是位于单独程序块的可选指令集，只在从主程序、中断例程或另一子例程调用时执行
中断例程	中断例程是位于单独程序块的可选指令集，只在发生中断事件时执行

STEP 7 - Micro/WIN Smart 提供了三个程序编辑器，并通过在程序编辑器窗口为每个POU提供单独的选项卡来组织程序。主程序OB1始终是第一个选项卡，然后是可能已创建的任何子例程或中断。

（1）子例程　在需要重复执行某种功能时子例程是非常有用的。可在子例程中编写一次逻辑，然后在主程序中根据需要多次调用子例程。这样做的优点有：

1）总体代码大小减小。

2）与在主程序中多次执行相同代码相比，扫描时间也会减少，因为在主程序中，不管代码执行与否，每个扫描周期都会自动评估代码。可以有条件地调用子例程，且在扫描过程中不被调用时不对子例程进行评估。

3）子例程容易移植；可以单独挑出一个功能，并将其复制到其他程序中，而无需进行修改或只进行少量修改。

V存储器的使用限制了子例程的可移植性，因为一个程序的V存储器地址赋值可能与另一个程序中的赋值发生冲突。相反，将变量表用于所有地址分配的子例程却很容易移植，因为不必担心会出现寻址冲突。

（2）中断例程　可以编写中断例程，以处理某些预定义的中断事件，中断例程不由主程序调用，而是在中断事件发生时由PLC操作系统调用。因为不可能预测系统何时会调用中断，所以不要将中断例程编程写入到可能在程序其他位置使用的存储器中。通过使用中断例程的变量表，可以确保中断例程仅使用临时存储器，而不覆盖程序其他位置的数据。

5. 程序编辑器

STEP 7 - Micro/WIN Smart 提供了不同的编辑器选择，可以通过指令创建控制程序。STEP 7 - Micro/WIN Smart 提供三种程序编辑器：梯形图（LAD）、功能块图（FBD）、语句表（STL）。第一次启动 STEP 7 - Micro/WIN Smart 或创建新项目时，默认编辑器是LAD编辑器，或是在默认程序编辑器选项中选择的编辑器。要切换到另一种编辑器，可在“视图”（View）菜单功能区的“编辑器”（Editor）部分选择所需的编辑器。

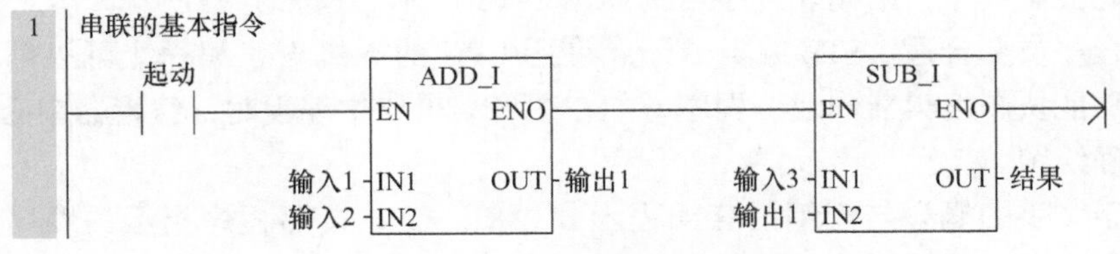

图1-16　梯形图程序示例

（1）梯形图编辑器 STEP 7 - Micro/WIN Smart 梯形图（LAD）编辑器的程序与电路图相似，如图1-16所示。梯形图编程是很多PLC程序员和维护人员选用的方法，它是为新程序员设计的优秀语言。基本上，梯形图程序利用CPU仿真一个来自动力源的电流，通过一系列逻辑输入条件，启用逻辑输出条件，逻辑分解为程序段。程序根据指示执行，每次执行一个程序段，执行顺序为从左至右，然后从顶部至底部。CPU到达程序的结尾后，又回到程序的顶部重新开始。梯形图程序中各种指令通过图形符号表示，包括三个基本形式，见表1-25。

表1-25 梯形图符号的表示方法

符号	名称	含 义
┤├	触点	表示逻辑输入条件，用于模拟开关、按钮、内部条件等
-( )	线圈	通常表示逻辑输出结果，用于模拟灯、电动机起动器、干预继电器、内部输出条件及其他输出
-□	方框	表示附加指令，例如定时器、计数器或数学运算指令

可在梯形逻辑中建立从简单到复杂的程序段，可以创建带有中线输出的程序段，也可以串联多个方框指令。可串联的方框指令通过“使能输出”（ENO）线标记。如果方框在EN输入处具有能流且执行无错误，则ENO输出将能流传递到下一个元素。ENO可用作使能位，指示指令成功完成。若ENO位用于堆栈顶端，则会影响用于后续指令执行的能流。

LAD编辑器的特点包括：梯形逻辑便于新程序员使用；图形显示通常易于理解，通用性强；可以使用FBD编辑器或STL编辑器显示使用LAD编辑器创建的程序。

（2）功能块图编辑器 STEP 7 - Micro/WIN Smart 功能块图（FBD）编辑器允许以逻辑方框（与通用逻辑门图相似）形式查看指令，如图1-17所示。FBD中没有LAD编辑器中的触点和线圈，但有相等的指令，以方框指令的形式显示。程序逻辑从这些方框指令之间的连接派生。来自一条指令的输出（例如AND（与）方框）可用于启用另一条指令（例如计数器），以创建必要的控制逻辑。这一连接概念允许FBD像其他编辑器一样使用，可以很方便地解决各种逻辑问题。

FBD编辑器的特点包括：图形逻辑门表示样式对跟随程序流有益；可使用LAD编辑器或STL编辑器显示使用FBD编辑器创建的程序；可扩充AND/OR（与/或）方框便于绘制复杂的输入组合。

（3）语句表编辑器 STEP 7 - Micro/WIN Smart 语句表（STL）编辑器允许通过输入指令助记符创建控制程序，语句表程序示例如图1-18所示。通常，STL编辑器对熟悉PLC和逻辑编程的程序员更合适。STL编辑器还允许用CPU的本机语言编程，可以创建无法通过梯形逻辑或功能块图编辑器创建的程序。如在图形编辑器中编程时，编辑器中必须应用一些限制以便正确绘图。

这种基于文字的概念与汇编语言编程十分相似。CPU按照程序指示的顺序，从顶部至底部执行每条指令，然后再从头重新开始，因此STL和汇编语言在另一种意义上也很相似。S7-200 CPU使用逻辑堆栈解决控制逻辑，LAD和FBD编辑器自动插入处理堆栈操作所需的指令。在 STL 中，必须自己插入这些指令以处理堆栈。图 1-19 给出了一个 LAD 中的简单程序和 STL 中的对应程序。表 1-26 显示了在 32 位逻辑堆栈中发生的情况。

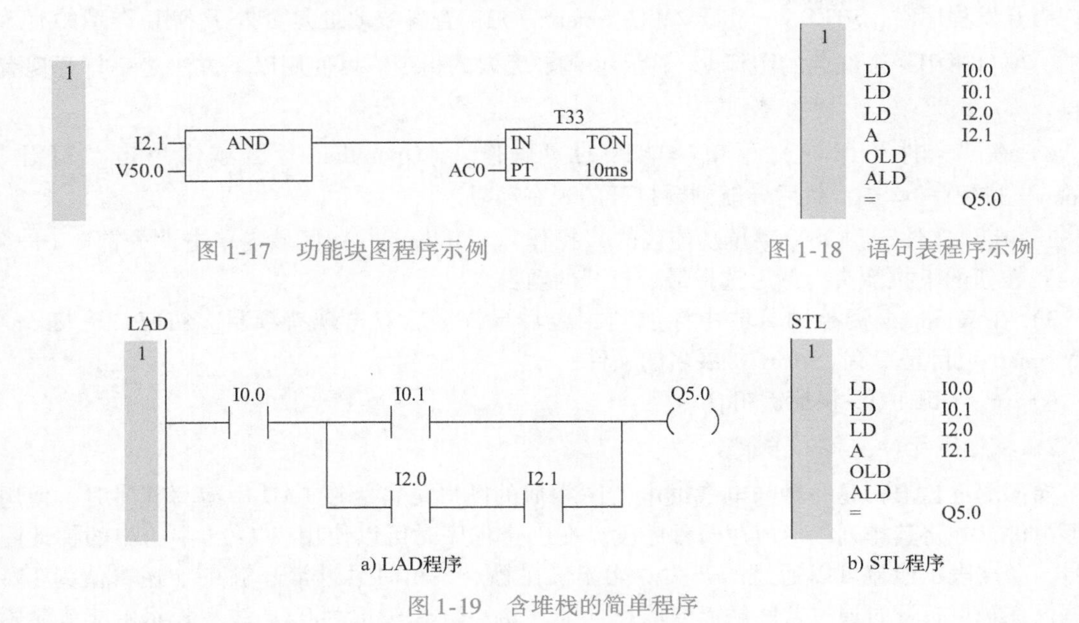

图 1-17　功能块图程序示例　　图 1-18　语句表程序示例

a) LAD程序　　b) STL程序

图 1-19　含堆栈的简单程序

表 1-26　堆栈指令

堆栈	LD I0. 0	LD I0. 1	LD I2. 0	A I2. 1	OLD	ALD
S0	I0. 0	I0. 1	I2. 0	I2. 0 AND I2. 1	(I2. 0 AND I2. 1) OR I0. 1	I0. 0 AND [(I2. 0 AND I2. 1) OR I0. 1]
S1		I0. 0	I0. 1	I0. 1	I0. 0	
S2			I0. 0	I0. 0		
⋮						
S31						

STL 编辑器的特点包括：STL 对经验丰富的程序员最适合；STL 有时可以解决无法用 LAD 或 FBD 编辑器轻易解决的问题；可以使用 STL 编辑器查看或编辑通过 LAD 编辑器或 FBD 编辑器建立的程序，但使用 LAD 编辑器或 FBD 编辑器不一定可以显示通过 STL 编辑器编写的程序。

1. 3. 2　如何输入 LAD 程序

1. 创建项目

打开 STEP 7 - Micro/WIN Smart 编程软件，可使用以下任何一种方法创建和打开新项目（在创建和打开新项目前先保存当前项目）：

1）单击“文件”（File）菜单功能区中“操作”（Operations）区域的“新建”（New）按钮。

2）在快速访问工具栏中，单击“新建”（New）按钮。

3）按 <Ctrl + N> 快捷键组合。

可通过选项设置（从“工具”（Tools）菜单功能区访问）来组态新项目的默认 CPU 类型。当开发程序时，STEP 7 - Micro/WIN Smart 首先检查参数地址是否处于 CPU 类型的有效范围。项目树用一个红色的图标显示对 PLC 无效的指令。可使用以下方法之一打开现有项目：

1）在“文件”（File）菜单功能区的“操作”（Operations）区域内单击“打开”（Open）按钮打开，然后导航到要打开的现有项目。

2）在“文件”（File）菜单功能区的“操作”（Operations）区域内单击“先前”（Previous）按钮的下拉箭头，然后选择最近打开的项目。

3）在 Windows 资源浏览器中导航到相应目录，然后双击现有项目。STEP 7 - Micro/WIN Smart 项目是带有 . Smart 扩展名的文件。

4）按 <Ctrl + O> 快捷键组合。

2. 梯形图元件及其工作原理

梯形图（LAD）是一种与电气继电器图相似的图形语言。在 LAD 中编写程序时，使用图形组件，并将其排列以形成逻辑程序段。在创建程序时可以使用表 1-25 中给出的梯形图符号，触点表示能流可以通过的开关。能流仅在触点关闭时通过常开触点（逻辑值为 1）；能流仅在触点打开时通过常闭触点或取反（非）触点（逻辑值为 0）。线圈表示由能流激励的继电器或输出。方框表示在能流到达该框时执行的一项功能（例如定时器、计数器或数学指令）。程序段由这些元件组成并代表一个完整的电路。能流从左侧电源线（在程序编辑器中由窗口左侧一条垂直线表示）流过闭合触点，以激励线圈或方框。

3. LAD 中简单串联和并联程序段的构造规则

（1）触点放置规则　每个程序段必须以一个触点开始；程序段不能以触点终止。

（2）线圈放置规则　程序段不能以线圈开始，线圈用于终止逻辑程序段；一个程序段可有若干个线圈，只要线圈位于该特定程序段的并行分支上即可；不能在程序段上串联一个以上线圈（即不能在一个程序段的一条水平线上放置多个线圈）。

（3）方框放置规则　如果方框有 ENO，能流将超出方框，可以在方框后放置更多的指令；在程序段的同一梯级中，可以串联若干个带 ENO 的方框；如果方框没有 ENO，则不能在其后放置任何指令。

（4）程序段大小限制　可以将程序编辑器窗口视作划分为单元格的网格（单元格是可放置指令、为参数指定值或绘制线段的区域）。在该网格中，单个程序段最多可沿水平方向延伸 32 个单元格或沿垂直方向延伸 32 个单元格。

可以在程序编辑器中单击鼠标右键，并选择“选项”（Options）菜单项以改变网格大小。通过“工具”（Tools）菜单功能区的“设置”（Settings）区域内的“选项”（Options）按钮，可设置程序编辑器选项。

（5）STEP 7 - Micro/WIN Smart LAD 编辑器中可能存在的逻辑结构

1）单个输出线圈 LAD 程序如图 1-20 所示，该程序段使用一个正常的触点（“起动”）和一个取反（NOT）触点（“停止”）。一旦电动机成功激活，则保持锁定，直至符合“停止”条件。

2）多输出梯级LAD程序如图1-21所示，如果符合第一个条件，初步输出（输出_1）在第二个条件评估之前显示，可以创建具有中线输出的多个梯级。

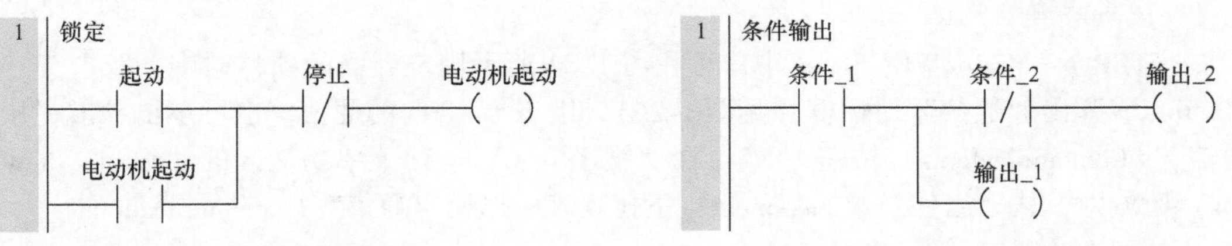

图1-20　单个输出线圈LAD程序　　　　图1-21　多输出梯级LAD程序

3）串联级联LAD程序如图1-22所示，如果第一个方框指令成功评估，能流沿程序段流至第二个方框指令。可以在程序段的同一梯级上将多条ENO指令以串联方式级联。如果任何指令失败，则不会评估剩余的串联指令，能流停止（错误不通过该串联级联）。

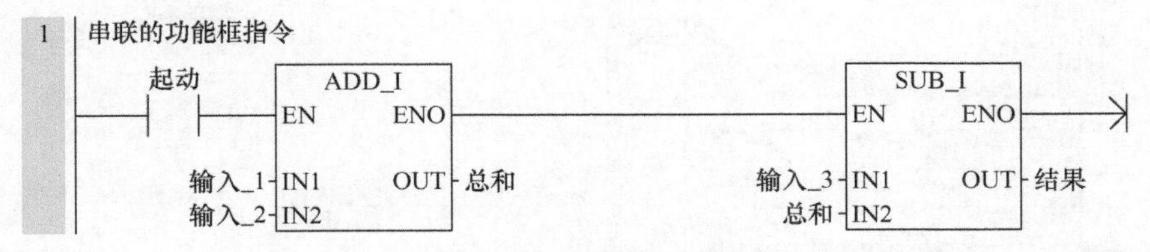

图1-22　串联级联LAD程序

4）并联输出LAD程序如图1-23所示，当符合起动条件时，所有的输出（方框和线圈）均被激活。如果一个输出未成功评估，则能流仍然流至其他输出，不受失败指令的影响。

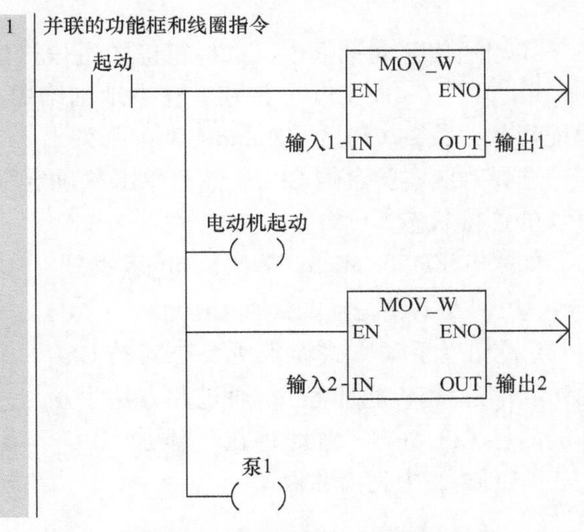

图1-23　并联输出LAD程序

4. 保存工作

单击“文件”（File）菜单功能区中“操作”（Operations）区域内的“保存”（Save）按钮，或单击“保存”（Save）按钮下的向下箭头并从下拉菜单中选择“另存为”（Save As），均可保存工作，另外，还可通过单击快速访问工具栏上的“保存”（Save）按钮来保存项目。

“保存”允许快速保存对工作进行的任何改动。默认情况下，首次创建项目时，STEP 7 - Micro/WIN Smart提供的名称为“项目1.Smart”。首次保存项目时，可保留该名称，也可进行修改，项目可变更位置。以后保存时，不再提示文件名或文件夹位置，除非更改，否则会将项目保存到默认的项目位置。可通过“常规”（General）选项设置中“默认设置”（Defaults）选项卡查看或更改项目默认保存位置。“另存为”（Save As）允许修改当前项目的名称或文件夹位置。

1.3.3　与 CPU 建立通信

1. 设置通信节点

在 STEP 7 - Micro/WIN Smart 中，可在图 1-24 所示用户界面的项目树中，双击①“通信”节点，弹出“通信”对话框（见图 1-25），组态与 CPU 的通信。也可单击导航栏中的“通信”（Communications）按钮，或者在“视图”（View）菜单功能区的“窗口”（Windows）区域内，从“组件”（Component）下拉列表中选择“通信”（Communications）。

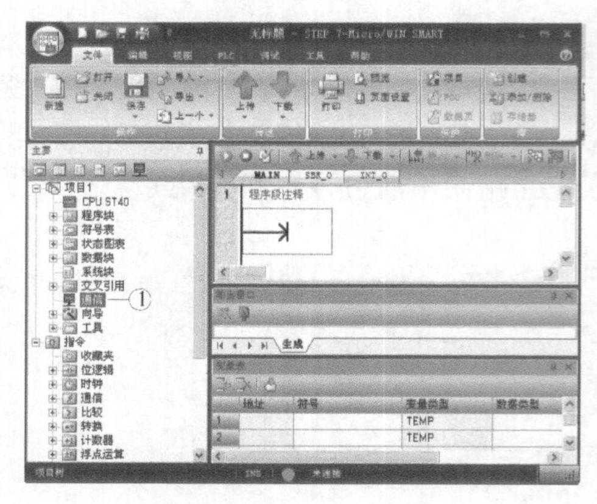

图 1-24　用户界面

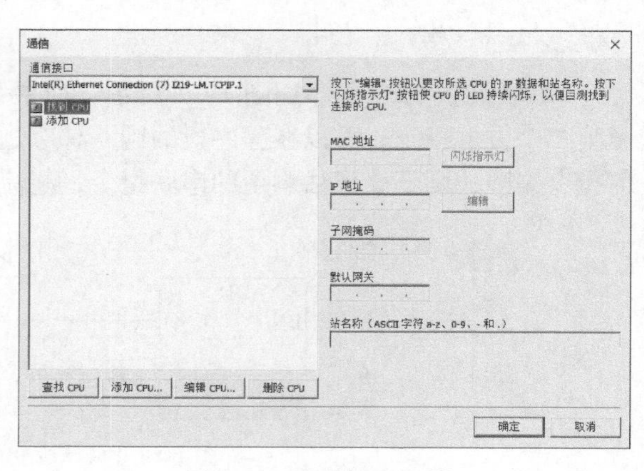

图 1-25　“通信”对话框

在“通信”对话框中，选择正确的通信接口，有两种方法选择需要访问的 CPU，单击“查找 CPU”（Find CPU）按钮，在本地网络中搜索 CPU。在网络上找到的各个 CPU 的 IP 地址将在“找到 CPU”（Found CPU）下列出。

选择对应实验台的 CPU，然后单击“确定”（OK）按钮，可在用户界面的状态栏看到 CPU 的连接状态。

如果 STEP 7 - Micro/WIN Smart 未找到 CPU，且知道所要访问的 CPU 的访问信息（IP 地址等），可以单击“添加 CPU”（Add CPU）按钮以手动方式输入所要访问的 CPU 的访问信息（IP 地址等）。通过此方法手动添加的各 CPU 的 IP 地址将在“添加 CPU”（Added CPU）中列出并保留。

2. 为项目设置 CPU 类型

项目组态所使用的 CPU 级别必须小于或等于实际的 CPU（例如，组态使用的 CPU ST40 小于或等于实际的 CPU ST40 或 CPU ST60）。如果项目组态没有使用正确的 CPU，则下载可能失败或者程序可能不会运行。

双击用户界面目录树中的 CPU，弹出图 1-26 所示的“系统块”对话框，在进行

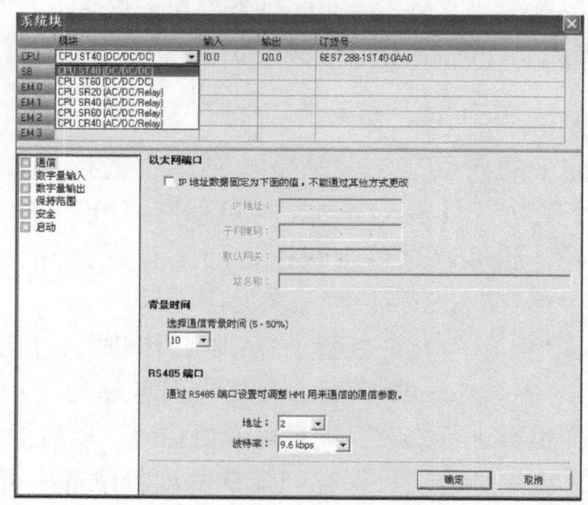

图 1-26　“系统块”对话框

注：“bps”是 STEP 7 - Micro/WIN Smart 软件界面的写法，标准写法应是 bit/s，表示通信速率的单位。

“以太网端口”设置时，不要勾选“IP 地址数据固定为下面的值，不能通过其他方式更改”项。IP 地址默认值为“192.168.1.1”，可以在此对话框中修改。如果勾选该项，则 IP 地址将被固定，无法通过其他方式更改。注意此 IP 地址必须与计算机 IP 地址在同一网段，否则程序下载后，计算机将不能再找到 CPU。

3. 保存项目

保存程序时，将会创建包括 CPU 类型和其他参数的项目。要以指定的文件名在指定的位置保存项目：

1）在“文件”（File）菜单功能区的“操作”（Operations）区域，单击“保存”（Save）按钮下的向下箭头，以显示“另存为”（Save As）按钮。

2）单击“另存为”（Save As）按钮，然后为保存项目提供文件名。

3）在“另存为”（Save As）对话框中输入项目名称。

4）浏览到想要保存项目的位置。

5）单击“保存”（Save）按钮以保存项目。

保存项目后，可下载程序到 CPU。

1.3.4　下载程序

将程序块、数据块或系统块下载到 CPU 会彻底覆盖 CPU 中该块之前存在的任何内容。执行下载前，确定是否要覆盖该块。

要将项目组件从 STEP 7 - Micro/WIN Smart 下载到 CPU，首先确保网络硬件和 PLC 连接电缆运行正常，并确保 PLC 通信运行正常，将 CPU 置于 STOP 模式（如果在尝试下载前未将 CPU 置于 STOP 模式，则会提示用户将 CPU 置于 STOP 模式）。

如果要下载所有程序组件，在“文件”（File）或 PLC 菜单功能区的“传输”（Transfer）区域单击“下载”（Download）按钮，也可按 <Ctrl + D> 快捷键组合。如果要下载选定的项目组件，单击“下载”（Download）按钮下的向下箭头，然后从下拉列表中选择要下载的特定项目组件（程序块、数据块或系统块）。

单击“下载”（Download）按钮后，如果弹出“通信”（Communications）对话框，选择要下载到的 PLC 的网络接口卡和 IP 地址。在“下载”（Download）对话框中，设置块的下载选项，以及在 CPU 从 RUN 模式转换为 STOP 模式和从 STOP 模式转换为 RUN 模式时是否希望收到提示。或者，如果想要对话框在成功下载后自动关闭，则勾选“成功后关闭对话框”（Close dialog on success）复选框。

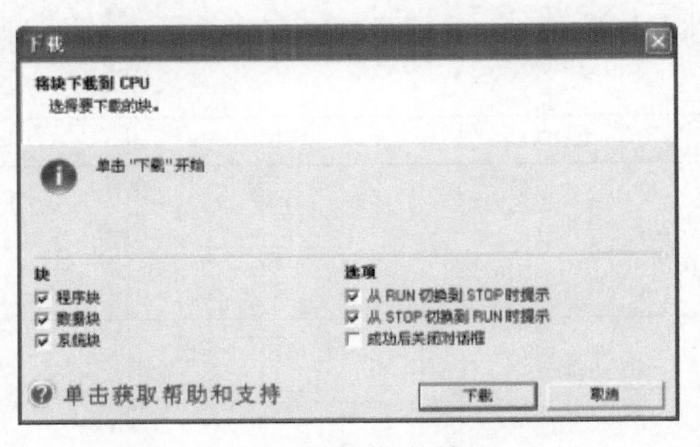

图 1-27　下载对话框

下载对话框如图 1-27 所示，单击“下载”（Download）按钮，STEP 7 - Micro/WIN Smart 将完整程序或所选程序组件复制到 CPU。如果 CPU 处于

RUN 模式，将弹出一个对话框提示用户将 CPU 置于 STOP 模式，单击“是”（Yes）按钮可将 CPU 置于 STOP 模式。

每个项目都与 CPU 类型相关联。如果项目类型与所连接的 CPU 类型不匹配，STEP 7 - Micro/WIN Smart 将指示不匹配并提示用户采取措施。

1.3.5 基本指令（位逻辑）及其应用

1. 标准输入指令

标准输入指令在不同的编程方法中有不同的表示方法，详见表 1-27。

表 1-27　标准输入指令

LAD	FBD	STL	说　明
bit ─┤ ├─	AND OR	LD bit A bit O bit	测试存储器（M、SM、T、C、V、S、L）或过程映像寄存器（I 或 Q）中的位置 位等于 1 时，常开（N. O.）LAD 触点闭合（接通） 位等于 0 时，常闭（N. C.）LAD 触点闭合（接通）
bit ─┤/├─	AND OR	LDN bit AN bit ON bit	

LAD：常开和常闭开关通过触点符号进行表示。

FBD：常开指令通过 AND/OR 功能框进行表示。功能框指令可用于评估布尔信号，评估方式与梯形图触点程序段相同。常闭指令也通过功能框进行表示。通过在二进制输入信号连接器上放置取反线圈可创建常闭指令。AND/OR 功能框的输入数最多可扩展到 31 个。

STL：常开触点通过 LD、A 和 O 指令进行表示。这些指令使用逻辑堆栈顶部位的值对寻址位的值执行装载、与运算或者或运算。常闭触点通过 LDN（取反后装载）、A（与非）和 O（或非）指令进行表示。这些指令使用逻辑堆栈顶部位的值对寻址位值的逻辑非运算值执行装载、与运算或者或运算。

2. 立即输入指令

立即输入指令执行时，直接读取物理输入值，不更新过程映像寄存器的值，其表示方式见表 1-28。

表 1-28　立即输入指令

LAD	FBD	STL	说　明
bit ─┤I├─	AND OR	LDI bit AI bit OI bit	执行指令时，立即指令读取物理输入值，但不更新过程映像寄存器。立即触点不会等待 PLC 扫描周期进行更新，而是会立即更新 物理输入点（位）状态为 1 时，常开立即触点闭合（接通） 物理输入点（位）状态为 0 时，常闭立即触点闭合（接通）
bit ─┤/I├─	AND OR	LDNI bit ANI bit ONI bit	

3. STL 逻辑堆栈指令

STL 逻辑堆栈指令包括与装载指令（ALD）、或装载指令（OLD）、逻辑进栈指令（LPS）、逻辑读栈指令（LRD）、逻辑出栈指令（LPP）等，详见表 1-29，含逻辑堆栈指令的 LAD 与 STL 对应关系如图 1-28 所示。

表 1-29　STL 逻辑堆栈指令及其功能

ALD	与装载指令（ALD）：对堆栈第一层和第二层中的值进行逻辑与运算。结果装载到栈顶。执行 ALD 后，栈深度减 1
OLD	或装载指令（OLD）：对堆栈第一层和第二层中的值进行逻辑或运算。结果装载到栈顶。执行 OLD 后，栈深度减 1
LPS	逻辑进栈指令（LPS）：复制堆栈顶值并将该值推入堆栈。栈底值被推出并丢失
LRD	逻辑读栈指令（LRD）：将堆栈第二层中的值复制到栈顶。此时不执行进栈或出栈，但原来的栈顶值被复制值替代
LPP	逻辑出栈指令（LPP）：将栈顶值弹出。堆栈第二层中的值成为新的栈顶值
LDSN	装载堆栈指令（LDSN）：复制堆栈中的栈位（N）值，并将该值置于栈顶。栈底值被推出并丢失。N 范围：常数（0～31）
AENO	AENO 在 LAD/FBD 功能框 ENO 位的 STL 中使用。AENO 对 ENO 位和栈顶值执行逻辑与运算，产生的效果与 LAD/FBD 功能框的 ENO 位相同。与操作的结果值成为新的栈顶值

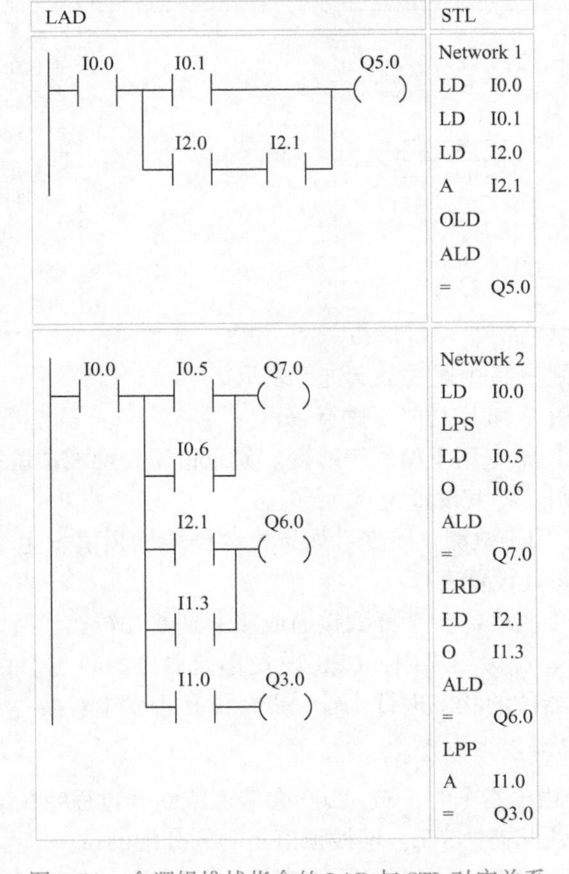

图 1-28　含逻辑堆栈指令的 LAD 与 STL 对应关系

4. NOT（取反）指令

NOT（取反）指令在不同的编程方法中的不同表示方法详见表1-30。

表1-30　NOT（取反）指令

LAD	FBD	STL	说　明
─┤NOT├─	─o[　　]	NOT	取反指令（NOT）取反能流输入的状态

LAD：NOT触点会改变能流输入的状态。能流到达NOT触点时将停止。没有能流到达NOT触点时，该触点会提供能流。

FBD：NOT指令在布尔功能框输入连接器上有取反符号，该指令的作用与逻辑状态取反器相同。

STL：NOT指令会将堆栈顶值从0更改为1或从1更改为0。

5. 上升沿和下降沿指令

上升沿和下降沿指令在不同的编程方法中的不同表示方法详见表1-31。

表1-31　上升沿和下降沿指令

LAD	FBD	STL	说　明
─┤P├─ ─┤N├─	─[P]─ ─[N]─	EU ED	正跳变触点指令（上升沿）允许能量在每次断开到接通转换后流动一个扫描周期 负跳变触点指令（下降沿）允许能量在每次接通到断开转换后流动一个扫描周期 S7－200 Smart CPU支持在程序中合计（上升和下降）使用1024条边沿检测器指令

LAD：正跳变和负跳变指令通过触点进行表示。

FBD：跳变指令通过P和N功能框进行表示。

STL：EU（上升沿）指令用于检测正跳变。如果检测到堆栈顶值发生0到1跳变，则将堆栈顶值设置为1；否则，将其设置为0。

ED（下降沿）指令用于检测负跳变。如果检测到堆栈顶值发生1到0跳变，则将堆栈顶值设置为1；否则，将其设置为0。

因为正跳变和负跳变指令需要断开到接通或接通到断开转换，所以无法在首次扫描时检测上升沿或下降沿跳变。首次扫描中，CPU设置存储器位的状态。在后续扫描中，这些指令会将当前状态与存储器位的状态进行比较，以检测是否发生转换。

6. 线圈输出和立即输出指令

LAD和FBD：执行输出指令时，S7－200会接通或断开过程映像寄存器中的输出位。分配的位被设置为等于能流状态。STL：堆栈顶值复制到分配的位。

LAD和FBD：执行立即输出指令时，物理输出点（位）立即被设置为等于能流状态。

“I”表示立即引用；新值会被写入到物理输出点和相应的过程映像寄存器地址。这与非立即引用不同，非立即引用仅将新值写入过程映像寄存器。STL：该指令立即将堆栈顶值复制到分配的物理输出位和过程映像寄存器地址，详见表1-32。

表1-32　线圈输出和立即输出指令

LAD	FBD	STL	说　明
bit —( )	bit —[=]	= bit	输出指令将输出位的新值写入过程映像寄存器
bit —(I)	bit —[=I]	= I bit	执行指令时，立即输出指令将新值写入物理输出和相应的过程映像寄存器位置

7. 置位、复位、立即置位和立即复位指令

置位指令用于置位（接通）从指定地址（位）开始的一组位（N），最多可置位255个位；复位指令用于复位（断开）从指定地址（位）开始的一组位（N），最多可复位255个位；立即置位和立即复位指令是指执行该指令时，将新值写入到物理输出点和相应的过程映像寄存器位。它们的表示方式见表1-33。

表1-33　置位、复位、立即置位和立即复位指令

LAD	FBD	STL	说　明
bit —(S) N	bit [S] N	S bit，N	置位（S）和复位（R）指令用于置位（接通）或复位（断开）从指定地址（位）开始的一组位（N）。可以置位或复位1～255个位 如果复位指令指定定时器位（T地址）或计数器位（C地址），则该指令将对定时器或计数器位进行复位并对定时器或计数器的当前值进行清零
bit —(R) N	bit [R] N	R bit，N	
bit —(SI) N	bit [SI] N	SI bit，N	立即置位和立即复位指令立即置位（接通）或立即复位（断开）从指定地址（位）开始的一组位（N）。可立即置位或复位1～255个点 “I”表示立即引用；执行该指令时，将新值写入到物理输出点和相应的过程映像寄存器位置。这与非立即引用不同，非立即引用仅将新值写入过程映像寄存器
bit —(RI) N	bit [RI] N	RI bit，N	

8. 置位和复位优先双稳态触发器指令

西门子PLC配置了置位和复位优先两种双稳态触发器，其表示方式和功能见表1-34。置位和复位优先双稳态触发器对应的LAD和STL程序如图1-29所示。

表 1-34　置位和复位优先双稳态触发器

LAD/FBD	说　明
bit S1　OUT SR R	位参数用于分配要置位或复位的布尔型地址。可选的 OUT 连接反映“位”（bit）参数的信号状态 SR（置位优先双稳态触发器）是一种置位优先锁存器。如果置位（S1）和复位（R）信号均为真，则输出（OUT）为真
bit S　OUT RS R1	RS（复位优先双稳态触发器）是一种复位优先锁存器。如果置位（S）和复位（R1）信号均为真，则输出（OUT）为假

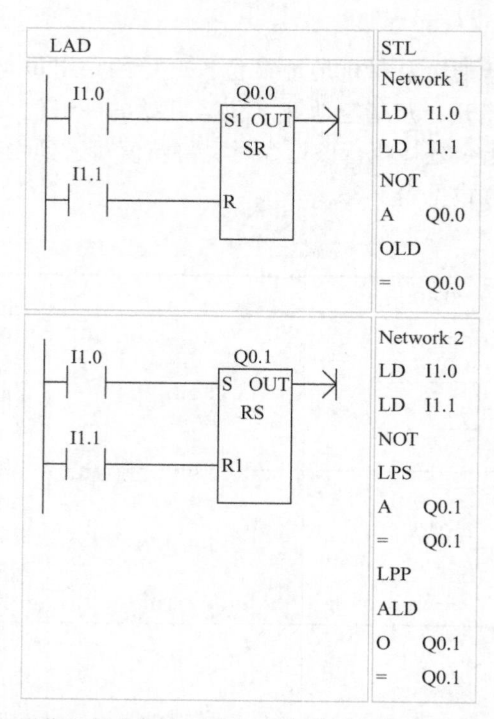

图 1-29　置位和复位优先双稳态触发器对应的 LAD 和 STL 程序

9. NOP（空操作）指令

NOP（空操作）指令只是为了留出空间，不影响用户程序的执行。该指令在 FBD 模式下不可用，LAD 和 STL 表示方式见表 1-35。

表 1-35　NOP（空操作）指令

LAD	STL	说　明
N NOP	NOP N	空操作（NOP）指令不影响用户程序的执行。在 FBD 模式下，该指令不可用。操作数 N 为 0 ~ 255 之间的数

10. 位逻辑输入示例

（1）串联控制　如图1-30所示的程序中，常开触点I1.0和I1.1串联控制Q0.0，两个触点同时接通激活Q0.0，Q0.1与Q0.0逻辑状态相反。

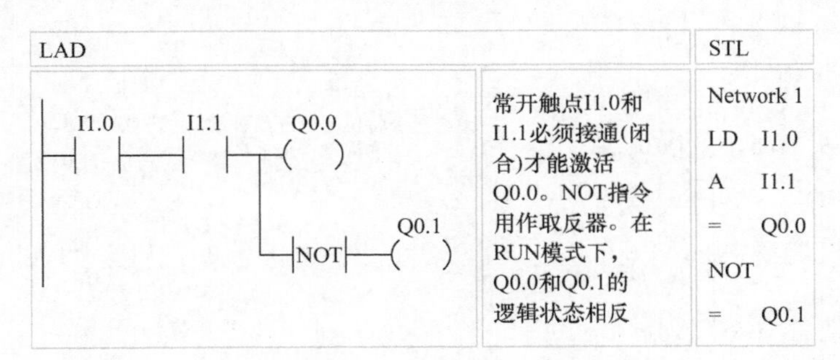

图1-30　串联控制举例

（2）并联控制　如图1-31所示的程序中，常开触点I1.2和常闭触点I1.3并联控制Q0.2，两个触点有一个接通就可激活Q0.2。

LAD		STL
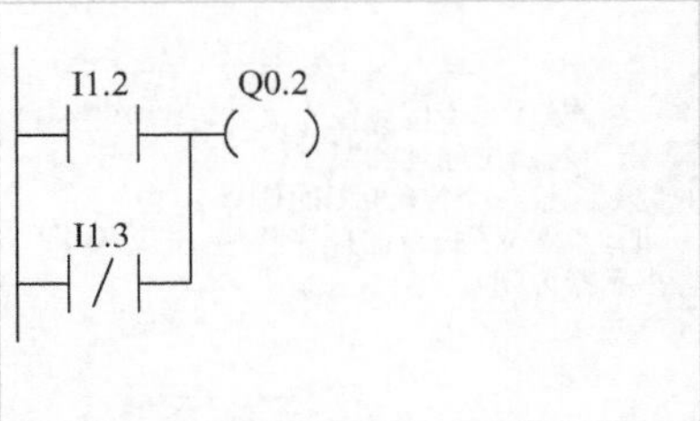 I1.2　Q0.2 I1.3	常开触点I1.2必须接通或常闭触点I1.3必须断开，才能激活Q0.2。一个或多个并联LAD分支(或逻辑)为真，才能激活输出	Network 2 LD　I1.2 ON　I1.3 =　Q0.2

图1-31　并联控制举例

（3）脉冲输出　在图1-32所示的程序中，I1.4的上升沿置位Q0.3和Q0.4输出一个扫描周期的脉冲；I1.4的下降沿复位Q0.3和Q0.5输出一个扫描周期的脉冲。

LAD		STL
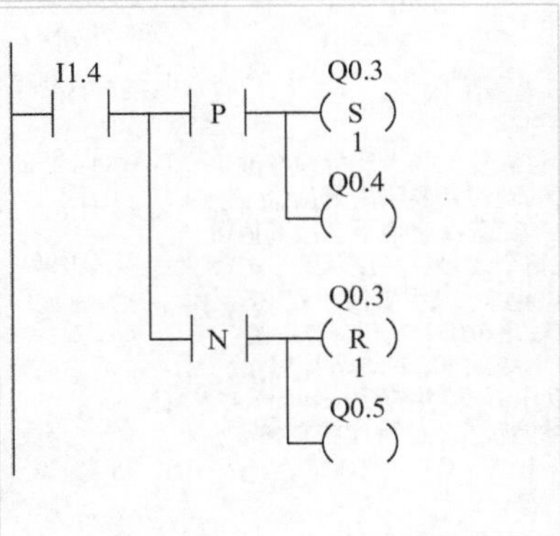 I1.4　P　Q0.3 (S) 1 Q0.4 N　Q0.3 (R) 1 Q0.5	P触点上出现上升沿输入或N触点上出现下降沿输入时，会输出一个持续1个扫描周期的脉冲。在RUN模式下，Q0.4和Q0.5的脉动状态变化过快，无法在程序状态视图中监视。置位和复位输出将脉冲状态锁存至Q0.3，这使得此状态变化在程序状态视图中可见	Network 3 LD　I1.4 LPS EU S　Q0.3, 1 =　Q0.4 LPP ED R　Q0.3, 1 =　Q0.5

图1-32　脉冲输出举例

11. 位逻辑输出示例

位逻辑输出可以用线圈输出指令和置位/复位指令，置位/复位指令执行锁存功能，但要确保不被其他赋值指令改写，图1-33 所示的程序中，Q1.0 的状态会受 I0.6 状态的影响而被改写。

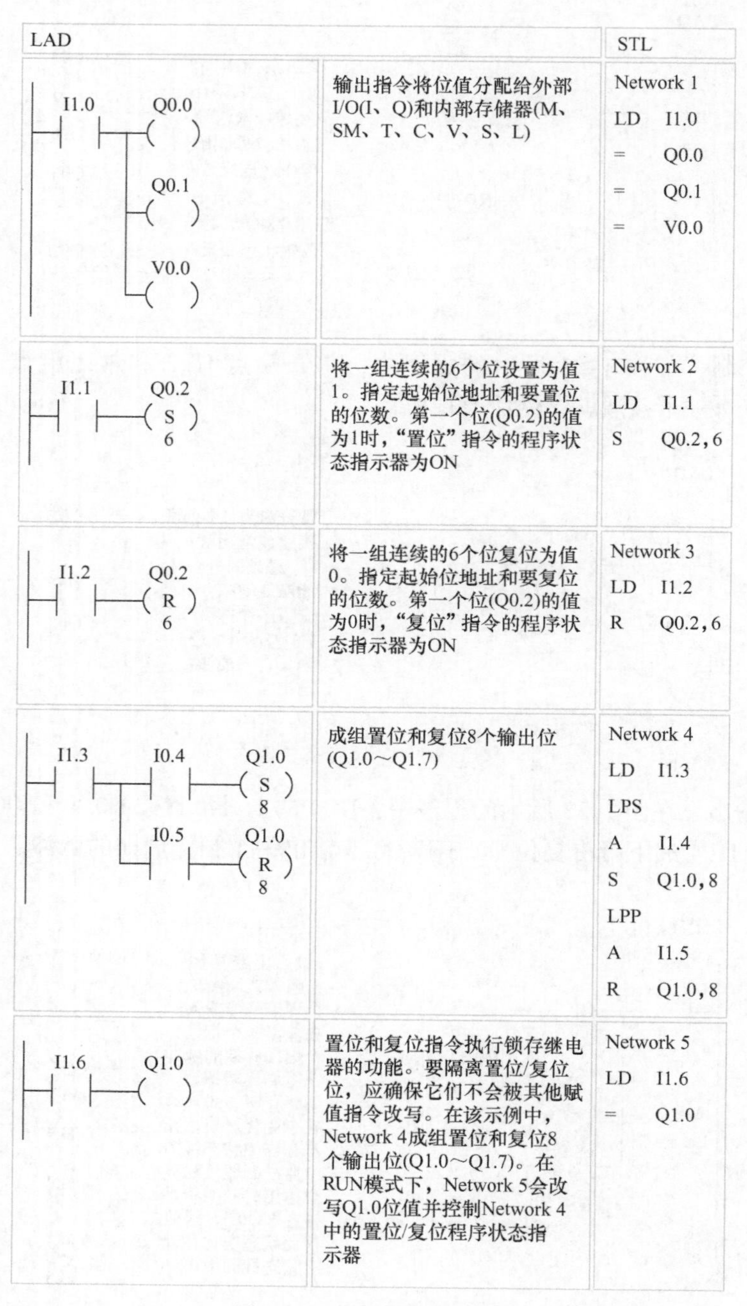

LAD		STL
I1.0 Q0.0 ( ) Q0.1 ( ) V0.0 ( )	输出指令将位值分配给外部I/O(I、Q)和内部存储器(M、SM、T、C、V、S、L)	Network 1 LD I1.0 = Q0.0 = Q0.1 = V0.0
I1.1 Q0.2 (S) 6	将一组连续的6个位设置为值1。指定起始位地址和要置位的位数。第一个位(Q0.2)的值为1时，“置位”指令的程序状态指示器为ON	Network 2 LD I1.1 S Q0.2, 6
I1.2 Q0.2 (R) 6	将一组连续的6个位复位为值0。指定起始位地址和要复位的位数。第一个位(Q0.2)的值为0时，“复位”指令的程序状态指示器为ON	Network 3 LD I1.2 R Q0.2, 6
I1.3 I0.4 Q1.0 (S) 8 I0.5 Q1.0 (R) 8	成组置位和复位8个输出位(Q1.0～Q1.7)	Network 4 LD I1.3 LPS A I1.4 S Q1.0, 8 LPP A I1.5 R Q1.0, 8
I1.6 Q1.0 ( )	置位和复位指令执行锁存继电器的功能。要隔离置位/复位位，应确保它们不会被其他赋值指令改写。在该示例中，Network 4成组置位和复位8个输出位(Q1.0～Q1.7)。在RUN模式下，Network 5会改写Q1.0位值并控制Network 4中的置位/复位程序状态指示器	Network 5 LD I1.6 = Q1.0

图 1-33　位逻辑输出举例

12. CALL（子例程）和 CRET（有条件返回）指令

要添加新子例程，选择“编辑”（Edit）功能区，然后选择“插入对象”（Insert Object）和“子例程”（Subroutine）命令。STEP 7 - Micro/WIN Smart 自动在每个子例程中添加一个无条件返回指令，还可以在子例程中添加有条件返回 CRET 指令。在主程序中，可以嵌套调用子例程（在子例程中调用子例程），最大嵌套深度为八。在中断例程中，可嵌套的子例程深度为四。允许递归调用（子例程调用自己），但在子程序中进行递归调用时应慎重。子例程指令的表示方法及功能详见表 1-36。

表 1-36　子例程指令

LAD/FBD	STL	说　明
SBR_n EN x1 x2　x3	CALL SBR_n， x1，x2，x3	子例程调用指令将程序控制权转交给子例程 SBR_n。可以使用带参数或不带参数的子例程调用指令。子例程执行完后，控制权返回给子例程调用指令后的下一条指令 调用参数 x1（IN）、x2（IN_OUT）和 x3（OUT）分别表示传入、传入和传出、传出子例程的三个调用参数。调用参数是可选的，可以使用 0 到 16 个调用参数
LAD： ——(RET) FBD： —[RET]	CRET	根据前面的逻辑终止子例程，从子例程有条件返回指令（CRET）

1.3.6　案例

1. 点动控制

在图 1-34 所示的 LAD 程序中，按下控制按钮（I1.0），指示灯（Q1.0）亮，松开按钮（I1.0），指示灯（Q1.0）灭。

2. 串联控制（与逻辑）

在图 1-35 所示的 LAD 程序中，同时按下控制按钮（I1.0）和按钮（I1.1），指示灯（Q1.1）亮，松开按钮（I1.0）或按钮（I1.1），指示灯（Q1.1）灭。

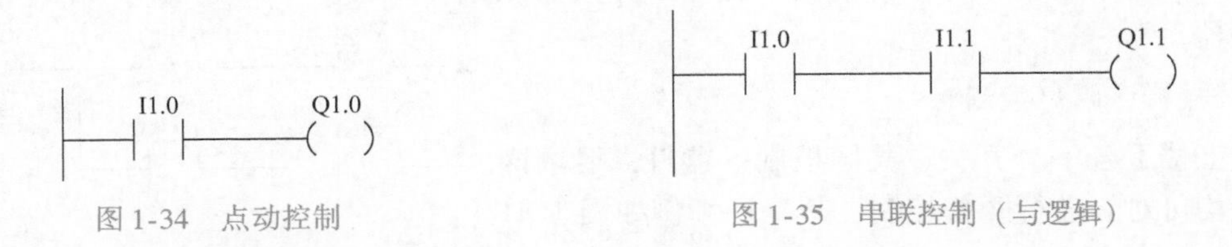

图 1-34　点动控制　　　图 1-35　串联控制（与逻辑）

3. 并联控制（或逻辑）

在图 1-36 所示的 LAD 程序中，按下控制按钮（I1.0）或按钮（I1.1），指示灯（Q1.2）亮，同时松开按钮（I1.0）和按钮（I1.1），指示灯（Q1.2）灭。

4. 长动控制（自锁）

在图1-37所示的LAD程序中，按下控制按钮（I1.0），指示灯（Q1.3）亮，松开按钮（I1.0），指示灯（Q1.3）继续亮；按下控制按钮（I1.1），指示灯（Q1.3）灭，松开按钮（I1.0），指示灯（Q1.3）仍不亮。

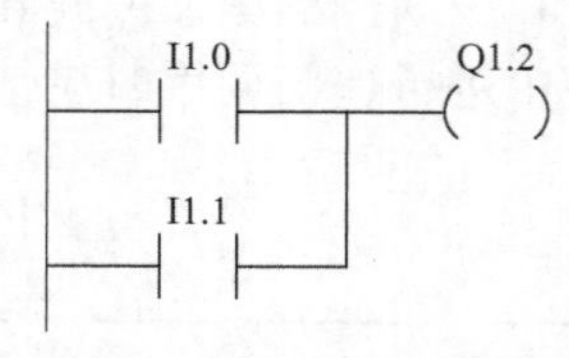

图1-36　并联控制（或逻辑）

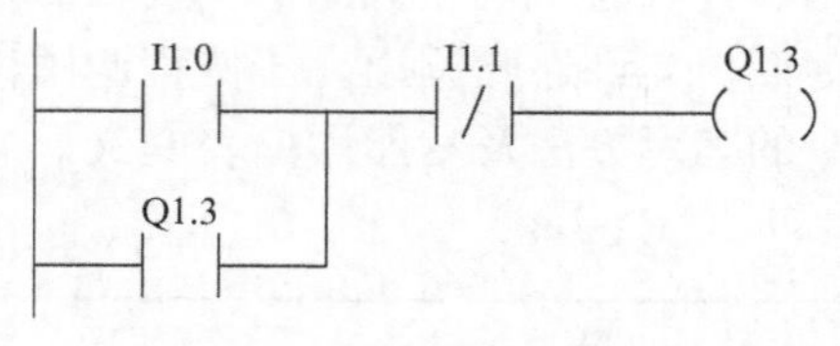

图1-37　长动控制（自锁）

5. 电路块串联（电路块与）

在图1-38所示的LAD程序中，I1.0和I1.2构成并联电路块，I1.1和I1.3构成并联电路块，这两个电路块串联形成块与逻辑，控制Q1.4。

6. 电路块并联（电路块或）

在图1-39所示的LAD程序中，I1.0和I1.1构成串联电路块，I1.2和I1.3构成串联电路块，这两个电路块并联形成块或逻辑，控制Q1.5。

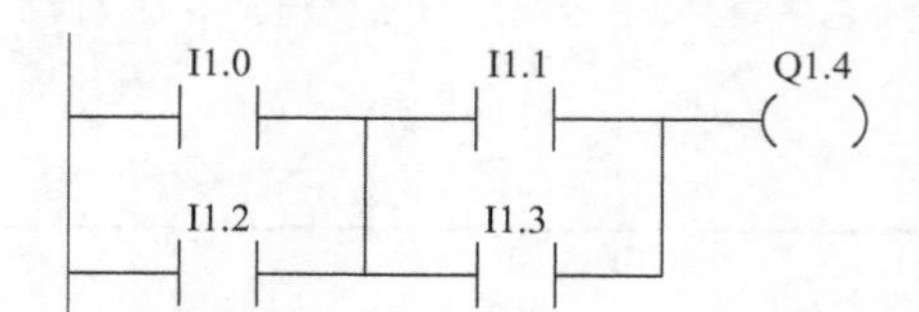

图1-38　电路块串联（电路块与）

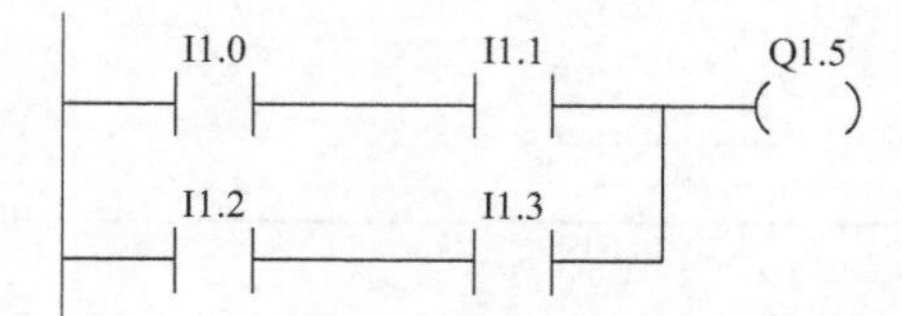

图1-39　电路块并联（电路块或）

7. 单按钮起停控制（二分频电路）

第一次按下控制按钮（I1.0），指示灯（Q1.6）亮，松开按钮（I1.0），指示灯（Q1.6）继续亮；第二次按下控制按钮（I1.0），指示灯（Q1.6）灭，松开按钮（I1.0），指示灯（Q1.6）仍不亮，如此循环。其程序举例如图1-40所示，程序中按钮相当于开关的作用。

思考：如果用秒脉冲作为输入，设计二分频器和四分频器。

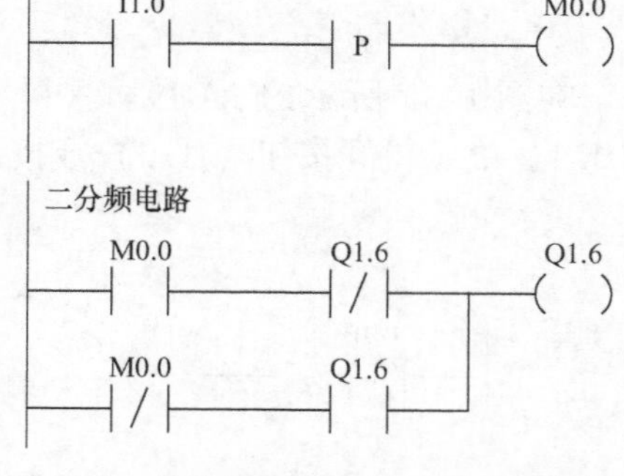

图1-40　单按钮起停控制（二分频电路）

8. 楼梯照明灯控制

楼上楼下各一个开关，共同控制一盏灯，要求两个开关均可对灯进行开关控制，其程序举例如图1-41所示。

思考：1）如果需要三地控制，该如何实现？

2）在工业现场，一般起动和停止用按钮控制，按钮与开关的区别是什么？如果用按钮控制，如何实现该三地控制功能呢？

9. 电动机正反转控制（互锁）

要求：按下正转起动按钮，电动机正转，按下停止按钮，电动机停止；按下反转起动按钮，电动机反转，按下停止按钮，电动机停止；正反转间有互锁，即正转时不能反转，反转时不能正转。其程序举例如图 1-42 所示。

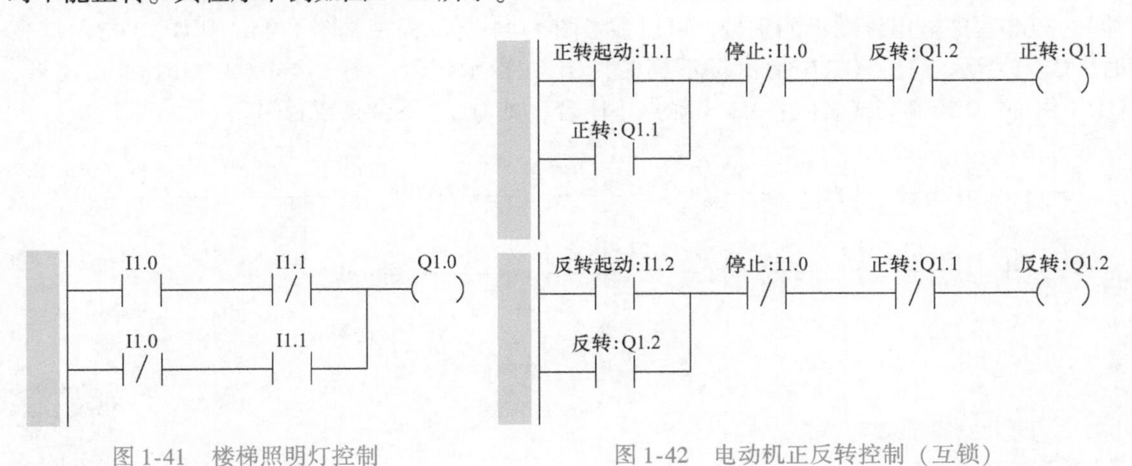

图 1-41 楼梯照明灯控制

图 1-42 电动机正反转控制（互锁）

10. 思考题

1）设计二分频器和四分频器。

2）三个按钮控制三盏灯，要求：任意一个按钮按下时，1#灯亮；任意两个按钮按下时，2#灯亮；三个按钮同时按下时，3#灯亮，没有按钮按下时，所有灯均不亮。

1.4 项目实现

四人抢答器控制界面如图 1-43 所示。

抢答器控制

主持人 开始 复位

选手1 抢答

选手2 抢答

选手3 抢答

选手4 抢答

图 1-43 四人抢答器控制界面

1.4.1 I/O 分配

分析项目控制要求（见 1.1.2 节），进行输入/输出分配，I/O 地址分配见表 1-37。

表 1-37 I/O 地址分配

输入			输出		
序号	符号	地址	序号	符号	地址
1	主持人开始按钮	I1.0	1	开始指示灯	Q1.0
2	选手 1 按钮	I1.1	2	选手 1 指示灯	Q1.1
3	选手 2 按钮	I1.2	3	选手 2 指示灯	Q1.2
4	选手 3 按钮	I1.3	4	选手 3 指示灯	Q1.3
5	选手 4 按钮	I1.4	5	选手 4 指示灯	Q1.4
6	主持人复位按钮	I1.5			

1.4.2　参考程序

1. 编程提醒

要让输出指示灯闪，可以在程序中加入特殊专用继电器 SM0.5（周期为 1s 的时钟脉冲），PLC 程序输出线圈不能重号，可以参考图 1-44 所示程序，图 1-44a 中 Q1.0 指示灯亮时，Q1.1 指示灯亮；Q1.0 指示灯不亮时，Q1.1 指示灯闪。图 1-44b 中 M1.1 触点闭合，Q1.1 由 Q1.0 控制亮或者闪；M1.1 触点不闭合，则 Q1.1 不会亮或者闪。

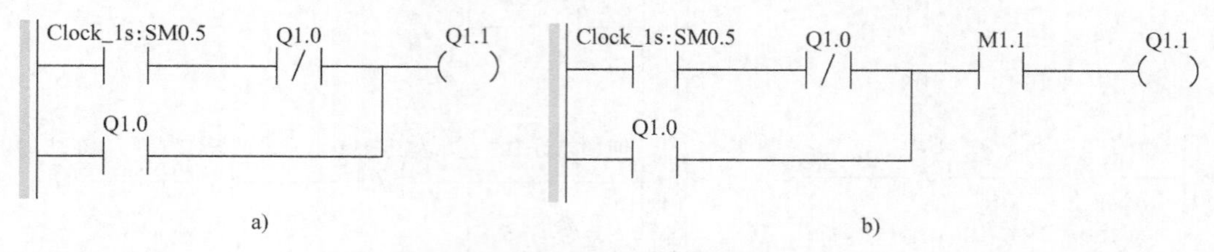

图 1-44　输出指示灯闪参考程序

2. 四人抢答器参考程序

视频 1-1
程序编写

四人抢答器参考程序主要包含三个部分：主持人控制程序、选手抢答程序和组合输出程序，程序编写视频请扫码观看。

1）主持人控制程序段（方法一）如图 1-45 所示，采用线圈输出指令。

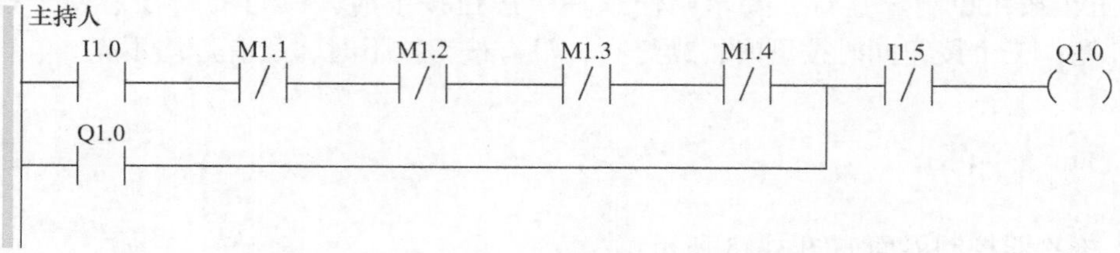

图 1-45　主持人控制程序段（方法一）

主持人控制程序段（方法二）如图 1-46 所示，采用置位/复位指令。

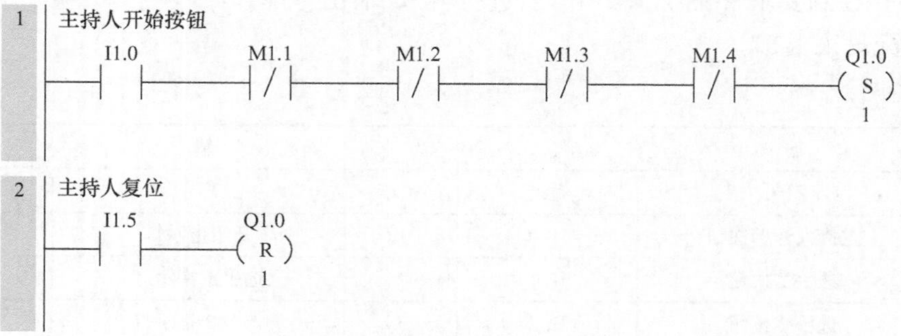

图 1-46　主持人控制程序段（方法二）

2）选手抢答程序段如图 1-47 所示，四位选手中有一位抢答成功后，其他几位选手不能抢答，考虑选手间互锁。M1.1 ~ M1.4 分别代表四位选手抢答状态，M1.1 ~ M1.4 间互锁。

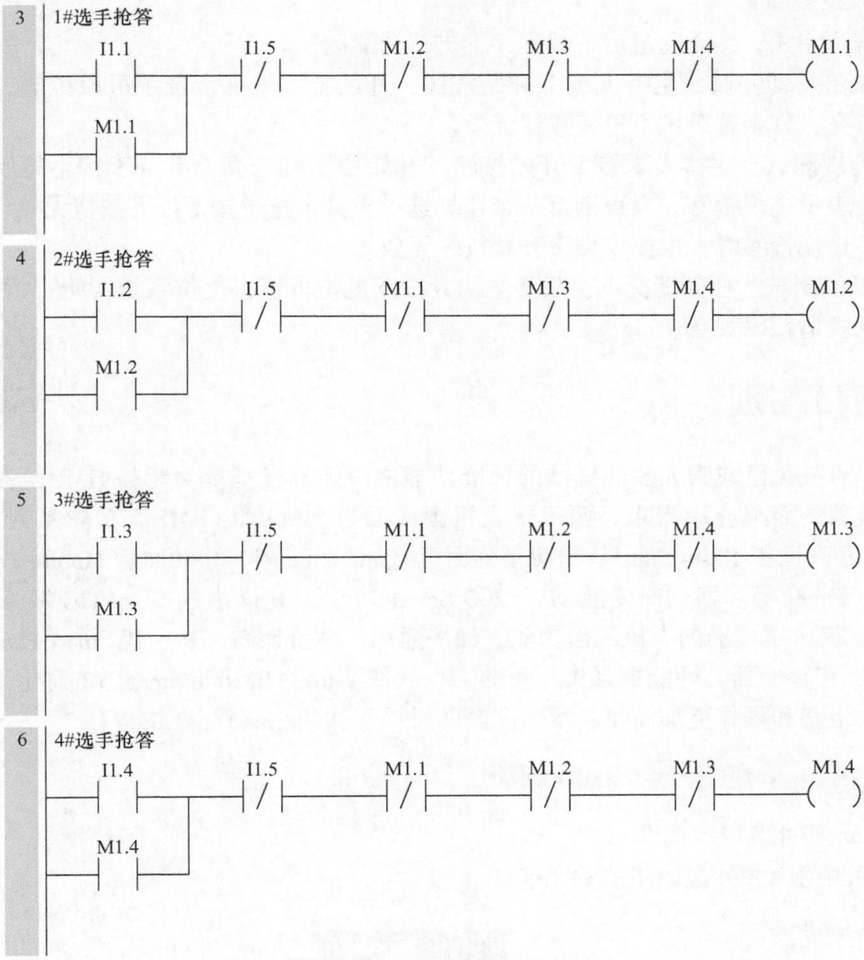

3　1#选手抢答
I1.1　I1.5　M1.2　M1.3　M1.4　M1.1
M1.1

4　2#选手抢答
I1.2　I1.5　M1.1　M1.3　M1.4　M1.2
M1.2

5　3#选手抢答
I1.3　I1.5　M1.1　M1.2　M1.4　M1.3
M1.3

6　4#选手抢答
I1.4　I1.5　M1.1　M1.2　M1.3　M1.4
M1.4

图1-47　选手抢答程序段

3）组合输出程序段如图1-48所示。

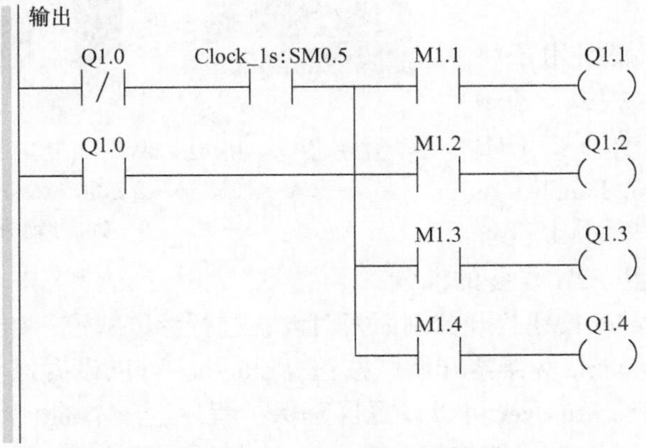

输出
Q1.0　Clock_1s:SM0.5　M1.1　Q1.1
Q1.0　M1.2　Q1.2
M1.3　Q1.3
M1.4　Q1.4

图1-48　组合输出程序段

3. 四人抢答器调试

程序编写完成，编译通过后下载程序，进行功能测试。

（1）抢答功能测试　主持人按下开始按钮，开始指示灯亮，选手可以抢答，抢答成功后其指示灯亮，其余选手按下抢答按钮无效。

（2）违规测试　主持人未按下开始按钮，开始指示灯未亮，有选手按下抢答按钮，其指示灯闪，表示违规抢答。只识别第一个违规选手，其余选手按下抢答按钮无效。

有选手违规抢答时，主持人按下开始按钮无效。

（3）复位测试　任何情况下，只要主持人按下复位按钮，复位系统，所有指示灯熄灭。功能测试视频请扫码观看。

视频 1-2　程序调试

1.5　项目拓展

如今，可视化已成为大多数机器的标准功能之一。具有基本功能的 HMI 设备完全能够满足小型机器的简单应用需求。西门子人机画面面板 SIMATIC HMI 有精彩系列面板 Smart Line、精简系列面板 Basic Panel、精智系列面板 Comfort Panel、移动面板 Mobile Panel、按键式面板 Key Panel 等。西门子专为 S7－200 Smart PLC 配套推出的 SIMATIC 精彩系列面板 Smart Line，提供了标准的人机画面功能，经济适用，性价比高。新一代 Smart Panel V3 采用增强型 CPU 和存储器，性能更强大。新的工程软件 WinCC flexible Smart V3 简化了编程，使得新面板的组态和操作更加简便。本书配套的触摸屏选用 Smart 700 IE V3。

1.5.1　西门子触摸屏 Smart 700 IE V3

1. Smart 700 IE V3 简介

Smart 700 IE V3 外观如图 1-49 所示。

2. 组态设备

1）设备启动期间显示进度条，启动后的短暂时间内，将会出现装载程序对话框，如图 1-50 所示。

Transfer（传送）按钮用于将 HMI 设备切换到传送模式。Start（启动）按钮用于打开保存在 HMI 设备上的项目。Control Panel（控制面板）按钮，将打开 HMI 设备的控制面板，用于 设置 HMI 设备的参数。

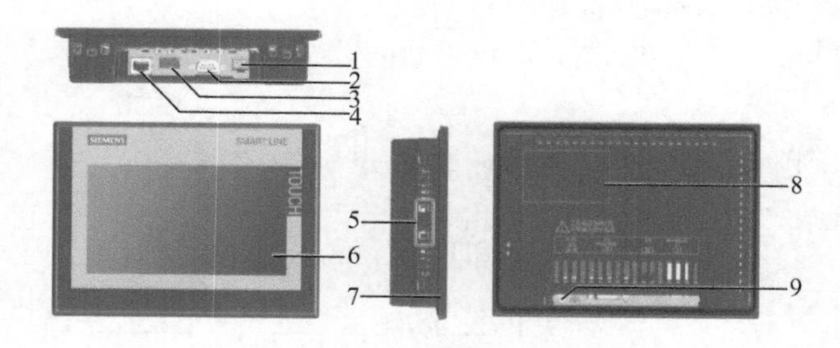

图 1-49　Smart 700 IE V3 外观

1—电源连接　2—RS 422/485 端口　3—USB 端口　4—以太网端口　5—安装夹凹槽　6—显示屏/触摸屏　7—安装密封垫　8—铭牌　9—功能接地的接线端

2）使用 Control Panel 按钮打开控制面板对设备进行参数配置，如图 1-51 所示。

Service & Commissioning 为维修和调试按钮，Ethernet 可以设置以太网参数，OP 为属性（操作员面板）按钮，Screensaver 可以设置屏幕保护程序，Password 为密码保护按钮，可以更改密码设置，Printer 为打印设置按钮，Transfer 为传送设置按钮，Sound Settings 可以打开/关闭声音信号，Date&Time 为时间、日期设置按钮。

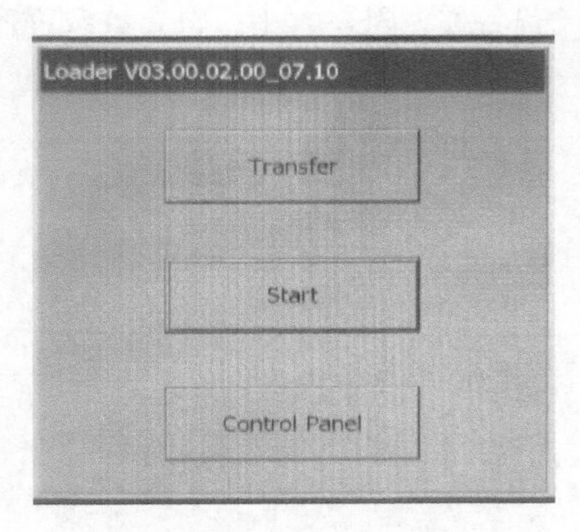

图 1-50　装载程序对话框

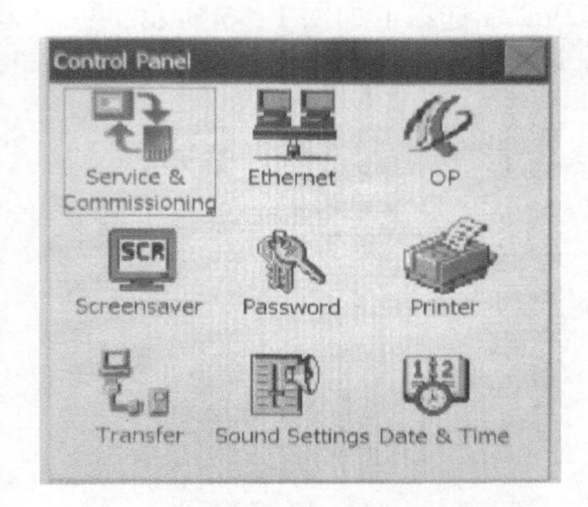

图 1-51　控制面板参数设置对话框

3）维修和调试功能。Service & Commissioning 包含数据备份和数据恢复两个功能，其中 Backup 选项卡如图 1-52 所示，可以将设备数据保存到 USB 存储设备中，可以选择完全备份、配方数据记录备份或者用户数据备份。

数据恢复 Restore 选项卡如图 1-53 所示，单击 Next 按钮可以从 USB 存储设备中加载备份文件，所加载的数据取决于备份文件的内容。

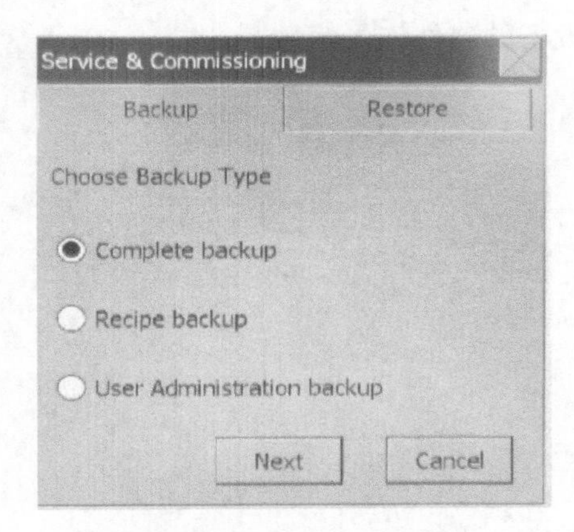

图 1-52　Backup 选项卡

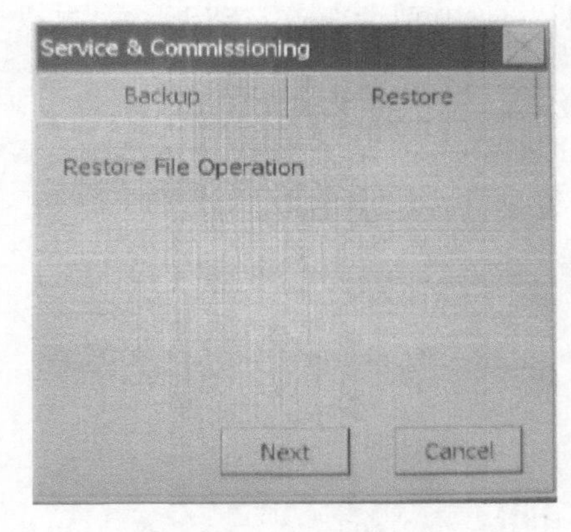

图 1-53　Restore 选项卡

4）以太网参数设置。IP 地址设置如图 1-54 所示，可以分配用户特定的地址，这里触摸屏 IP 与 PLC、计算机的 IP 设置在同一网段不冲突。Mode 选项卡中，可以在 Speed 字段中指定传输速率，其有效值为 10Mbit/s 或 100Mbit/s。在 Device 选项卡中，可以在 Device name 字段中输入 HMI 设备的网络名称。

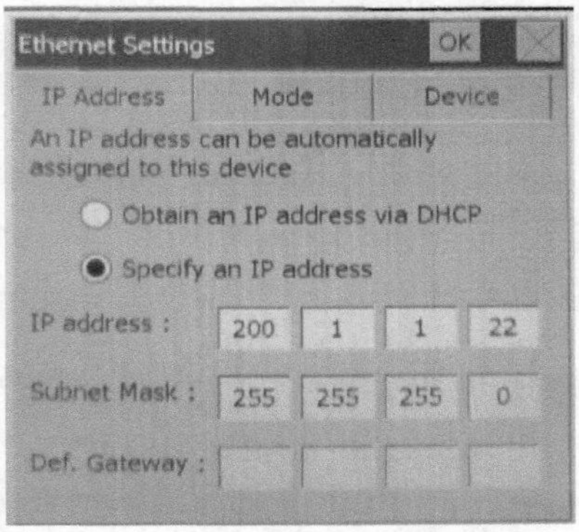

图 1-54　以太网参数设置

5）操作员面板设置。OP Properties 画面如图 1-55 所示，包含 Display、Device、Touch 和 License 四个选项卡，Display 选项卡可以选择画面方向为纵向或者横向。延迟时间是 Loader 程序从出现到项目启动之间的等待时间，其范围为 0 ~ 60s。

Device 选项卡如图 1-56 所示，可以显示 HMI 设备名称、闪存大小、引导装载程序版本、发布日期及设备映像的映像版本等信息。

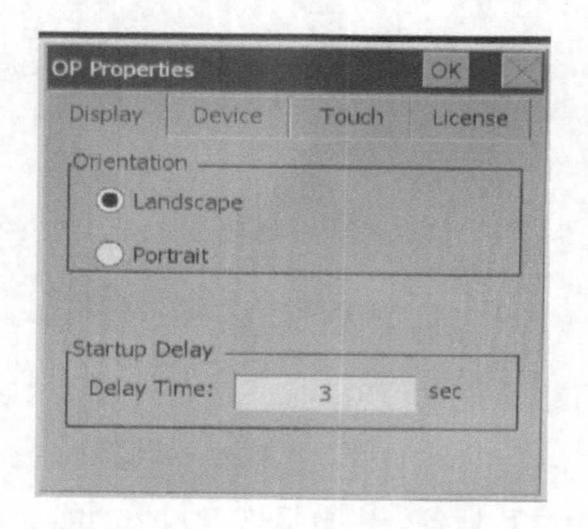

图 1-55 OP Properties 画面

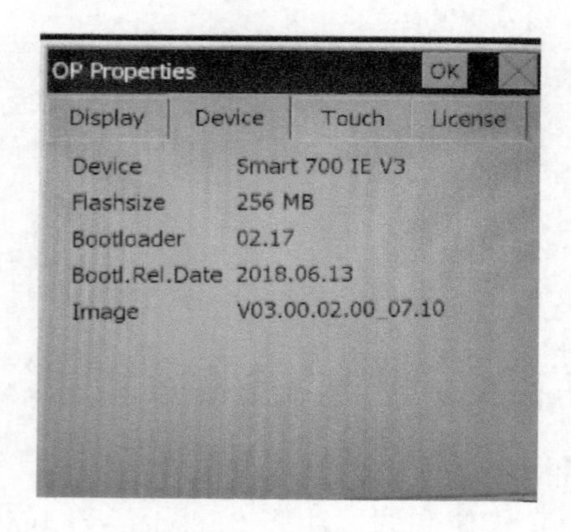

图 1-56 Device 选项卡

Touch 选项卡如图 1-57 所示，需要屏幕校准时单击 Recalibrate 按钮，打开校准画面，依次触摸在屏幕画面上出现的十字。在 30s 之内触摸屏幕画面的任意区域来确认输入，然后单击 OK 按钮关闭对话框，并保存输入内容。

License 选项卡如图 1-58 所示，可以显示 HMI 设备的软件许可信息。

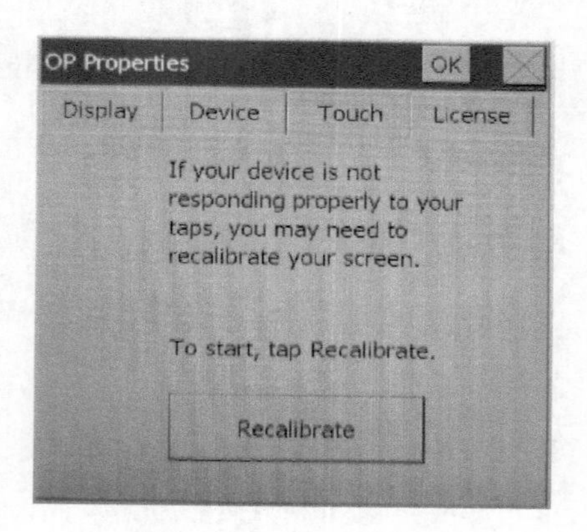

图 1-57 Touch 选项卡

图 1-58 License 选项卡

1.5.2 WinCC flexible Smart V3

对于全新一代 Smart Line 组态软件，WinCC flexible Smart V3 简单直观，功能更强大，支持全部 Smart Line 触摸屏产品，包括 V1、V2 和 V3 版本，同时支持 WinCC flexible 2008 SP4 版本 Smart Line 工程项目的无缝移植。

1. 创建新项目

启动 WinCC flexible Smart V3，进入项目向导画面，如图 1-59 所示，可以选择“打开最新编辑过的项目”“打开一个现有的项目”或者“创建一个空项目”，与 WinCC flexible 2008 相比少了一个“使用项目向导创建一个新项目”。

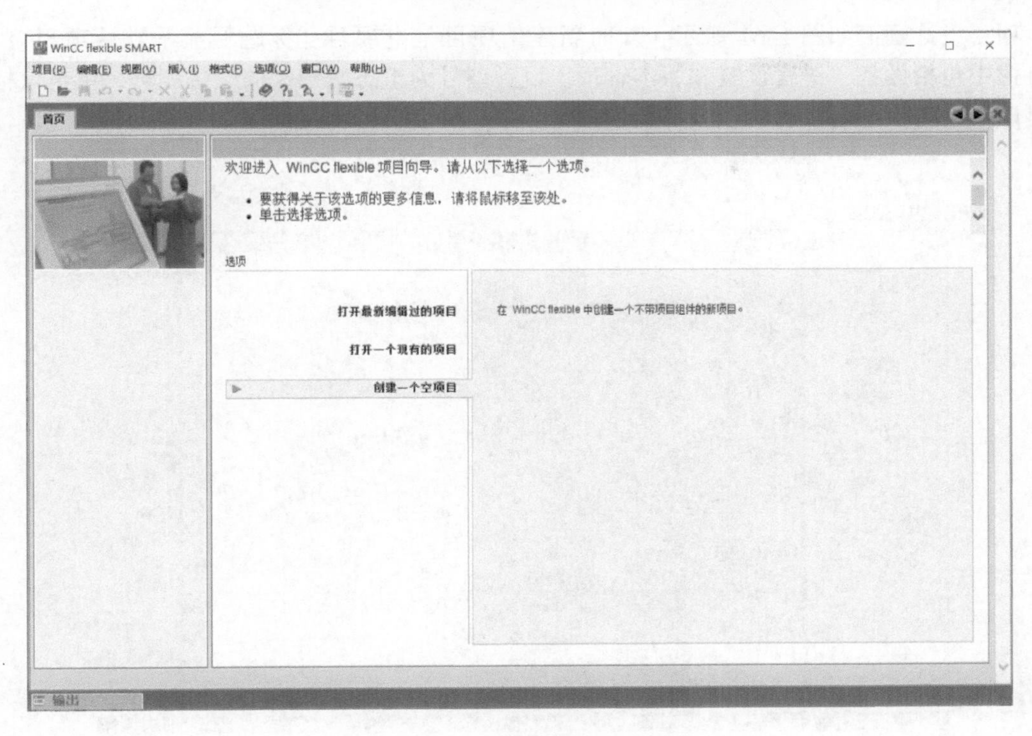

图 1-59　项目向导画面

选择创建一个空项目，进入设备选择对话框，如图 1-60 所示，这里可以根据实际硬件配置选择正确的机型，本实训箱配置机型为 Smart 700 IE V3。

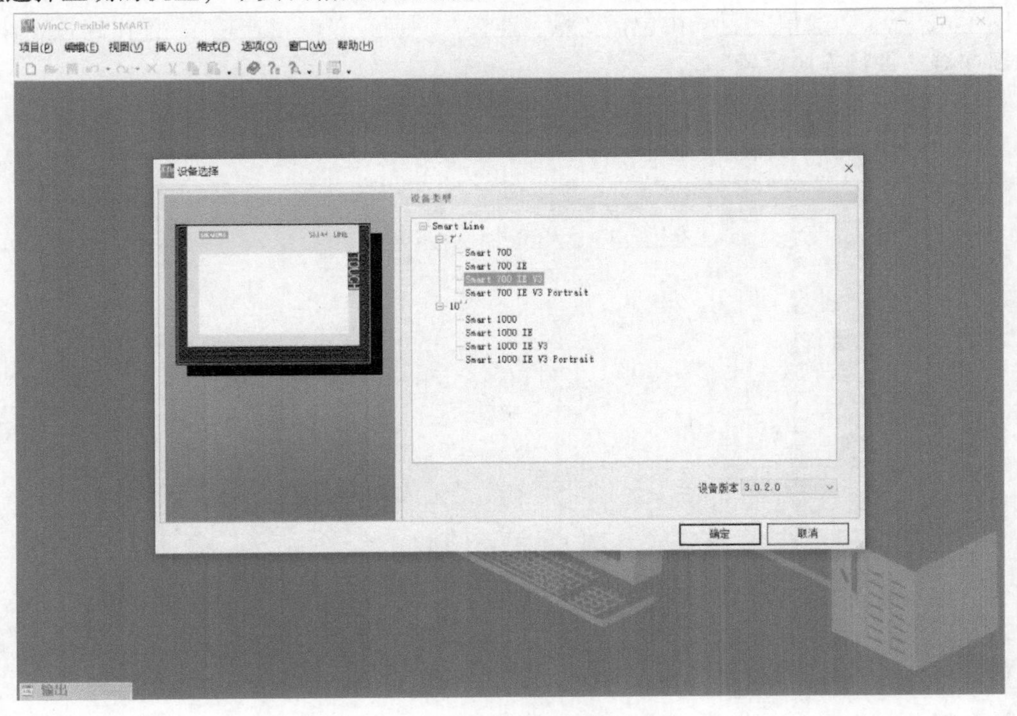

图 1-60　设备选择对话框

项目设计画面如图1-61所示，此时新建的项目是空项目，标题栏显示默认项目名称，项目树中包括设备、语言设置和版本管理。设备型号为组态时选择的设备型号，单击鼠标右键可以对设备重命名或者更改设备型号。

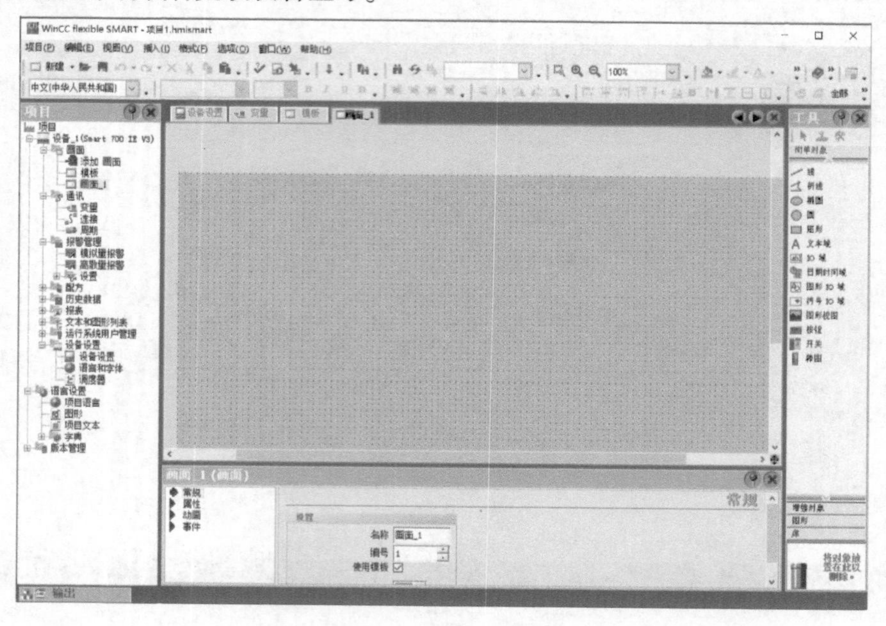

图1-61　项目设计画面

2. 通信设置

图1-62所示“通信”目录树包括变量、连接及周期，双击“连接”，弹出连接工作区，添加新连接，进行连接设置。

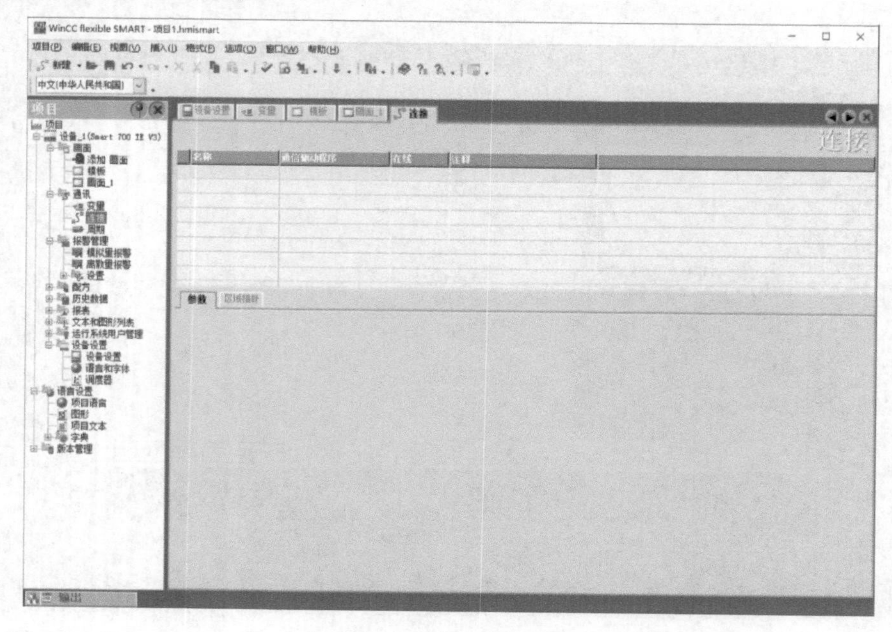

图1-62　添加新连接

如图 1-63 所示，将选择连接的 PLC 机型修改为 SIMATIC S7 200 Smart，通信接口选择以太网，设置 HMI 设备及 PLC 设备的 IP 地址与实际硬件一致，两个地址在同一网段且不冲突。

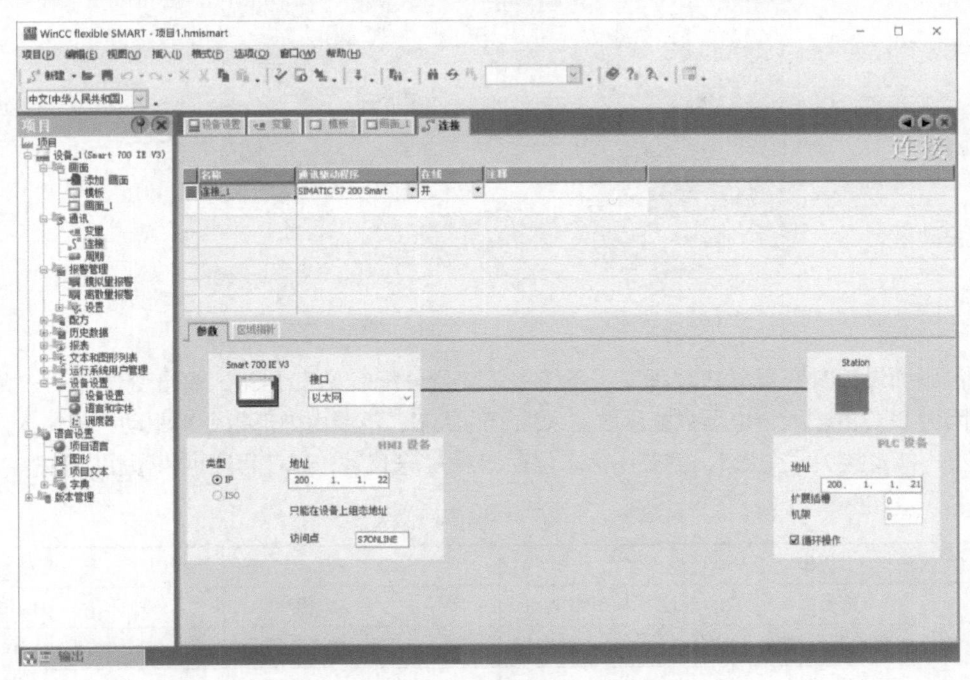

图 1-63 通信连接设置

1.5.3 抢答器控制画面设计

总体要求：设置两个画面，根画面为主画面，如图 1-64 所示，显示学校 LOGO、日期和时间、教材名称、“欢迎进入学习”按钮，单击“欢迎进入学习”按钮进入子画面，即抢答器控制子画面。如图 1-65 所示，子画面除了抢答器控制项目调试所需按钮及指示灯外，同样显示学校 LOGO、日期和时间，单击“返回”按钮可以返回主画面。画面设计视频请扫码观看。

视频 1-3
画面设计

图 1-64 主画面

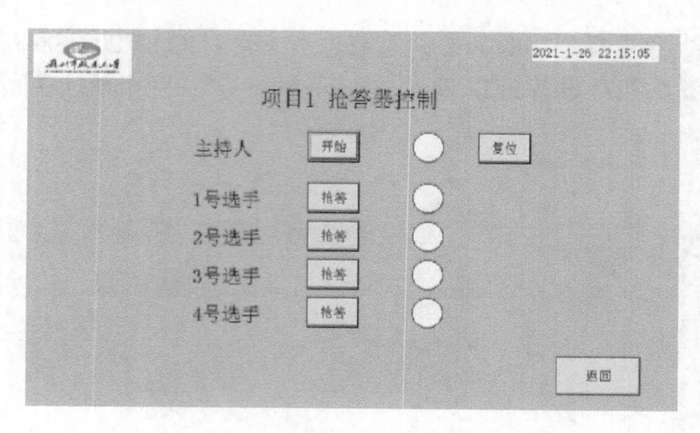

图 1-65 抢答器控制子画面

控制画面设计时变量与PLC程序尽量统一，变量分配表见表1-38，输出变量与PLC地址一致，但因为PLC的输入继电器只能读取输入端子的状态，不能由内部指令来驱动，故输入变量在触摸屏上不能直接关联变量I，需要用标志位存储器M来代替，PLC程序也需做相应调整。

表 1-38 抢答器控制画面变量分配表

输入				输出			
序号	符号	地址	HMI 地址	序号	符号	地址	HMI 地址
1	主持人开始按钮	I1.0	M0.0	1	主持人指示灯	Q1.0	Q1.0
2	1#选手按钮	I1.1	M0.1	2	1#选手指示灯	Q1.1	Q1.1
3	2#选手按钮	I1.2	M0.2	3	2#选手指示灯	Q1.2	Q1.2
4	3#选手按钮	I1.3	M0.3	4	3#选手指示灯	Q1.3	Q1.3
5	4#选手按钮	I1.4	M0.4	5	4#选手指示灯	Q1.4	Q1.4
6	主持人复位按钮	I1.5	M0.5				

1. 通信变量设置

通信变量如图1-66所示，数据类型为Bool，地址与变量分配表一致，注意这里的指示灯在选手违规抢答时需要闪烁，因此需要缩小变量采集周期，可以改为100ms。

2. 画面设计

（1）模板画面　需要在所有画面同步显示的内容，可以在模板画面中设置。如图1-67所示，分别从工具对象中添加“日期和时间域”及“图形视图”到模板画面。

如图1-68所示，从工具对象中拖放图形视图至模板。

如图1-69所示，在图形视图的常规窗口中选择从文件创建新图形，找到准备好的LOGO添加即可。

LOGO添加完成后，可以在模板中调整图片的位置和大小，将会在所有画面中的同一位置以相同尺寸显示该图片。

（2）添加新画面　项目树中画面包含3个子目录，分别为添加画面、模板和根画面“画面_1”。添加新画面后画面的子目录变为4个，新画面的默认名为“画面_2”。可以在画面属性窗口中修改画面名和画面编号。如图1-70所示，修改根画面的画面名为“主画面”，

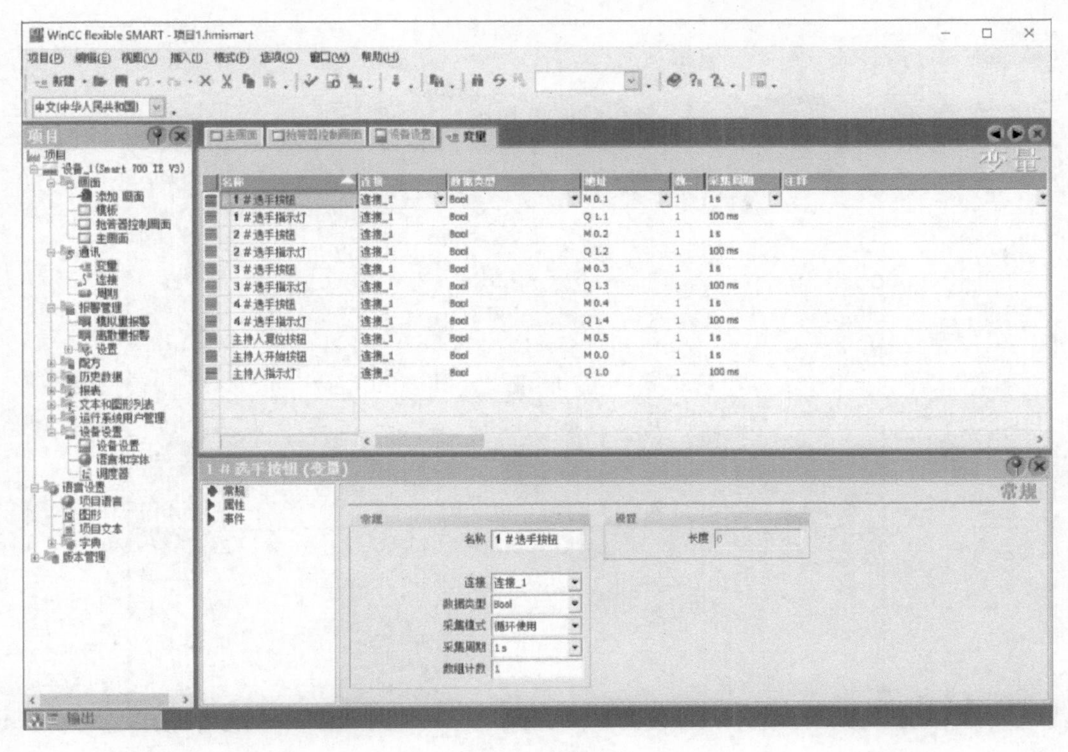

图 1-66　通信变量

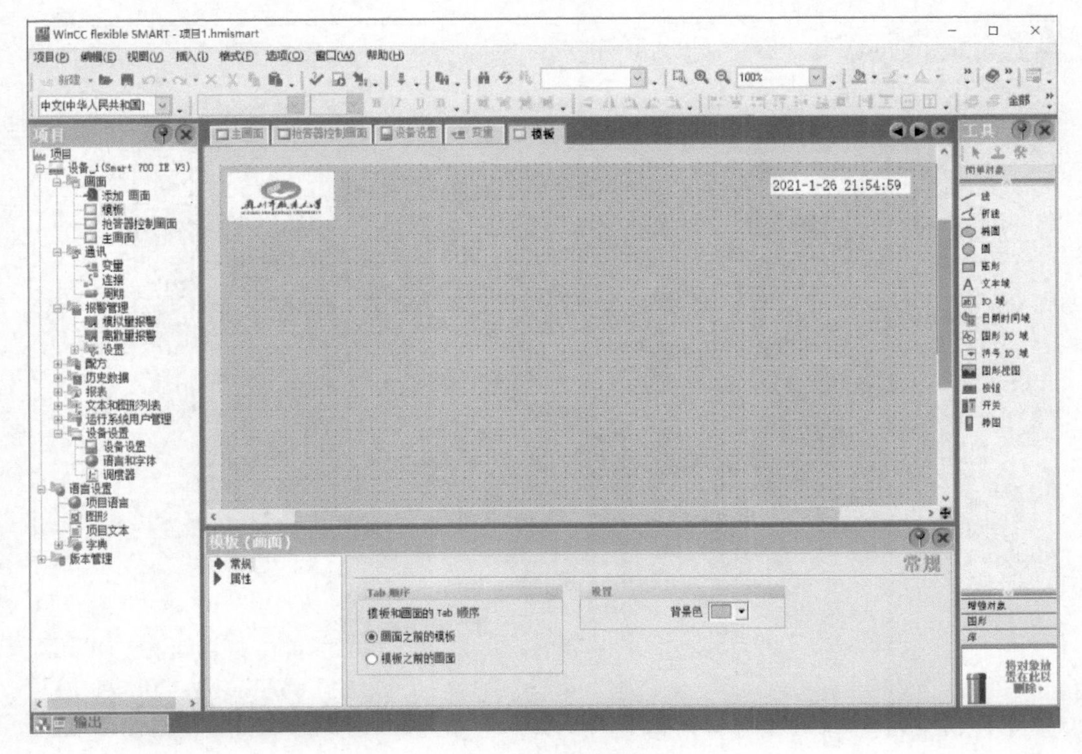

图 1-67　模板画面

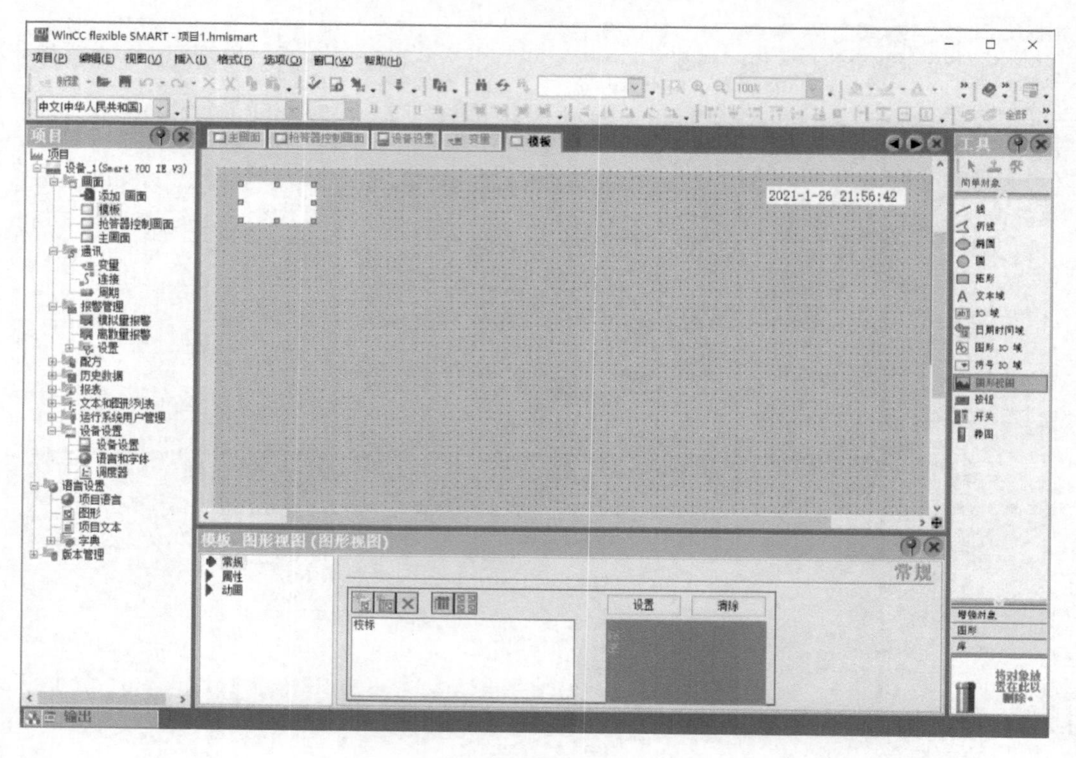

图 1-68　图形视图对象

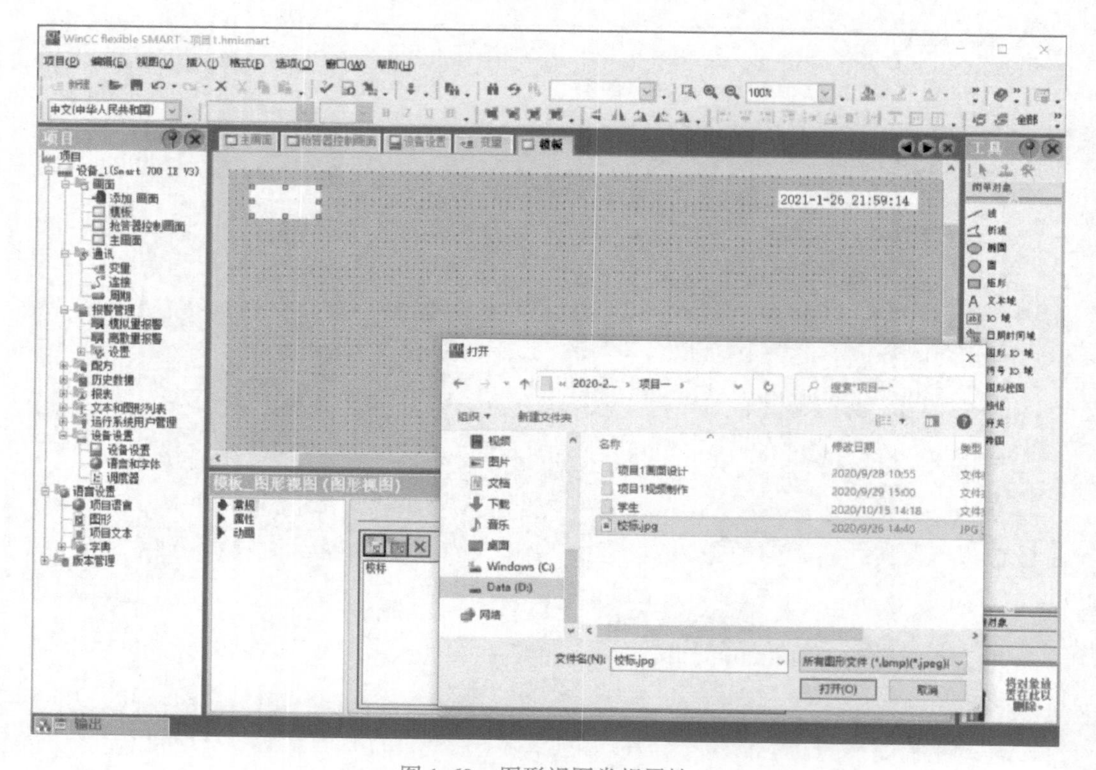

图 1-69　图形视图常规属性

添加新画面的画面名为“抢答器控制画面”。

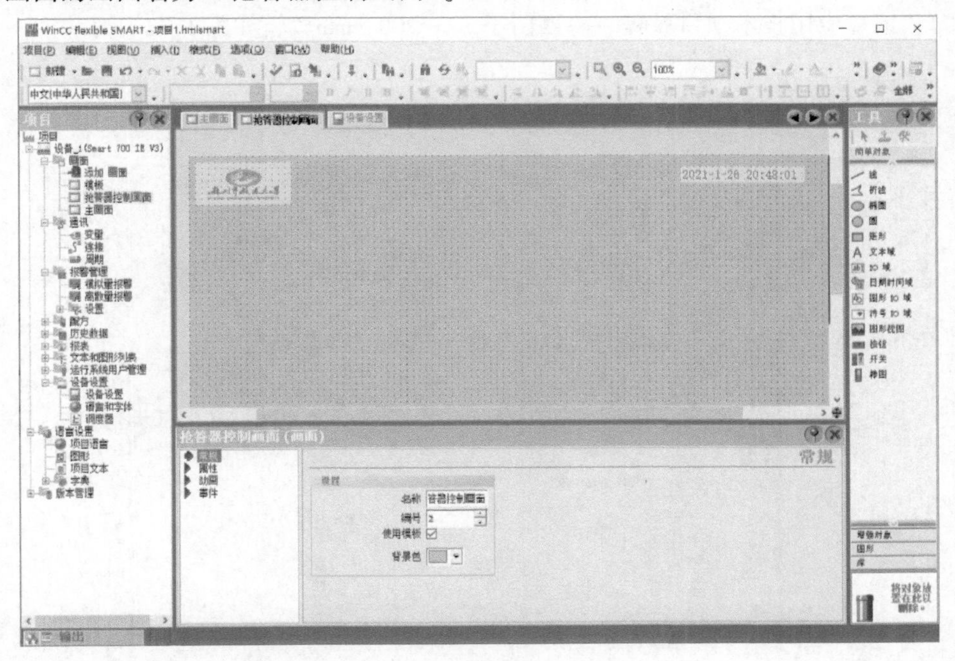

图 1-70　添加新画面

如图 1-71 所示，可以在设备设置中修改设备名称和设备型号，修改起始画面（根画面），在画面信息中前面带＊号的表示为起始画面（根画面）。在画面设置时，有且仅有一个根画面。

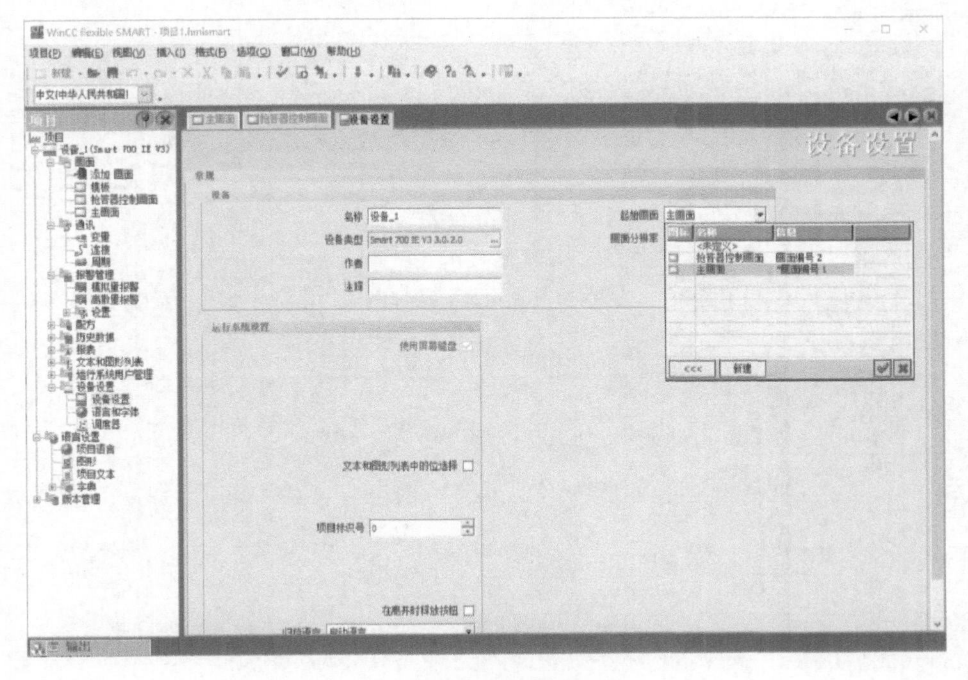

图 1-71　根画面设置

（3）主画面设计　在主画面中添加对象“文本域”，在属性窗口的常规属性中修改文本域内容为“PLC应用技术项目教程——西门子S7－200 Smart”，如图1-72所示。

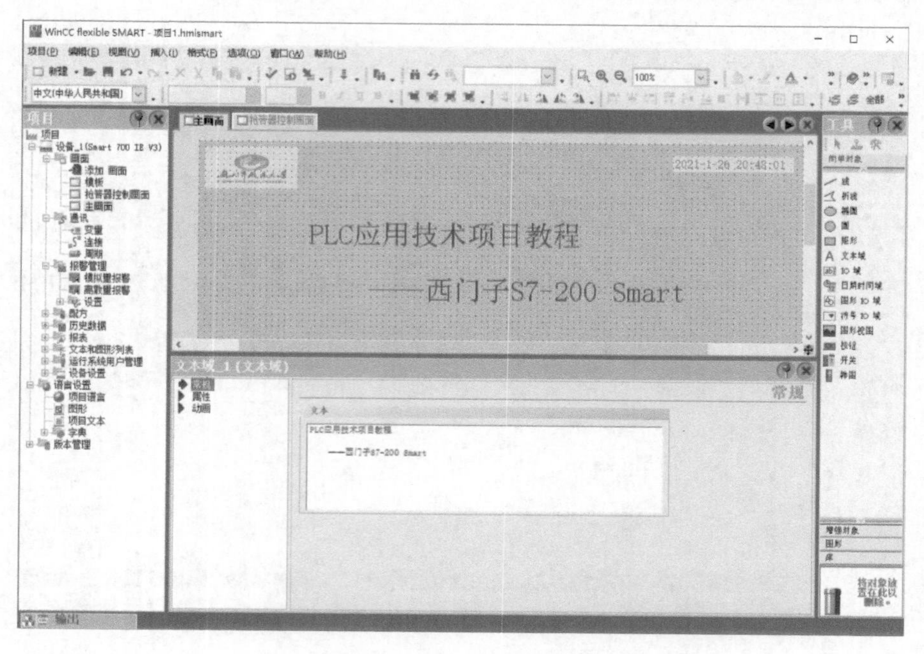

图1-72　添加文本域

修改文本域外观属性，如文本颜色、背景色、填充样式等。修改文本域文本属性，如文本字体、样式、大小以及对齐方式等。文本域外观属性如图1-73所示，文本域文本属性如图1-74所示。

图1-73　文本域外观属性

图 1-74　文本域文本属性

如图 1-75 所示，在主画面中添加对象“按钮”，在属性窗口中修改“OFF”状态文本内容为“欢迎进入学习”，取消“ON”状态文本后的勾选状态，这样按钮的文本内容不会因按钮的状态变化。

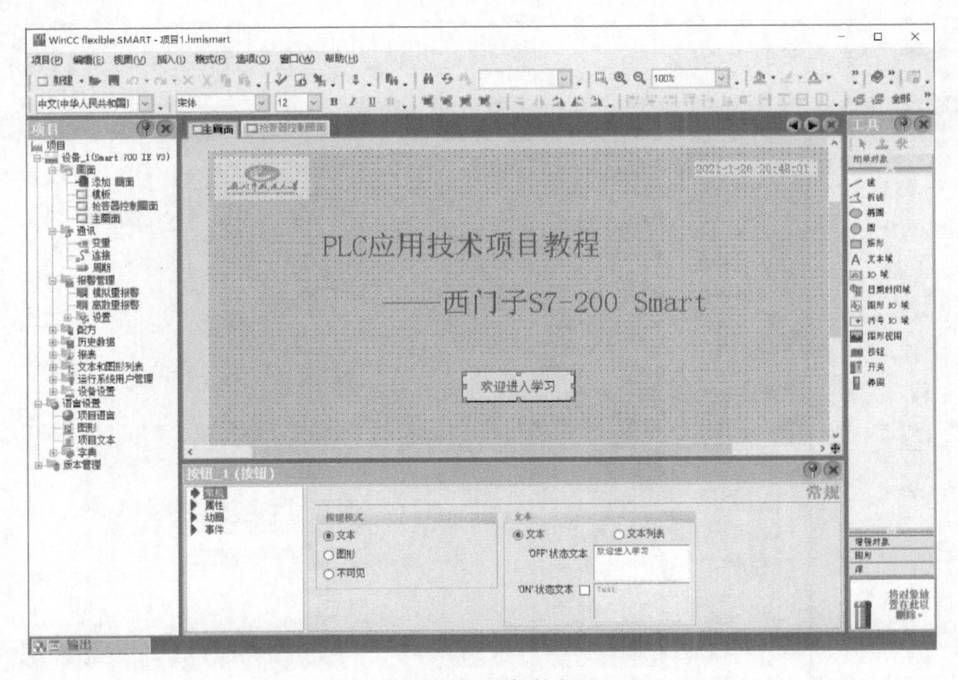

图 1-75　添加按钮

如图1-76所示，设置按钮单击事件，选择画面函数Activate Screen，如图1-77所示，选择激活“抢答器控制画面”。

图1-76　按钮单击事件

图1-77　选择激活画面

(4) 抢答器控制画面设计　抢答器控制画面如图 1-78 所示，由 6 个文本域、7 个按钮及 5 个圆形共 18 个控件组成，其中控件 1 ~ 6 为文本域，7 ~ 13 为按钮，14 ~ 18 为圆形。

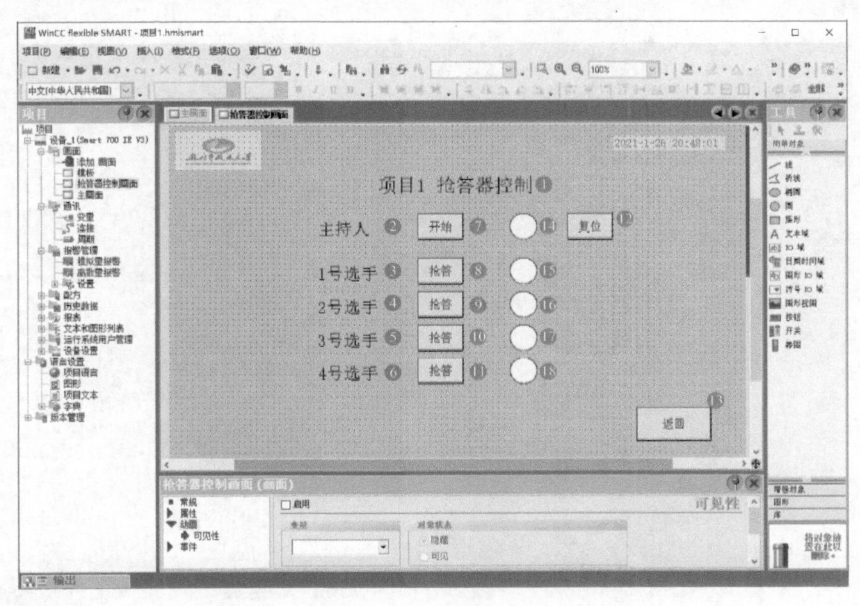

图 1-78　抢答器控制画面

修改控件 1 文本内容为 “项目 1 抢答器控制”，字体为 20 号宋体，颜色为黑色；修改控件 2 ~ 6 文本内容，字体为 18 号宋体，颜色为黑色。

控件 7 为开始按钮，关联 PLC 变量 M0.0，增加按下与释放事件，按下事件使用置位函数，关联主持人开始变量，如图 1-79 ~ 图 1-81 所示，释放事件使用复位函数，同样关联主持人开始变量，如图 1-82 ~ 图 1-84 所示。

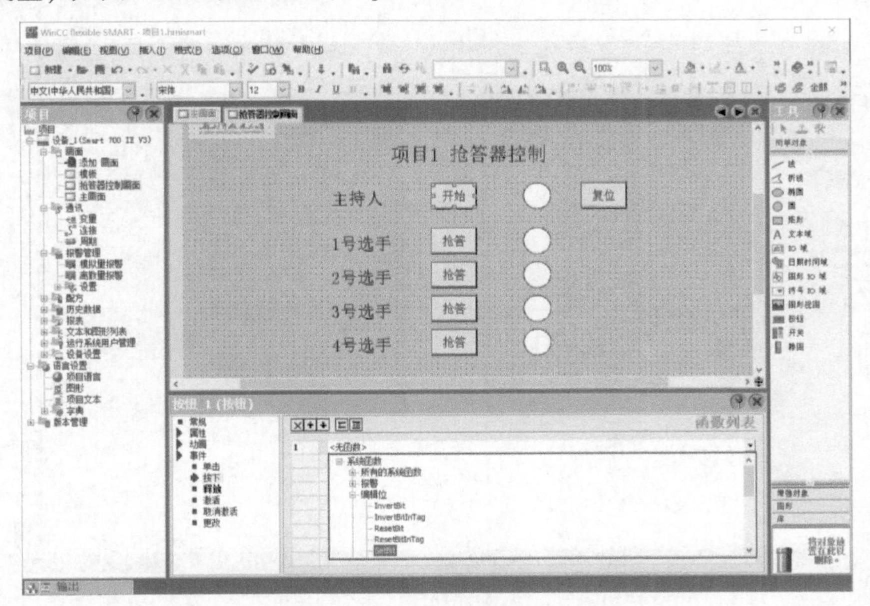

图 1-79　设置按钮按下事件

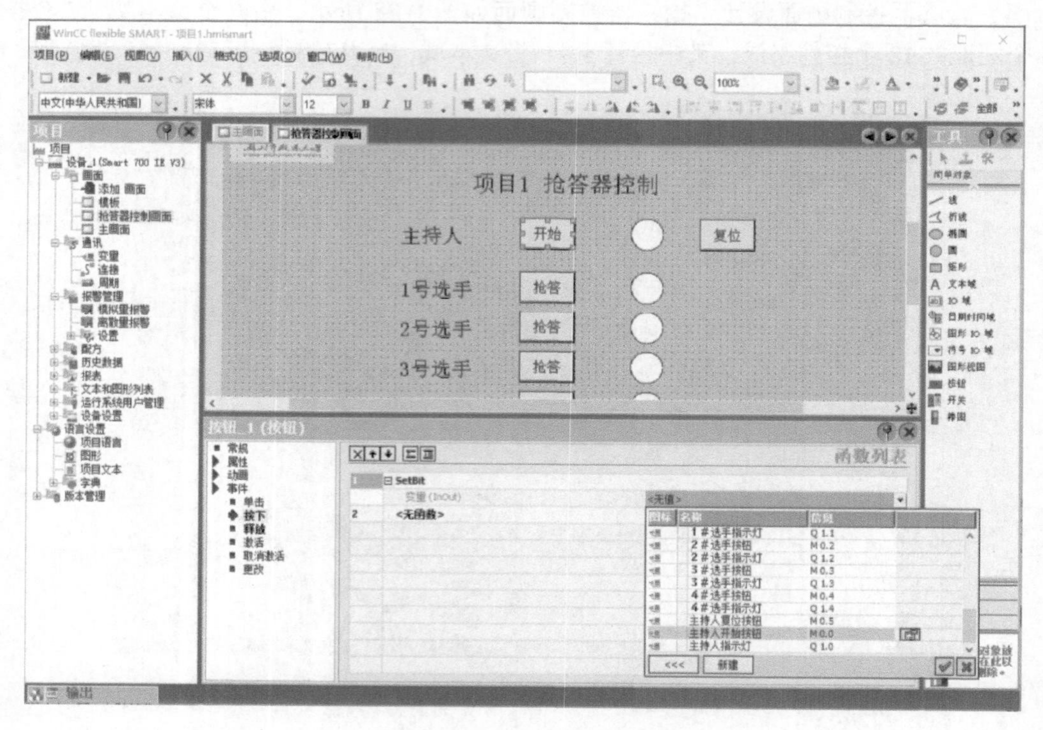

图 1-80　选择置位函数

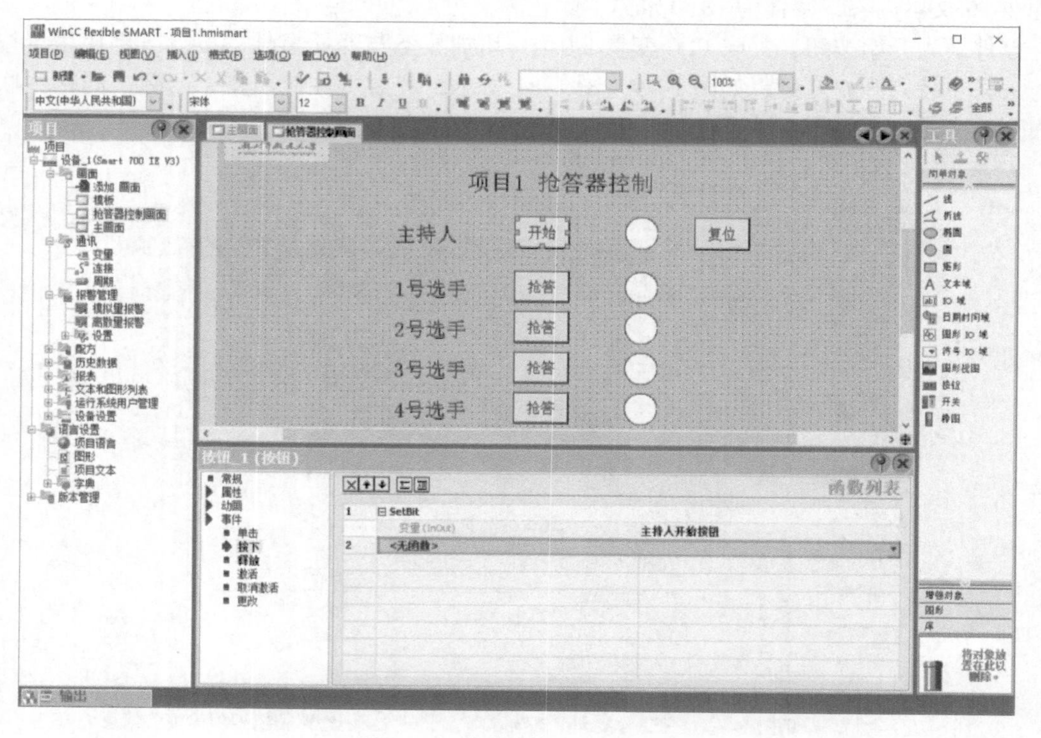

图 1-81　关联主持人开始变量

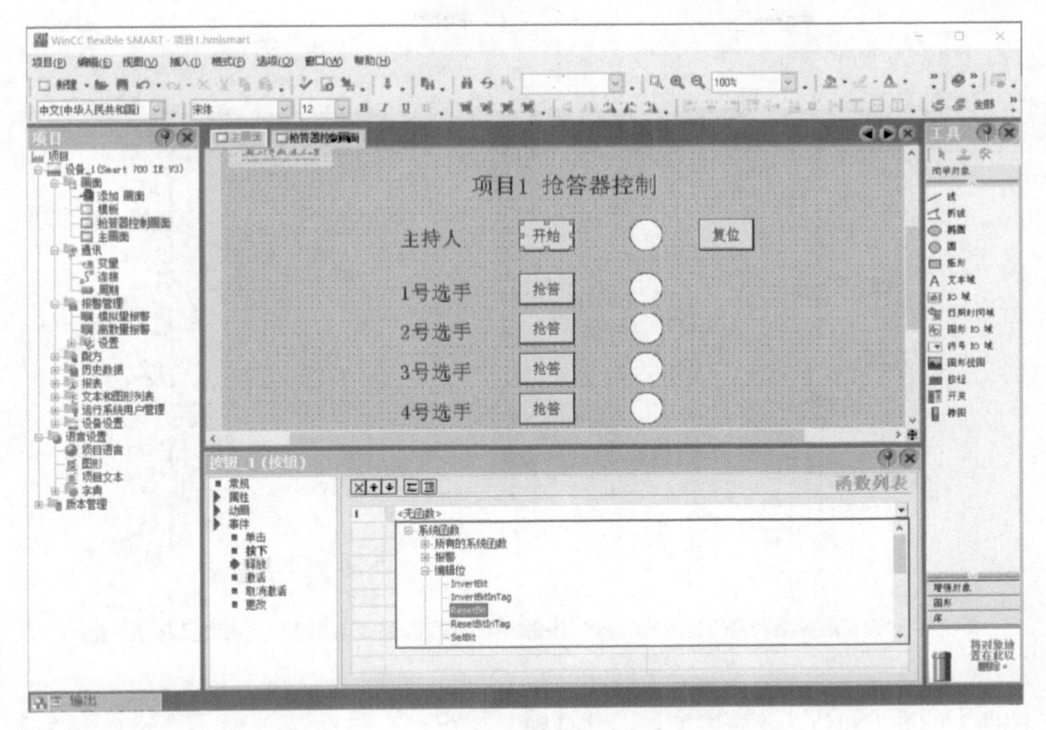

图 1-82　设置按钮释放事件

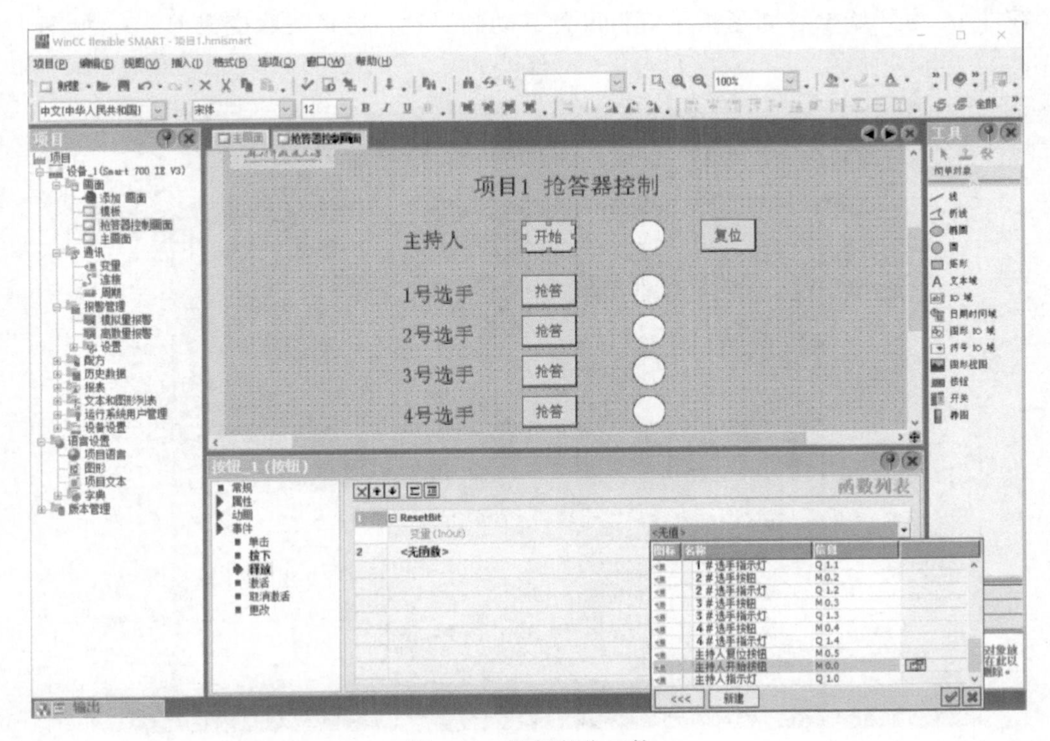

图 1-83　选择复位函数

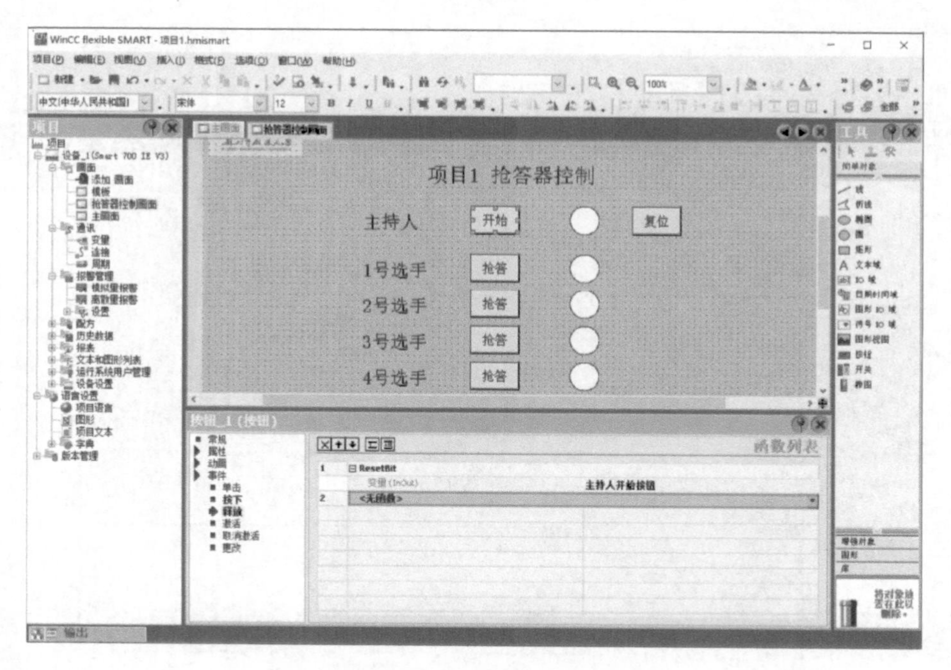

图 1-84 关联主持人开始变量

控件 8～11 为四位选手抢答按钮，其分别关联 PLC 变量 M0.1～M0.4；控件 12 为复位按钮，关联 PLC 变量 M0.5，增加按下和释放事件与控件 7 相同。

控件 14 为开始抢答圆形指示灯，设置其动画属性，选择关联变量 Q1.0，如图 1-85 所示。

图 1-85 圆形对象关联变量

变量关联好后，如图1-86所示，选择变量类型为位，外观设置值为0时背景色为白色，表示指示灯不亮；值为1时背景色为绿色，表示指示灯亮。

用同样的方法设置四位选手的指示灯关联变量及外观属性。

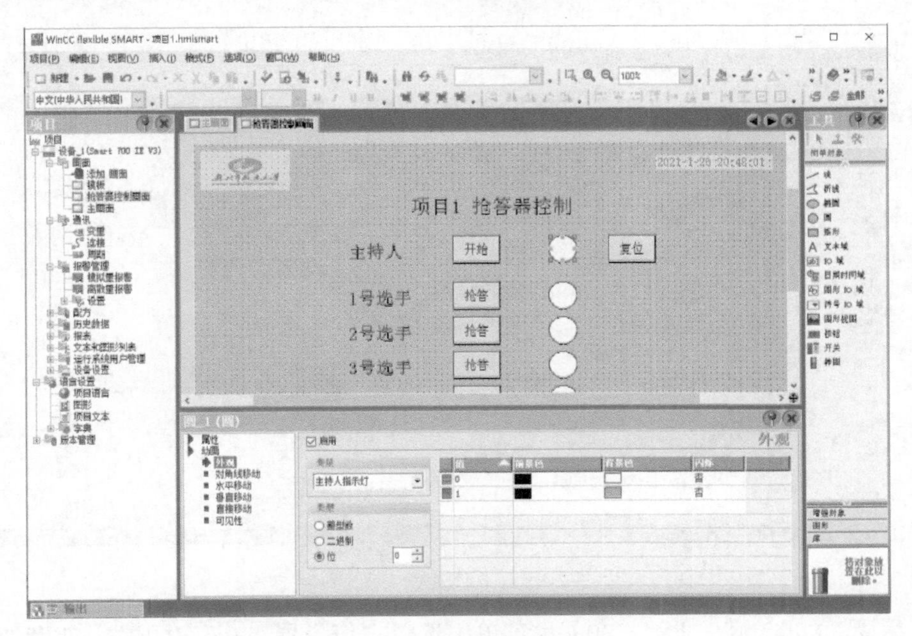

图1-86 圆形对象外观属性

控件13为返回主画面按钮，如图1-87所示，设置按钮单击事件，选择画面函数 Activate Screen，如图1-88所示，选择激活主画面。

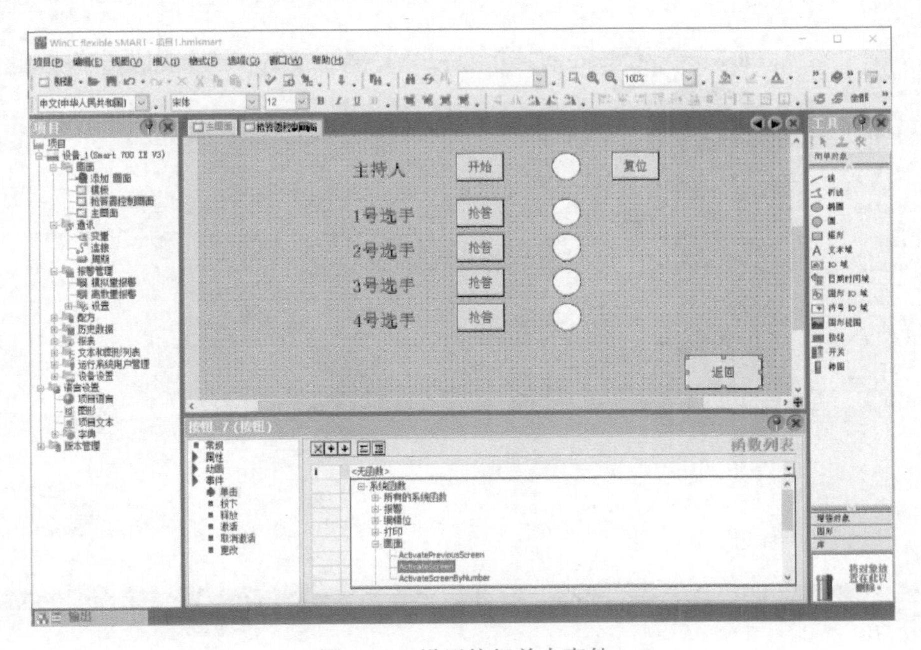

图1-87 设置按钮单击事件

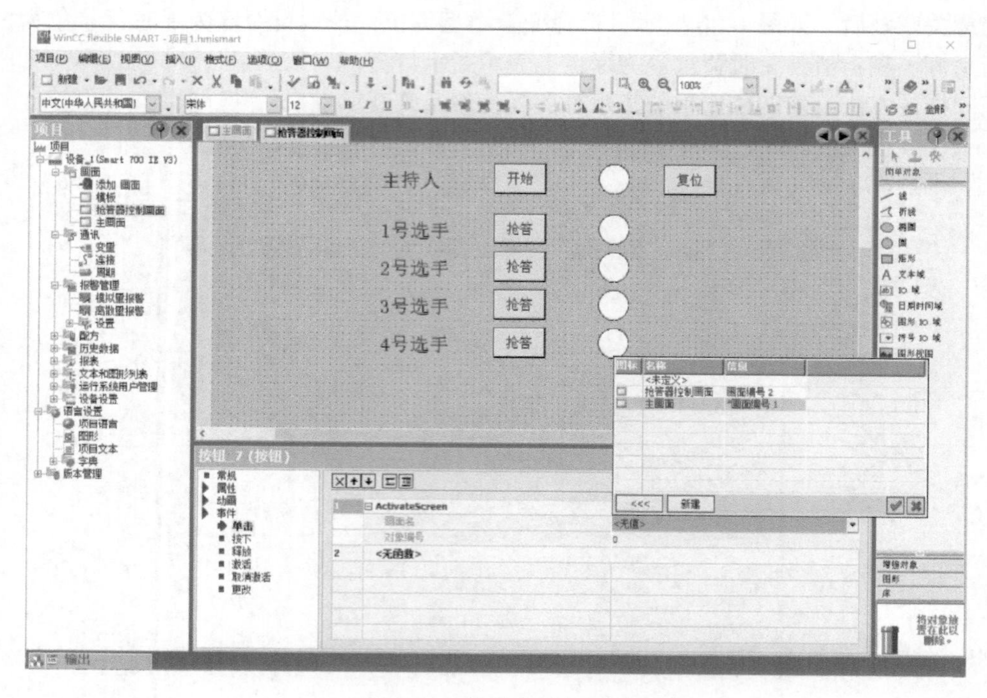

图 1-88　关联激活主画面

（5）编译　如图 1-89 所示，在项目菜单中选择“编译器”→“生成”，或者如图 1-90 所示，在工具栏中找到“生成”按钮，编译结果在输出窗口中显示，如图 1-91 所示。

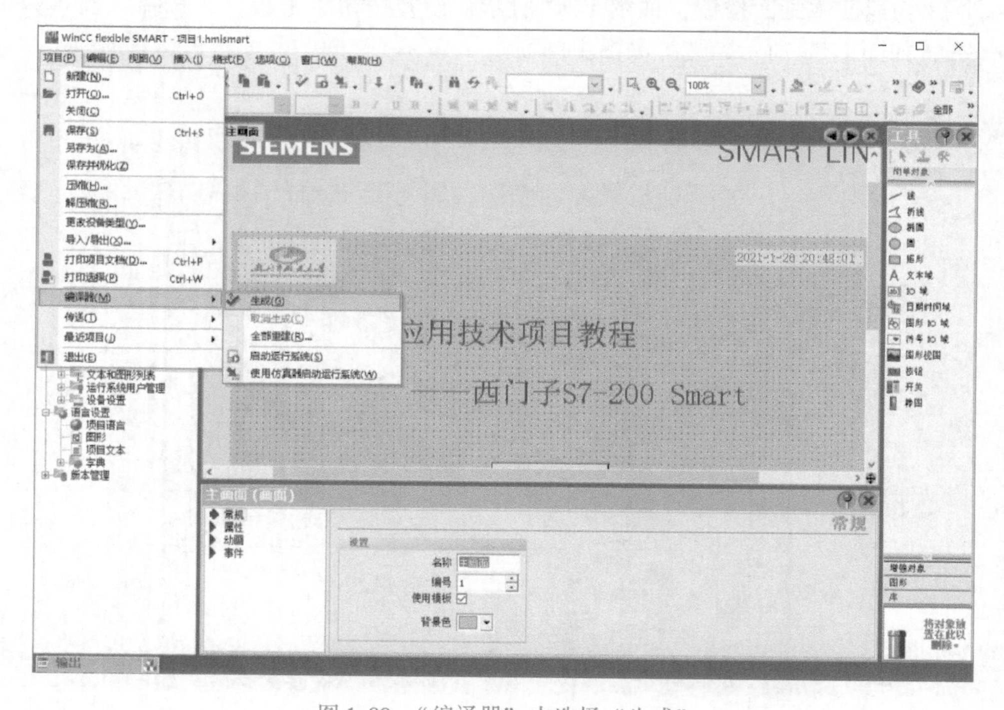

图 1-89　“编译器”中选择“生成”

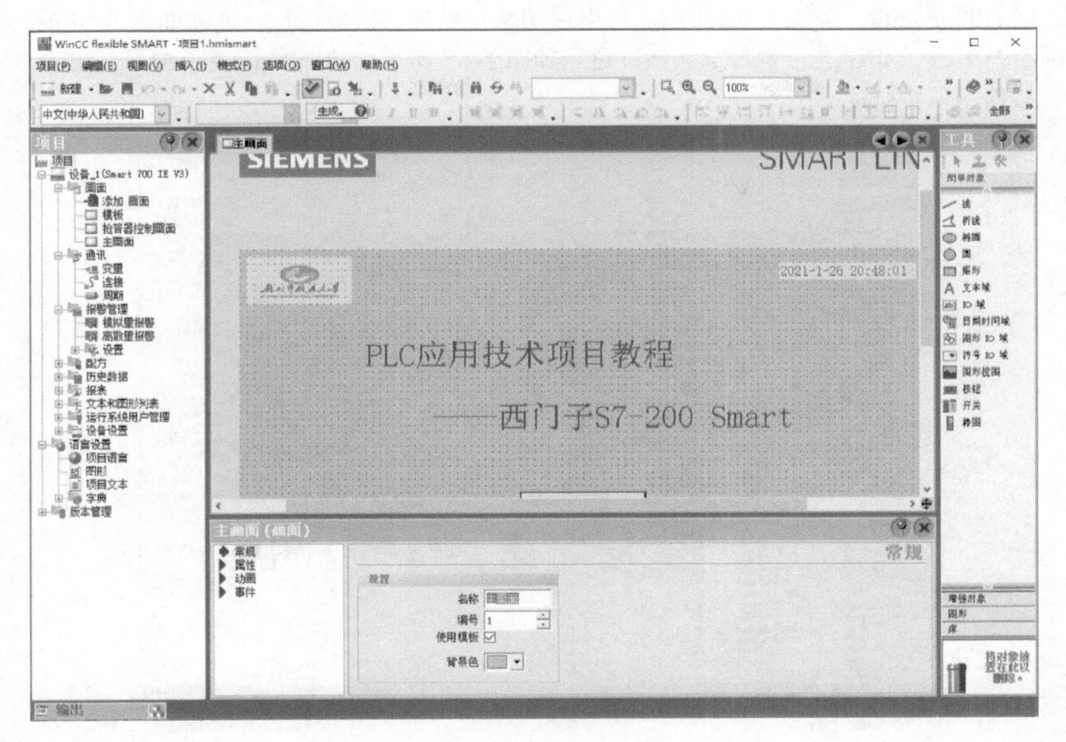

图1-90　工具栏中找到“生成”按钮

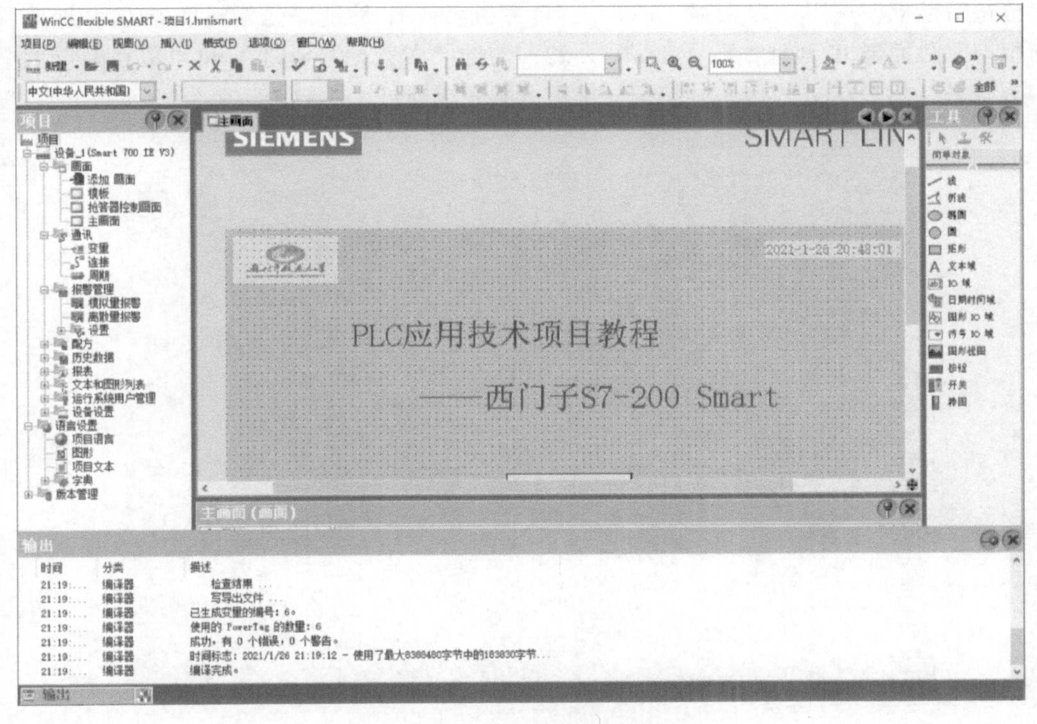

图1-91　输出窗口显示编译结果

(6) 模拟运行　如图1-92所示，可以启动运行系统，模拟运行，进入如图1-64所示的主画面，单击“欢迎进入学习”按钮，进入如图1-65所示的抢答器控制子画面，单击“返回”按钮返回主画面。

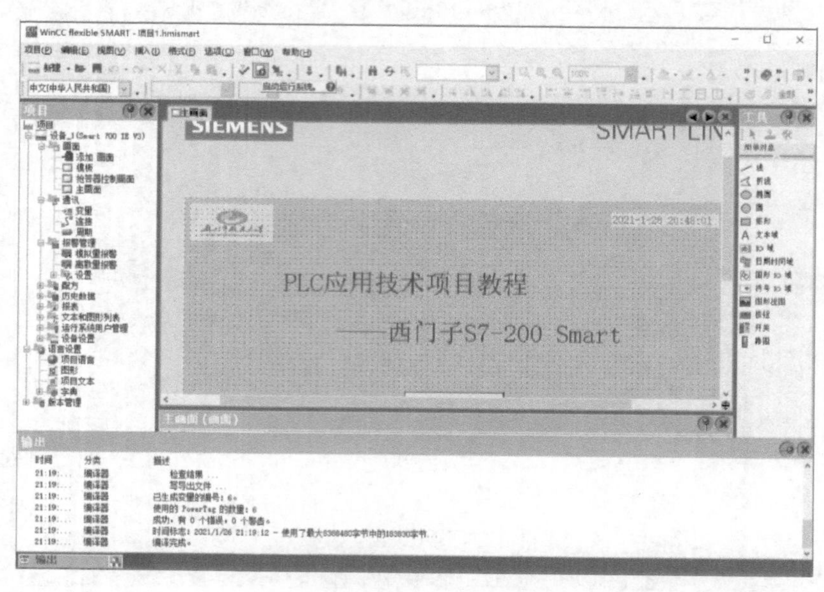

图1-92　启动运行系统

(7) 下载程序　如图1-93所示，在工具栏中找到“传送”按钮，单击“传送”按钮，弹出传送对话框，选用“以太网”模式，“计算机名或IP地址”是指触摸屏的IP地址，这里与组态时触摸屏IP地址一致：200.1.1.22，勾选“覆盖用户管理”和“覆盖配方数据记录”复选框，然后单击“传送”按钮，等待下载完成即可。

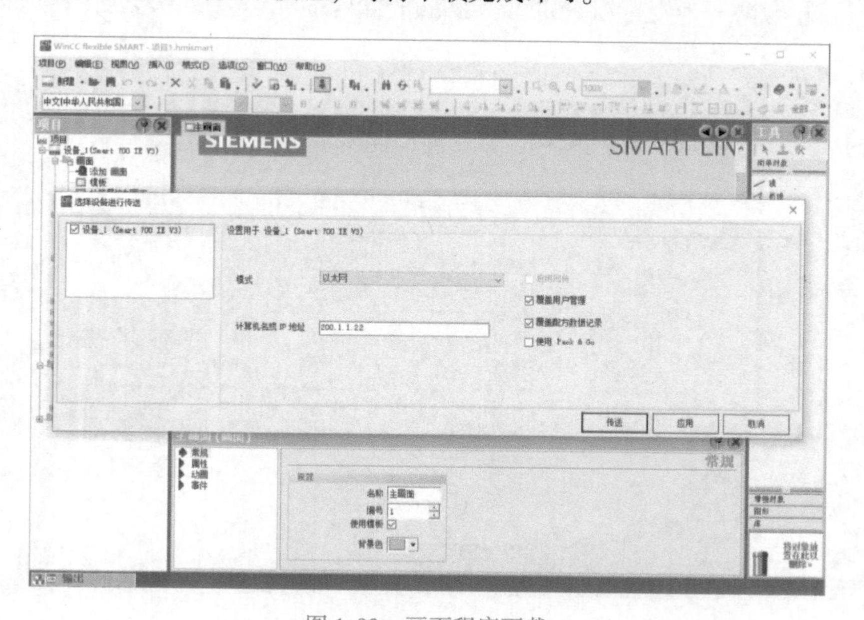

图1-93　画面程序下载

1.5.4　抢答器控制程序修改

触摸屏控制时，主持人“开始”按钮关联 M0.0，“复位”按钮关联 M0.5，四位选手“抢答”按钮分别关联 M0.1～M0.4，修改后的程序如图 1-94 所示，实现实验箱上控制按钮和触摸屏控制按钮同步控制。触摸屏与 PLC 功能调试视频请扫码观看。

视频 1-4
功能调试

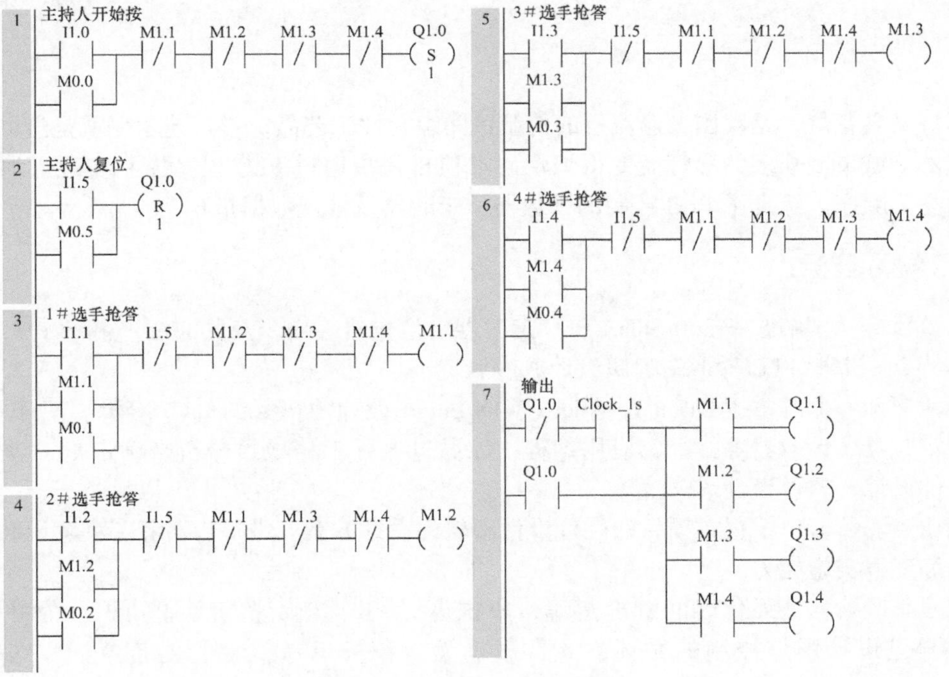

图 1-94　触摸屏按钮同步控制程序

思　考　题

五个队参加抢答比赛，比赛规则及所使用的设备如下：设有主持人总台及各个参赛队分台，总台设有总台灯及总台音响、总台开始及总台复位按钮；分台设有分台灯、分台抢答按钮。各队抢答必须在主持人给出题目，说了“开始”并同时按下开始按钮后的 10s 内进行，如提前抢答，抢答器将报出“违例”信号（违例扣分）。若 10s 时间到仍无人抢答，抢答器将给出应答时间到信号，该题作废。在有人抢答的情况下，抢得的队必须在 30s 内完成答题。如 30s 内还没答完，则做答题超时处理。

灯光及音响信号所表示的意义是这样安排的：

1）音响及某台灯：正常抢得。

2）音响及某台灯加总台灯：违例。

3）音响加总台灯：无人应答及答题超时。

在一个题目回答终了后，主持人按下复位按钮。抢答器恢复原始状态，为第二轮抢答做好准备。

项目2 彩灯控制

彩灯又名花灯，是我国普遍流行的传统民间综合性工艺品。彩灯艺术也就是灯的综合性装饰艺术，城市因众多的彩灯而变得灿烂。本项目是指通过 PLC 程序控制实现灯池或灯带不同的亮灭顺序，综合了 PLC 控制的计数器、定时器及常规数据指令。

项目学习目标：

知识目标：了解 S7 - 200 Smart PLC 定时器、计数器等指令及其应用；熟悉 PLC 操作模式及其特点；掌握 PLC 梯形图程序设计方法。

技能目标：熟练掌握 STEP 7 - Micro/WIN Smart 设计环境下的 LAD 编辑、编译及调试；能进行定时器、计数器等指令的应用编程；能通过实际工程项目分析来确定 PLC 类型，并进行硬件设计、软件设计。

职业素养目标：根据本项目的硬件设计和软件设计方案，进一步培养工程意识和团队意识，锻炼工程实施能力。

课程思政目标：强化时间管理意识，不虚度光阴，认真学习专业知识，为社会做出贡献。自己设计彩灯控制的循环方式，鼓励学生积极思考，激发创新意识，培养创新思维。

2.1 项目背景及要求

2.1.1 项目背景

珍惜时间就是珍惜生命，时间管理是探索如何减少时间浪费，以便有效地完成既定目标。学会时间管理，就可以用最短的时间，把事情做好。作为现代的大学生，需要学会自我时间管理，热爱学习，热爱生活。

PLC 内部提供了定时器指令实现定时控制，也可以利用计数器记录时钟脉冲的个数实现计时功能，还可以利用移位和传送指令实现不同的彩灯控制。同学们还可以发挥主观能动性，根据自己的想法设计不同的彩灯控制，锻炼创新意识和创新思维。

2.1.2 控制要求

控制要求一：

现有 L1 ~ L8 共 8 盏霓虹灯，要求按下开始按钮，霓虹灯 L1 ~ L8 以正序每隔 1s 轮流点亮，当L8亮后，停2s；然后，反向逆序隔1s轮流点亮，当L1再亮后，停5s，重复上述过程。按下停止按钮，霓虹灯停止工作。

控制要求二：

现有L1～L8共8盏霓虹灯，要求按下开始按钮，霓虹灯L1～L8以正序每隔1s轮流点亮，当L8亮后，回到L1亮，如此循环3次后，停2s；然后，反向逆序隔1s轮流点亮，当L1再亮后，回到L8亮，如此循环5次后停5s，重复上述过程。按下停止按钮，霓虹灯停止工作。

2.2　知识基础

2.2.1　定时器指令

常用的定时器指令有TON、TONR、TOF，见表2-1。

表2-1　常用的定时器指令

LAD/FBD	STL	说　明
Txxx IN　TON PT　???ms	TON Txxx，PT	TON接通延时定时器，用于定时单个时间间隔
Txxx IN　TONR PT　???ms	TONR Txxx，PT	TONR保持型接通延时定时器，用于累积多个定时时间间隔的时间值，需由复位指令对其复位
Txxx IN　TOF PT　???ms	TOF Txxx，PT	TOF断开延时定时器，用于在OFF（或FALSE）条件之后延长一定时间间隔，例如冷却电动机的延时停机

TON、TONR和TOF定时器提供三种分辨力。分辨力由定时器编号确定，见表2-2。当前值的每个单位均为时基的倍数，例如使用10ms定时器时，计数50表示经过的时间为500ms。

表2-2　定时器编号和分辨力

定时器类型	分辨力	最大值	定时器编号
TON、TOF	1ms	32.767s	T32、T96
	10ms	327.67s	T33～T36、T97～T100
	100ms	3276.7s	T37～T63、T101～T255
TONR	1ms	32.767s	T0、T64
	10ms	327.67s	T1～T4、T65～T68
	100ms	3276.7s	T5～T31、T69～T95

Txxx定时器编号分配决定定时器的分辨力。分配有效的定时器编号后，分辨力会显示在LAD或FBD定时器功能框中。

注意使用时避免定时器编号冲突，同一个定时器编号不能同时用于TON和TOF定时器。例如，不能同时使用TON T32和TOF T32。定时器指令编程举例分别如图2-1、

图 2-2 和图 2-3 所示。

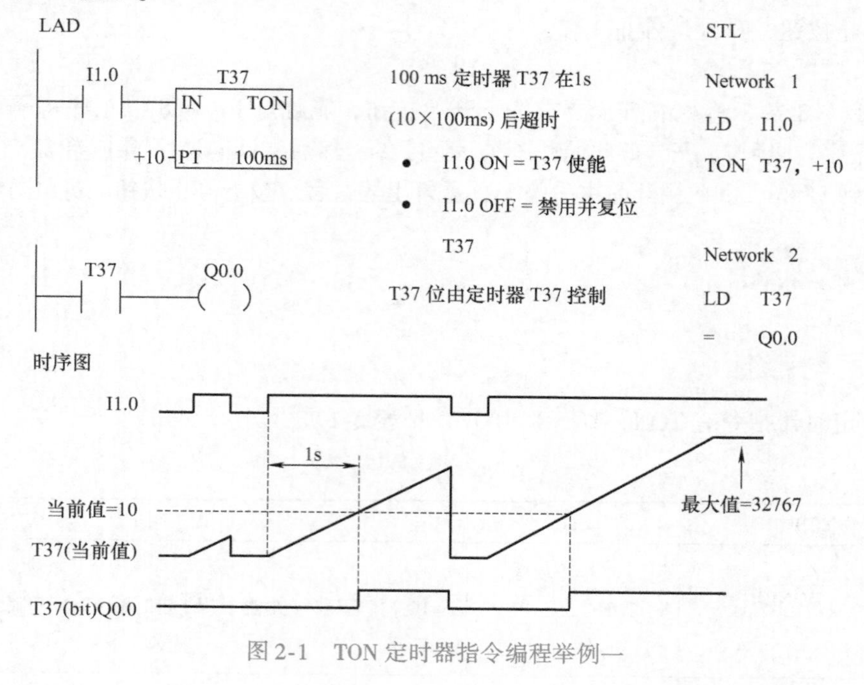

图 2-1　TON 定时器指令编程举例一

LAD

LAD	说明	STL
M0.0 ─/─ T33 (IN TON, +100 PT 10ms)	10ms 定时器 T33 在 1s (100×10ms) 后超时 M0.0 脉冲速度过快，无法用状态视图监视	Network 1 LDN M0.0 TON T33，+100
T33 >=I +40 ── Q0.0 ( )	以状态视图中可见的速度运行时，比较结果为真 在40×10ms之后，Q0.0 接通，信号波形 40% 为低电平，60% 为高电平	Network 2 LDW>= T33，+40 = Q0.0
T33 ── M0.0 ( )	T33 (位) 脉冲速度过快，无法用状态视图监视 在100×10ms 时间段之后，通过 M0.0 复位定时器	Network 3 LD T33 = M0.0

时序图

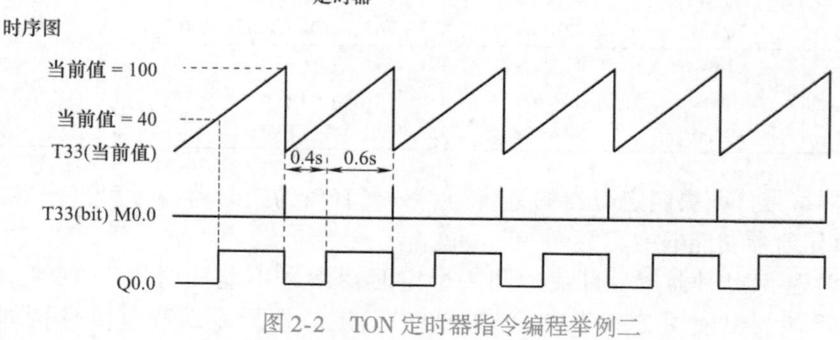

图 2-2　TON 定时器指令编程举例二

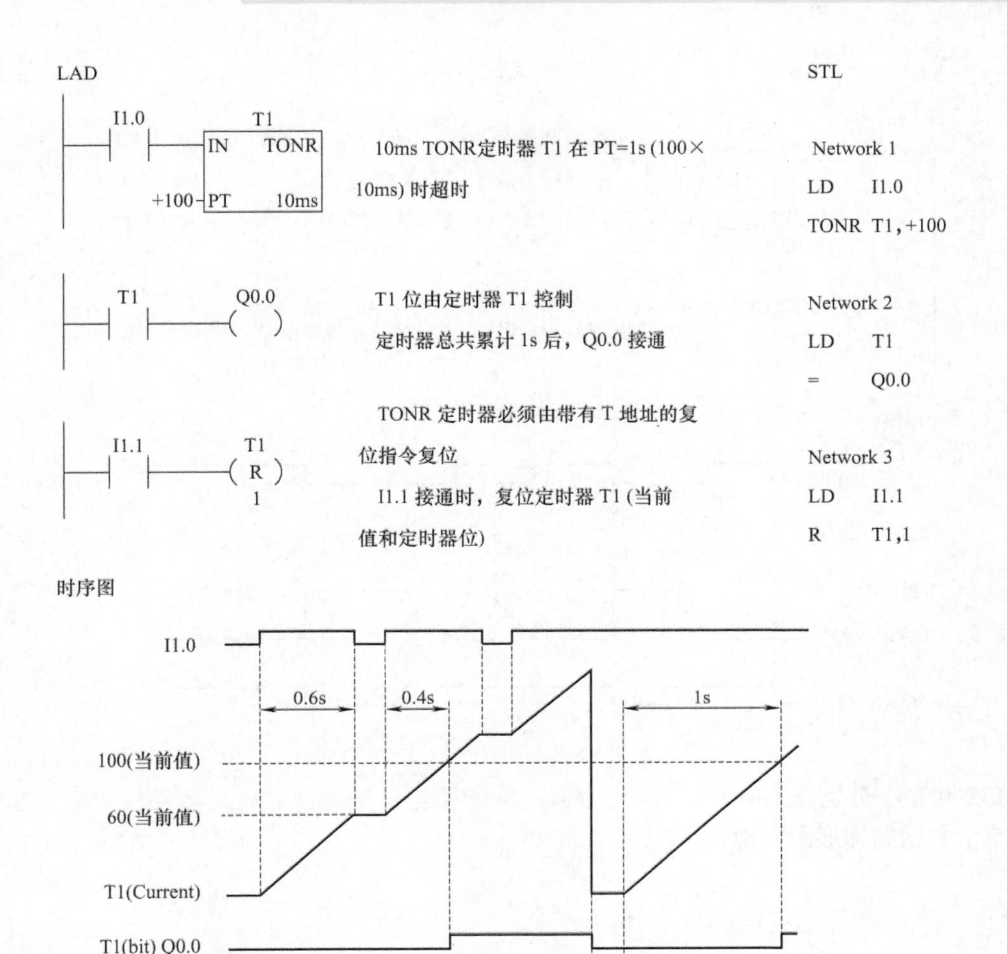

图 2-3 TON 保持型接通延时定时器编程举例

TON 和 TONR 指令在使能输入 IN 接通时开始计时。当前值等于或大于预设时间时，定时器位置位接通。

使能输入 IN 断开时，清除 TON 定时器的当前值，保持 TONR 定时器的当前值。使能输入 IN 接通时，可以使用 TONR 定时器累积时间。使用复位指令（R）可清除 TONR 的当前值。

达到预设时间后，TON 和 TONR 定时器继续定时，直到达到最大值 32767 时才停止定时。

TOF 指令用于使输出在输入断开后延迟固定的时间再断开。使能输入 IN 接通时，定时器位立即接通，当前值置为 0。使能输入 IN 断开时，定时开始，定时一直持续到当前时间等于预设时间。TOF 断开延时定时器编程举例如图 2-4 所示。

达到预设值时，定时器位断开，当前值停止递增；但是，如果在 TOF 达到预设值之前使能输入再次接通，则定时器位保持接通。

如果 TOF 定时器在 SCR 区域中，并且 SCR 区域处于未激活状态，则当前值设置为 0，定时器位断开且当前值不递增。

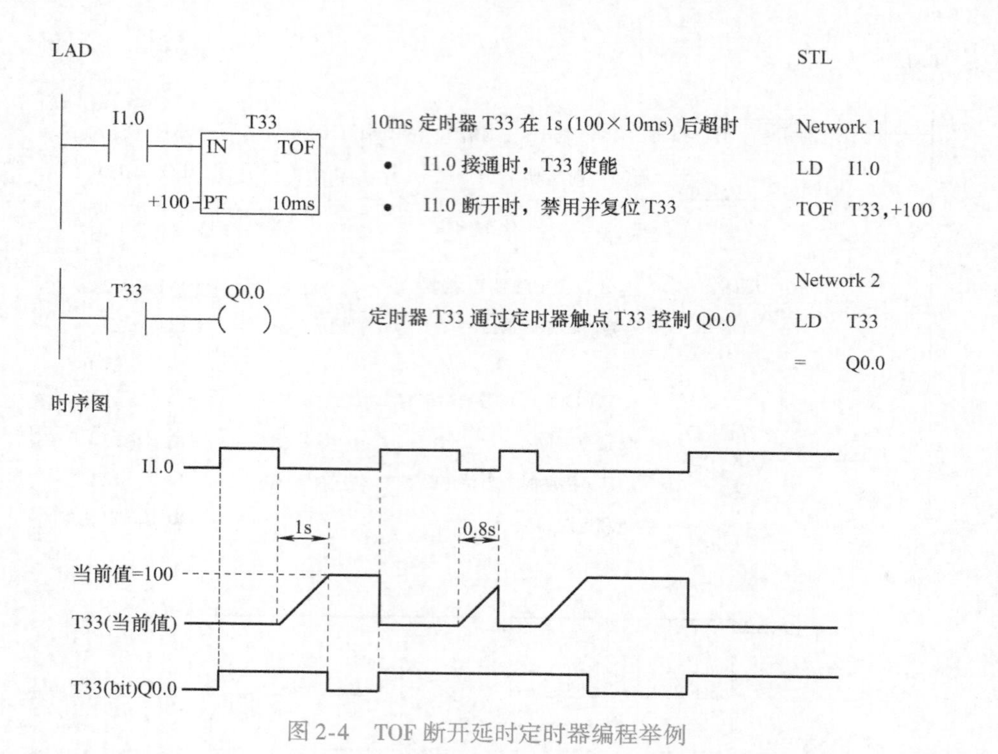

图 2-4 TOF 断开延时定时器编程举例

T32 和 T33 分别是 1ms 和 10ms 定时器，不能用自身触点控制自身线圈的通断，建议用图 2-5 中右侧的梯形图实现。

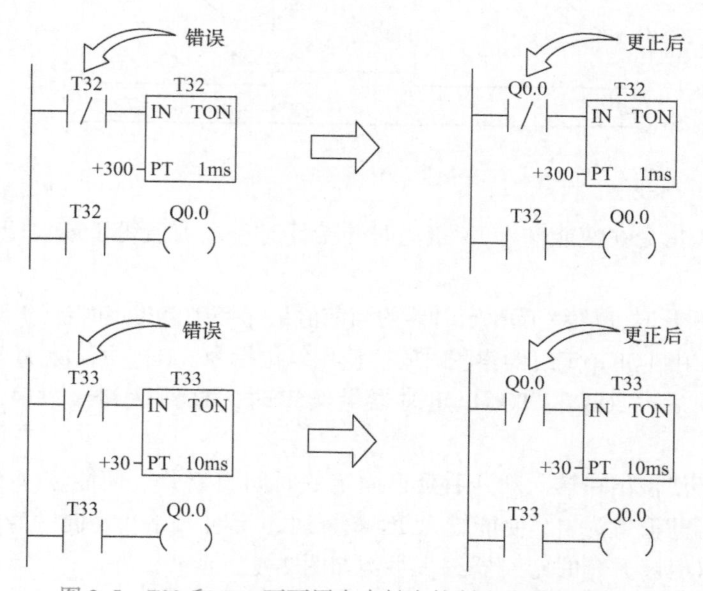

图 2-5 T32 和 T33 不可用自身触点控制自身线圈的通断

T37 是 100ms 的定时器，虽然可以用自身触点来控制自身线圈的通断，但建议用图 2-6 中右侧的梯形图实现。

在图 2-7 所示的梯形图中，将 T32 改为 Q1.0，程序运行稳定，T32 计时时间达到后 Q1.0

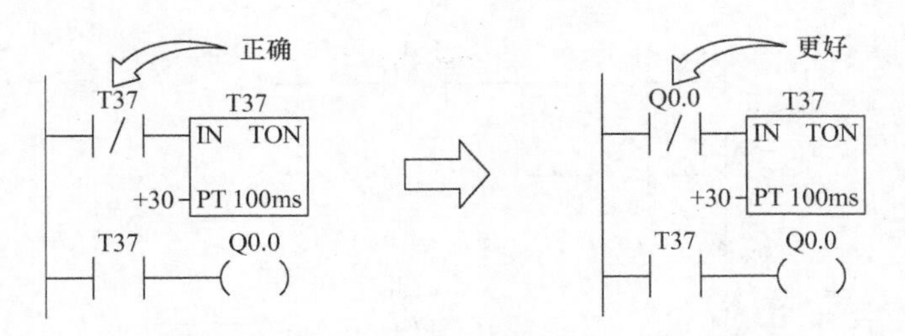

图 2-6　T37 可用自身触点来控制自身线圈的通断

会接通一次。如果用 T32 常闭触点控制自身线圈，T32 计时时间达到后 Q1.0 不一定会接通。

思考题：1）按下按钮（I1.1），指示灯（Q1.1）亮，延时 1s 后，指示灯（Q1.1）灭，同时指示灯（Q1.2）亮；再延时 1s 后，指示灯（Q1.2）灭，同时指示灯（Q1.3）亮；按下按钮（I1.0）后，三个灯均灭。试编程实现该功能。

2）分析图 2-8 中给出的梯形图程序：①把 T32 改为 T33，观察变化；②把 TON 改为 TOF，观察变化；③把 TON 改为 TONR，观察变化。

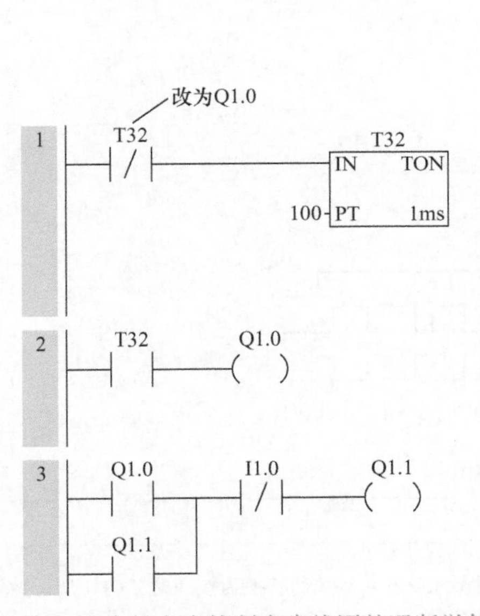

图 2-7　自身触点来控制自身线圈的通断举例

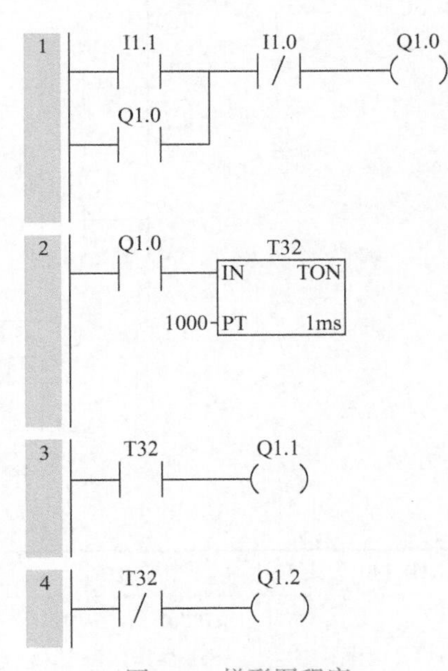

图 2-8　梯形图程序

3）图 2-9 所示是信号发生器程序，分析其梯形图程序及时序图。

2.2.2　计数器指令

常用的计数器指令 CTU、CTD 和 CTUD 见表 2-3。由于每个计数器都有一个当前值，因此请勿将同一计数器编号分配给多个计数器（编号相同的加计数器、加/减计数器和减计数器会访问相同的当前值）。使用复位指令复位计数器时，计数器位会复位，并且计数器当前值会设为零。计数器编号可同时用于表示该计数器的当前值和计数器位。计数器指令的操作见表 2-4，计数器指令编程示例如图 2-10 和图 2-11 所示。

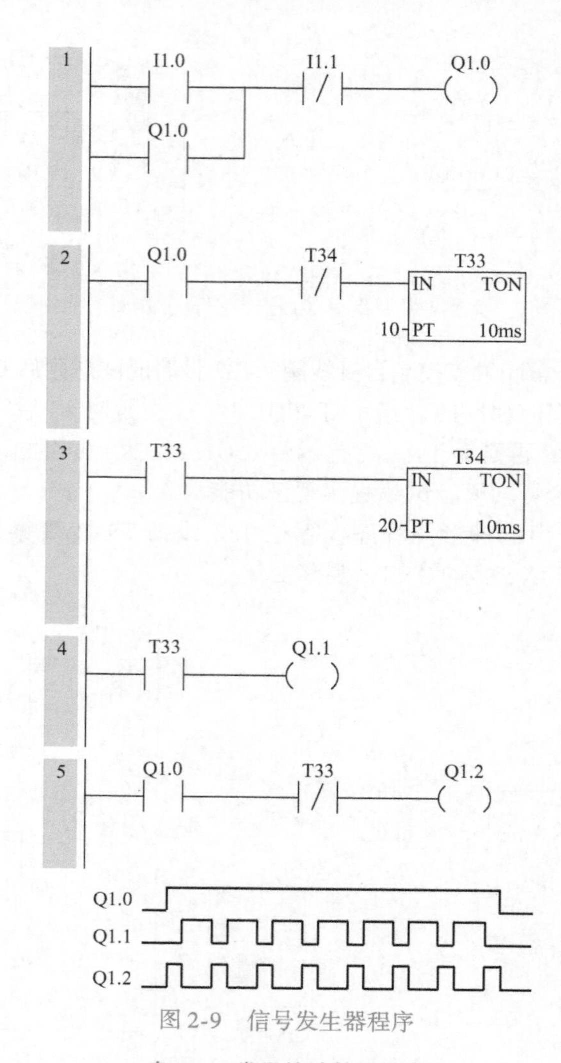

图 2-9　信号发生器程序

表 2-3　常用的计数器指令

LAD/FBD	STL	说　明
Cxxx CU CTU R PV	CTU Cxxx，PV STL 操作： • R 复位输入是堆栈顶值 • CU 加计数输入装载到第二堆栈层中	每次加计数 CU 输入从关断转换为接通时，CTU 加计数指令就会从当前值开始加计数。当前值 Cxxx 大于或等于预设值 PV 时，计数器位 Cxxx 接通。当复位输入 R 接通或对 Cxxx 地址执行复位指令时，当前计数值会复位。达到最大值 32767 时，计数器停止计数
Cxxx CD CTD LD PV	CTD Cxxx，PV STL 操作： • LD 装载输入是堆栈顶值 • CD 减计数输入值会装载到第二堆栈层中	每次 CD 减计数输入从关断转换为接通时，CTD 减计数指令就会从计数器的当前值开始减计数。当前值 Cxxx 等于 0 时，计数器位 Cxxx 打开。LD 装载输入接通时，计数器复位计数器位 Cxxx 并用预设值 PV 装载当前值。达到零后，计数器停止，计数器位 Cxxx 接通

（续）

LAD/FBD	STL	说　明
Cxxx CU　CTUD CD R PV	CTUD Cxxx，PV STL 操作： • R 复位输入是堆栈顶值 • CD 减计数输入值会装载到第二堆栈层中 • CU 加计数输入值会装载到第三堆栈层中	每次 CU 加计数输入从关断转换为接通时，CTUD 加/减计数指令就会加计数；每次 CD 减计数输入从关断转换为接通时，该指令就会减计数。计数器的当前值 Cxxx 保持当前计数值。每次执行计数器指令时，都会将 PV 预设值与当前值进行比较 达到最大值 32767 时，加计数输入处的下一上升沿导致当前计数值变为最小值 -32768。达到最小值 -32768 时，减计数输入处的下一上升沿导致当前计数值变为最大值 32767 当前值 Cxxx 大于或等于 PV 预设值时，计数器位 Cxxx 接通。否则，计数器位关断。当 R 复位输入接通或对 Cxxx 地址执行复位指令时，计数器复位

表 2-4　计数器指令的操作

类型	操　作	计数器位	上电循环/首次扫描
CTU	CU 增加当前值，当前值持续增加，直至达到 32767	计数器位接通：当前值 > = 预设值	计数器位关断，当前值可保留
CTD	CD 减少当前值，直至当前值达到 0	计数器位接通：当前值 = 0	计数器位关断，当前值可保留
CTUD	CU 增加当前值，CD 减少当前值，当前值持续增加或减少，直至计数器复位	计数器位接通：当前值 > = 预设值	计数器位关断，当前值可保留

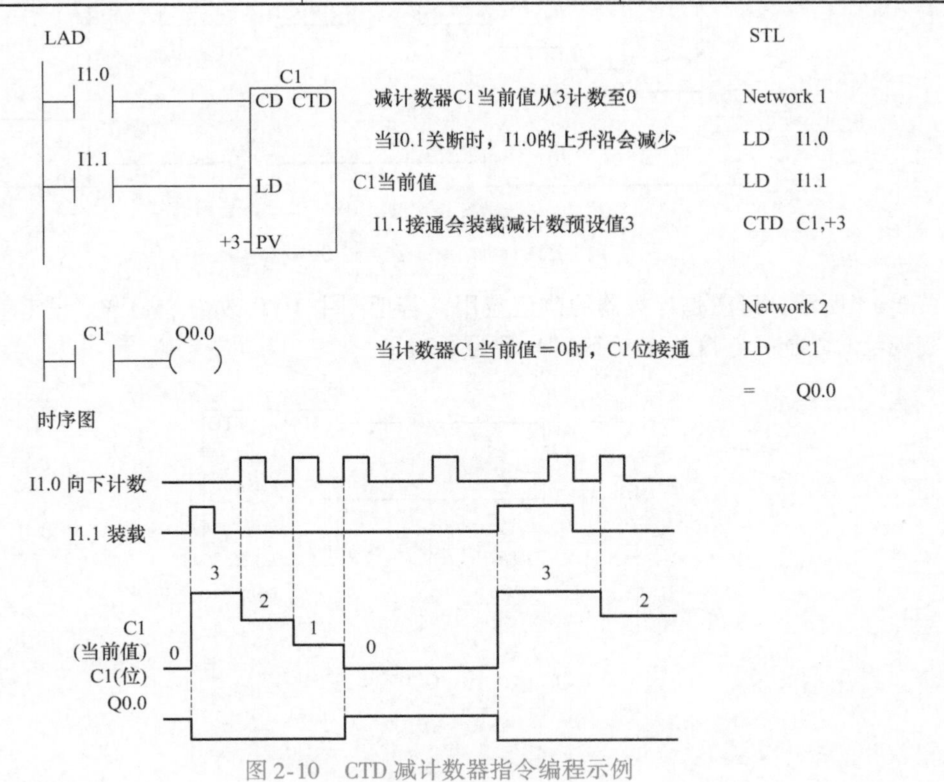

图 2-10　CTD 减计数器指令编程示例

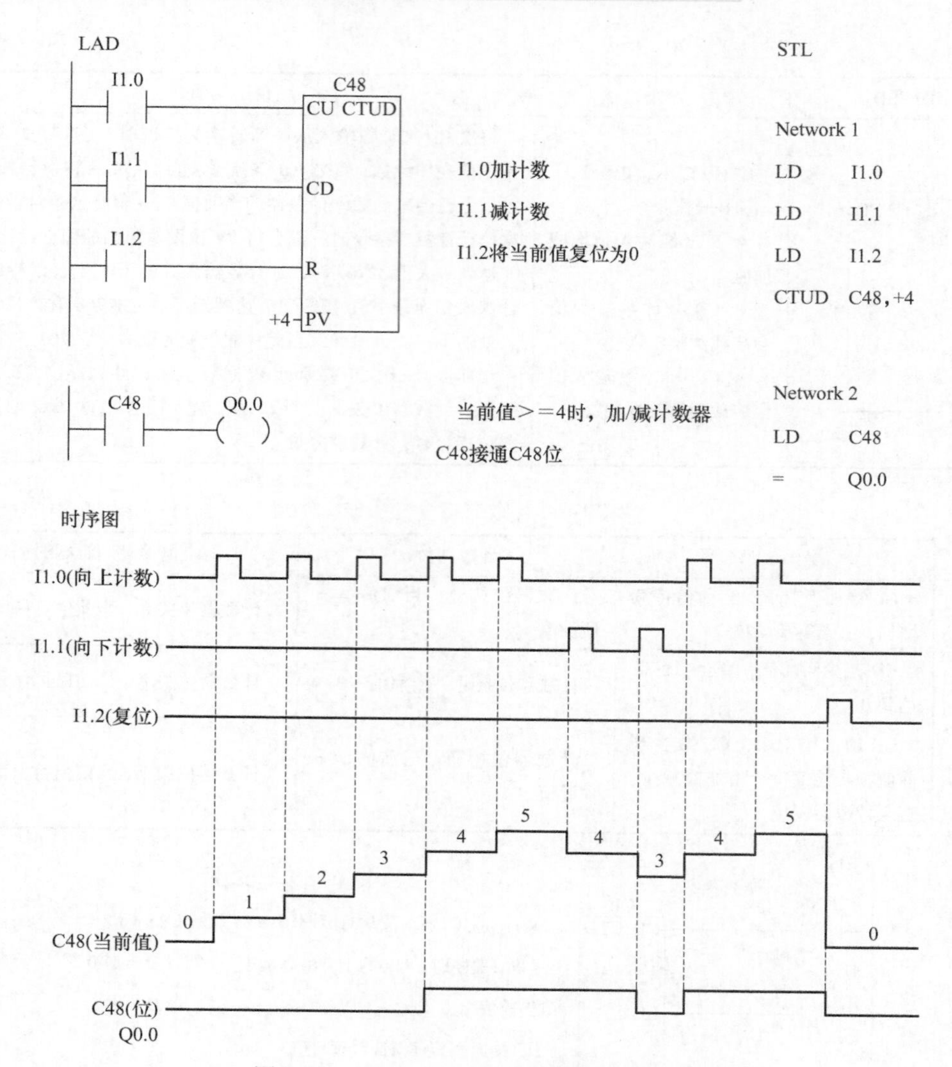

图2-11　CTUD 加/减计数器指令编程示例

图2-12 所示梯形图是计数器的典型应用，若把图中 I1.0 改为 SM0.5，设定值改为 60，则可实现延时功能，精度为 1s，延时时间为 1min。

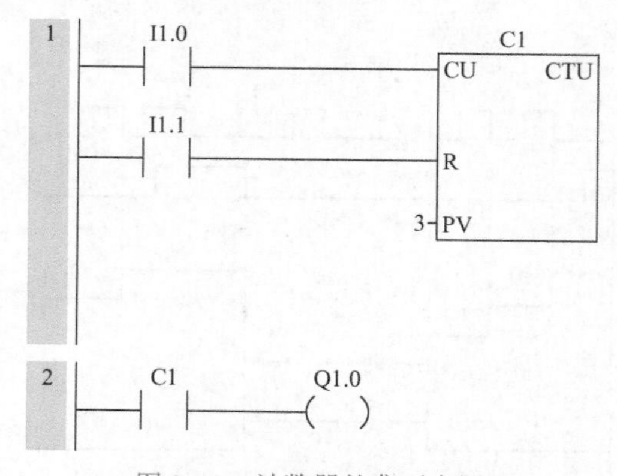

图2-12　计数器的典型应用

2.2.3　传送指令

字节、字、双字或实数传送指令见表2-5，传送指令的有效操作数见表2-6。

表2-5　传送指令

LAD/FBD	STL	说　明
MOV_B EN　ENO IN　OUT	MOVB IN，OUT	字节、字、双字或实数传送指令将数据值从源（常数或存储单元）IN传送到新存储单元OUT，而不会更改源存储单元中存储的值 使用双字传送指令创建指针，有关详细信息请参见指针和间接寻址部分 设置ENO=0的错误条件 ● 0006H间接地址
MOV_W EN　ENO IN　OUT	MOVW IN，OUT	
MOV_DW EN　ENO IN　OUT	MOVD IN，OUT	
MOV_R EN　ENO IN　OUT	MOVR IN，OUT	

表2-6　传送指令的有效操作数

输入/输出	数据类型	操　作　数
IN	BYTE	IB、QB、VB、MB、SMB、SB、LB、AC、*VD、*LD、*AC、Constant
	WORD、INT	IW、QW、VW、MW、SMW、SW、T、C、LW、AC、AIW、*VD、*AC、*LD、Constant
	DWORD、DINT	ID、QD、VD、MD、SMD、SD、LD、HC、&VB、&IB、&QB、&MB、&SB、&T、&C、&SMB、&AIW、&AQW、AC、*VD、*LD、*AC、Constant
	REAL	ID、QD、VD、MD、SMD、SD、LD、AC、*VD、*LD、*AC、Constant
OUT	BYTE	IB、QB、VB、MB、SMB、SB、LB、AC、*VD、*LD、*AC
	WORD、INT	IW、QW、VW、MW、SMW、SW、T、C、LW、AC、AQW、*VD、*LD、*AC
	DWORD、DINT、REAL	ID、QD、VD、MD、SMD、SD、LD、AC、*VD、*LD、*AC

编程举例，将IB1（I1.0~I1.7）的数据送到QB1（Q1.0~Q1.7），梯形图程序如图2-13a所示；将IW0（IB0、IB1）的数据送到QW0（QB0、QB1），梯形图程序如图2-13b所示；

将 VD1（VB1、VB2、VB3、VB4）的数据送到 VD8（VB8、VB9、VB10、VB11），梯形图程序如图 2-13c 所示。

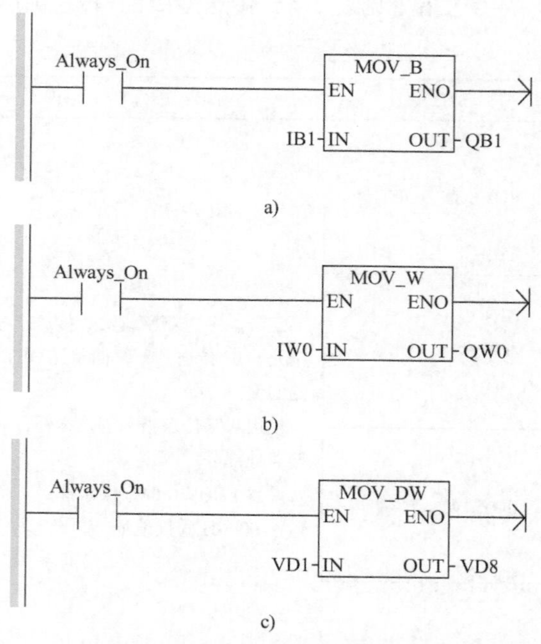

图 2-13 数据传送指令编程举例

块传送指令 BMB、BMW、BMD 见表 2-7，块传送指令的有效操作数见表 2-8，块传送指令编程示例如图 2-14 所示。

表 2-7 块传送指令

<table>
<tr><th>LAD/FBD</th><th>STL</th><th>说　明</th></tr>
<tr><td>BLKMOV_B
EN ENO
IN OUT
N</td><td>BMB IN、OUT、N</td><td rowspan="3">字节块传送、字块传送、双字块传送指令将已分配数据值块从源存储单元（起始地址 IN 和连续地址）传送到新存储单元（起始地址 OUT 和连续地址）。参数 N 分配要传送的字节、字或双字数。存储在源单元的数据值块不变
N 取值范围是 1～255
设置 ENO＝0 的错误条件：
• 0006H 间接地址
• 0091H 操作数超出范围</td></tr>
<tr><td>BLKMOV_W
EN ENO
IN OUT
N</td><td>BMW IN、OUT、N</td></tr>
<tr><td>BLKMOV_D
EN ENO
IN OUT
N</td><td>BMD IN、OUT、N</td></tr>
</table>

表 2-8　块传送指令的有效操作数

输入/输出	数据类型	操　作　数
IN	BYTE	IB、QB、VB、MB、SMB、SB、LB、＊VD、＊LD、＊AC
	WORD、INT	IW、QW、VW、MW、SMW、SW、T、C、LW、AIW、＊VD、＊LD、＊AC
	DWORD、DINT	ID、QD、VD、MD、SMD、SD、LD、＊VD、＊LD、＊AC
OUT	BYTE	IB、QB、VB、MB、SMB、SB、LB、＊VD、＊LD、＊AC
	WORD、INT	IW、QW、VW、MW、SMW、SW、T、C、LW、AQW、＊VD、＊LD、＊AC
	DWORD、DINT	ID、QD、VD、MD、SMD、SD、LD、＊VD、＊LD、＊AC
N	BYTE	IB、QB、VB、MB、SMB、SB、LB、AC、Constant、＊VD、＊LD、＊AC

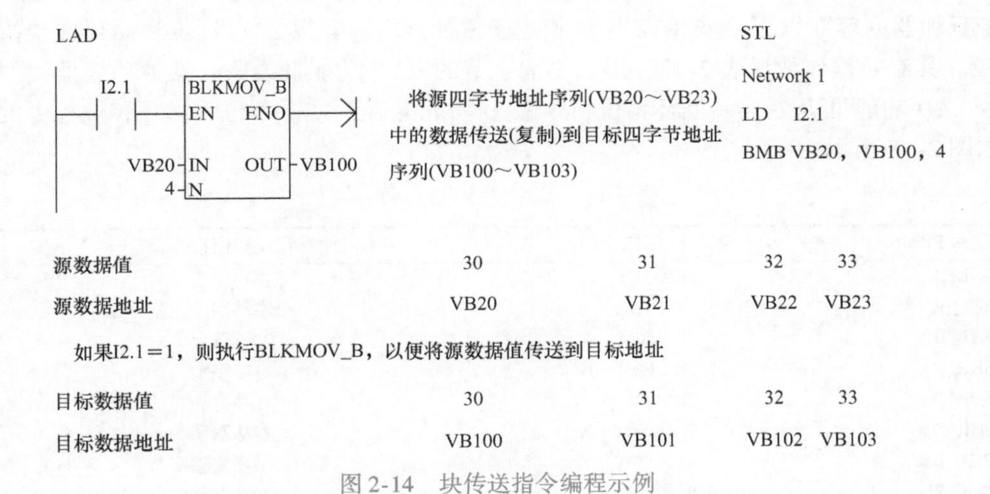

图 2-14　块传送指令编程示例

字节立即传送（读取和写入）指令见表 2-9，BIR 指令的有效操作数见表 2-10，BIW 指令的有效操作数见表 2-11。

表 2-9　字节立即传送（读取和写入）指令

LAD/FBD	STL	说　明
MOV_BIR EN　ENO IN　OUT	BIR IN，OUT	传送字节立即读取指令读取物理输入 IN 的状态，并将结果写入存储器地址 OUT，但不会更新过程映像寄存器
MOV_BIW EN　ENO IN　OUT	BIW IN，OUT	传送字节立即写入指令从存储器地址 IN 读取数据，并将其写入物理输出 OUT 以及相应的过程映像位置

表 2-10　BIR 指令的有效操作数

输入/输出	数据类型	操 作 数
IN	BYTE	IB、*VD、*LD、*AC
OUT	BYTE	IB、QB、VB、MB、SMB、SB、LB、AC、*VD、*LD、*AC

表 2-11　BIW 指令的有效操作数

输入/输出	数据类型	操 作 数
IN	BYTE	IB、QB、VB、MB、SMB、SB、LB、AC、*VD、*LD、*AC、Constant
OUT	BYTE	QB、*VD、*LD、*AC

2.2.4　移位和循环移位指令

移位指令能将存储器的内容逐位向左或者向右移动，移动位数由 N 决定。向左移 N 位相当于累加器内容乘以 2^N，向右移 N 位相当于累加器内容除以 2^N。移位和循环移位指令见表 2-12，其有效操作数见表 2-13，以大小为字节的 LAD 功能框说明，其他功能框类似，移位指令 LAD 功能见表 2-14，循环移位指令 LAD 功能见表 2-15。移位和循环移位指令的编程示例如图 2-15 所示。

表 2-12　移位和循环移位指令

LAD/FBD	STL	移位/循环移位类型
SHL_B	SLB OUT　N	左移字节
SHL_W	SLW OUT　N	左移字
SHL_DW	SLD OUT　N	左移双字
SHR_B	SRB OUT　N	右移字节
SHR_W	SRW OUT　N	右移字
SHR_DW	SRD OUT　N	右移双字
ROL_B	RLB OUT　N	循环左移字节
ROL_W	RLW OUT　N	循环左移字
ROL_DW	RLD OUT　N	循环左移双字
ROR_B	RRB OUT　N	循环右移字节
ROR_W	RRW OUT　N	循环右移字
ROR_DW	RRD OUT　N	循环右移双字

表 2-13　移位和循环移位指令的有效操作数

输入/输出	数据类型	操 作 数
IN	BYTE	IB、QB、VB、MB、SMB、SB、LB、AC、*VD、*LD、*AC、Constant
	WORD	IW、QW、VW、MW、SMW、SW、T、C、LW、AC、AIW、*VD、*LD、*AC、Constant
	DWORD	ID、QD、VD、MD、SMD、SD、LD、AC、HC、*VD、*LD、*AC、Constant
OUT	BYTE	IB、QB、VB、MB、SMB、SB、LB、AC、*VD、*LD、*AC
	WORD	IW、QW、VW、MW、SMW、SW、T、C、LW、AC、*VD、*LD、*AC
	DWORD	ID、QD、VD、MD、SMD、SD、LD、AC、*VD、*LD、*AC
N	BYTE	IB、QB、VB、MB、SMB、SB、LB、AC、*VD、*LD、*AC、Constant

表 2-14 移位指令 LAD 功能

LAD/FBD	说 明
SHL_B EN ENO IN OUT N SHR_B EN ENO IN OUT N	移位指令将输入值 IN 的位值右移或左移 N 位，然后将结果装载到分配给 OUT 的存储单元中 对于每一位移出后留下的空位，移位指令会补零。如果移位计数 N 大于或等于允许的最大值（字节操作为 8、字操作为 16、双字操作为 32），则会按相应操作的最大次数对值进行移位。如果移位计数大于 0，则将溢出存储器位 SM1.1 置位为移出的最后一位的值。如果移位操作的结果为零，则 SM1.0 零存储器位将置位 字节操作是无符号操作。对于字操作和双字操作，使用有符号数据值时，也对符号位进行移位

表 2-15 循环移位指令 LAD 功能

LAD/FBD	说 明
ROL_B EN ENO IN OUT N ROR_B EN ENO IN OUT N	循环移位指令将输入值 IN 的位值循环右移或循环左移 N 位，然后将结果装载到分配给 OUT 的存储单元中。循环移位操作为循环操作 如果循环移位计数大于或等于操作的最大值（字节操作为 8、字操作为 16、双字操作为 32），则 CPU 会在执行循环移位前对移位计数执行求模运算以获得有效循环移位计数。该结果为移位计数，字节操作为 0～7，字操作为 0～15，双字操作为 0～31 如果循环移位计数为 0，则不执行循环移位操作。如果执行循环移位操作，则溢出位 SM1.1 将置位为循环移出的最后一位的值 如果循环移位计数不是 8 的整倍数（对于字节操作）、16 的整倍数（对于字操作）或 32 的整倍数（对于双字操作），则将循环移出的最后一位的值复制到溢出存储器位 SM1.1。如果要循环移位的值为零，则零存储器位 SM1.0 将置位 字节操作是无符号操作。对于字操作和双字操作，使用有符号数据类型时，也会对符号位进行循环移位

移位寄存器位（SHRB）指令将位值移入移位寄存器，该指令见表 2-16，该指令可轻松实现对产品流或数据的顺序化和控制，使用该指令可在每次扫描时将整个寄存器移动一位。指令的有效操作数见表 2-17。

表 2-16 SHRB 指令

LAD/FBD	STL	说 明
SHRB EN ENO DATA S_BIT N	SHRB DATA、S_BIT、N	移位寄存器位指令将 DATA 的位值移入移位寄存器。S_BIT 指定移位寄存器最低有效位的位置。N 指定移位寄存器的长度和移位方向（正向移位 = N，反向移位 = －N） 将 SHRB 指令移出的每个位值复制到溢出存储器位 SM1.1 中 移位寄存器位由最低有效位 S_BIT 位置和长度 N 指定的位数定义

表 2-17 SHRB 指令的有效操作数

输入/输出	数据类型	操 作 数
DATA、S_BIT	BOOL	I、Q、V、M、SM、S、T、C、L
N	BYTE	IB、QB、VB、MB、SMB、SB、LB、AC、*VD、*LD、*AC、Constant

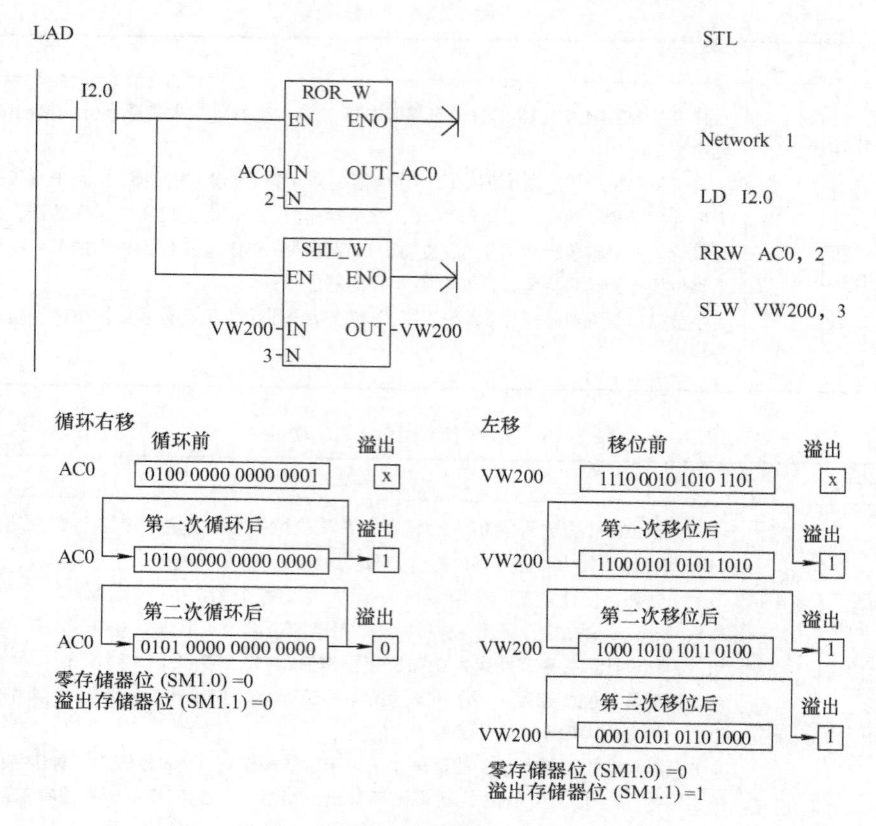

图 2-15　移位和循环移位指令编程示例

可使用以下公式计算移位寄存器的最高有效位地址（MSB. b）：

MSB. b =［(S_BIT 字节）+（［N］－1 +（S_BIT 位))/8］.［除以 8 后的余数］

例如：如果 S_BIT 为 V33.4，N 为 14，则计算的结果是 MSB. b 为 V35.1，计算过程如下：

MSB. b = V33 +（［14］－1 +4）/8
　　　= V33 + 17/8
　　　= V33 + 2，余数为 1
　　　= V35.1

反向移位操作用长度 N 的负值表示，将 DATA 的输入值移入移位寄存器的最高有效位，然后移出由 S_BIT 指定的最低有效位位置，然后将移出的数据放在溢出存储器位 SM1.1 中，如图 2-16 所示。

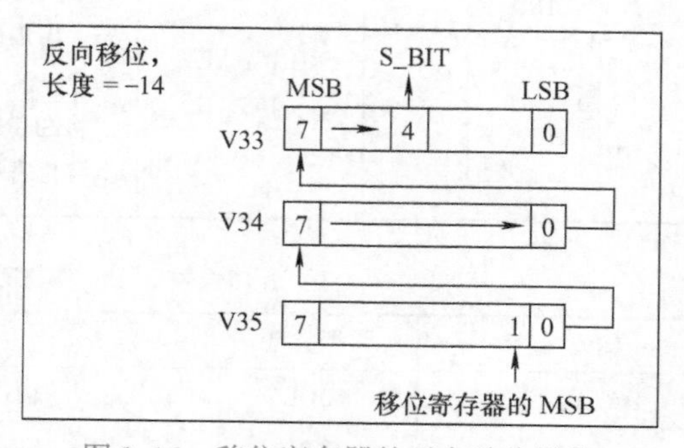

图 2-16　移位寄存器的反向移位操作

正向移位操作用长度 N 的正值表示。将 DATA 的输入值移入由 S_BIT 指定的最低有效位位置，然后移出移位寄存器的最高有效位，最后将移出的位值放在溢出存储器位 SM1.1 中。

由 N 指定的移位寄存器的最大长度为 64 位（正向或反向），如图 2-17 所示。

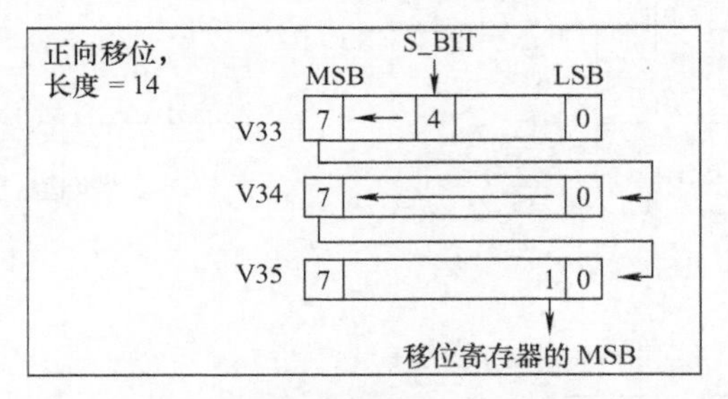

图 2-17 移位寄存器的正向移位操作

图 2-18 所示为 SHRB 指令编程示例。

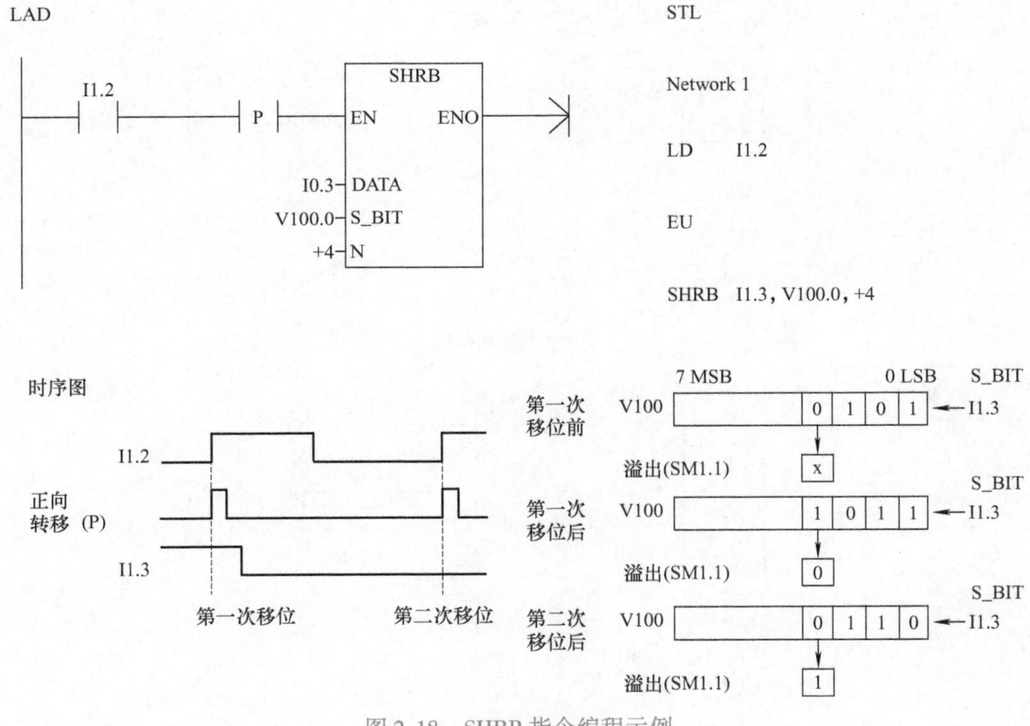

图 2-18 SHRB 指令编程示例

2.3 编程举例

电动机正反转控制（带延时）时，按下起动按钮，电动机正转运行 5s 后反转 5s；如此循环，直到按下停止按钮，电动机停止，例程如图 2-19a 所示。按下起动按钮，电动机正转运行 5s 后停 8s，到时间后反转 5s 后停 8s；如此循环，直到按下停止按钮，电动机停止，例程如图 2-19b 所示。

思考：电动机正反转控制（带延时），按下起动按钮，电动机正转运行 5s 后反转 5s；如此循环三次后自动停止，该如何实现？

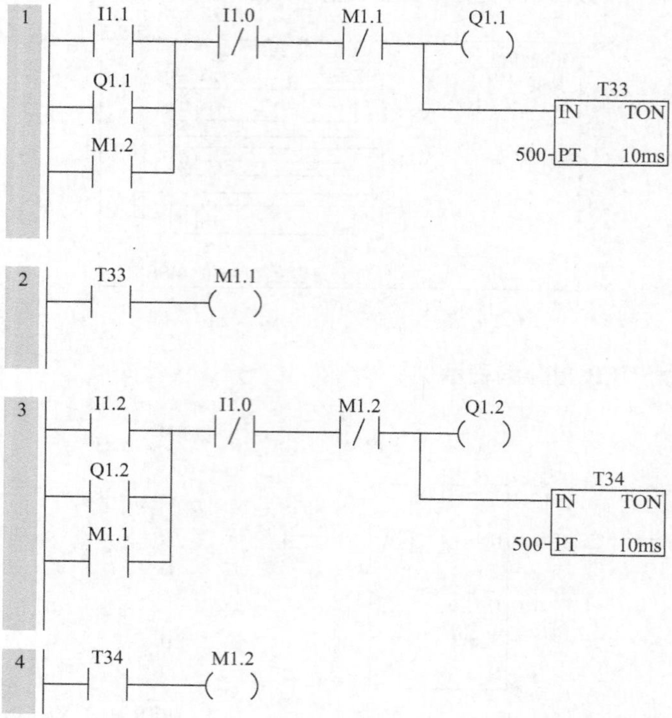

a) 正—反循环控制

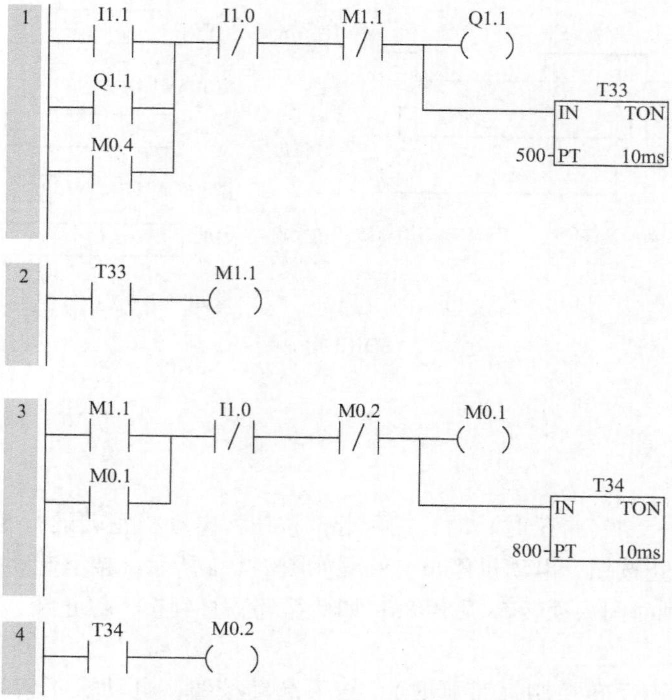

图 2-19 电动机正反转循环控制

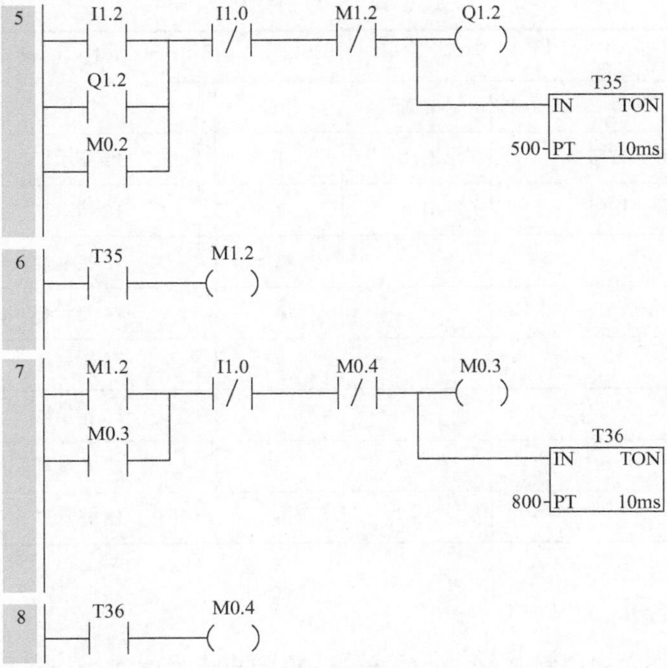

5
I1.2
I1.0
M1.2
Q1.2
Q1.2
T35
IN TON
M0.2
500-PT 10ms
6
T35
M1.2
7
M1.2
I1.0
M0.4
M0.3
M0.3
T36
IN TON
800-PT 10ms
8
T36
M0.4

b) 正—停—反—停循环控制

图 2-19　电动机正反转循环控制（续）

2.4　项目实现

彩灯控制界面如图 2-20 所示。

彩灯控制
L1
L8
L2
L7
L3
L6
L4
L5

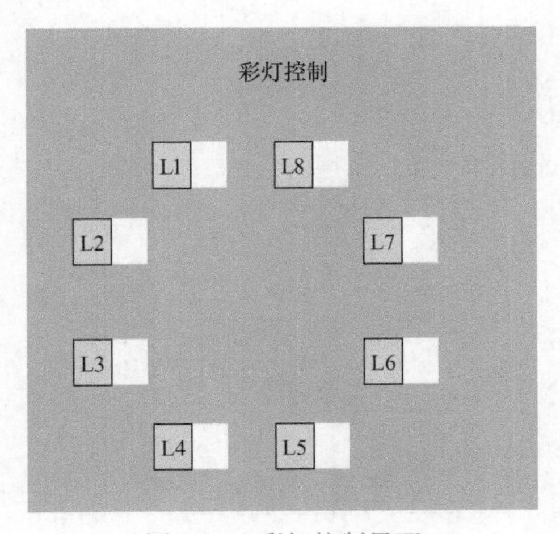

图 2-20　彩灯控制界面

2.4.1　I/O 分配

分析项目控制要求（见 2.1.2 节），进行输入/输出分配，其 I/O 分配见表 2-18。

表 2-18 I/O 分配表

输入			输出		
序号	符号	地址	序号	符号	地址
1	开始按钮	I1.0	1	L1 指示灯	Q0.0
2	停止按钮	I1.1	2	L2 指示灯	Q0.1
			3	L3 指示灯	Q0.2
			4	L4 指示灯	Q0.3
			5	L5 指示灯	Q0.4
			6	L6 指示灯	Q0.5
			7	L7 指示灯	Q0.6
			8	L8 指示灯	Q0.7

2.4.2 参考程序

用循环移位指令实现控制要求一的例程，梯形图程序如图 2-21 所示，程序编写视频请扫码观看。

程序编写完成，编译通过后下载程序，进行功能调试。为了更好地观察移位效果，利用状态图表在线监控，测试方法请扫码观看。

视频 2-1
程序编写 1

视频 2-2
程序调试

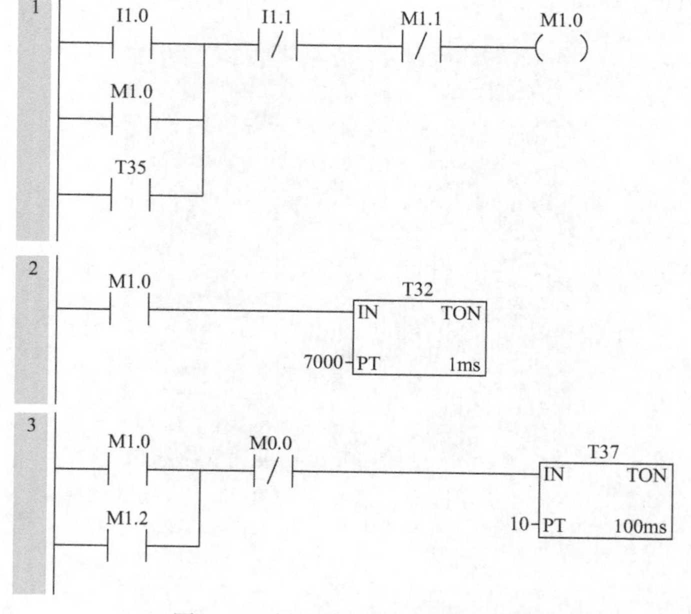

图 2-21 循环移位指令实现例程

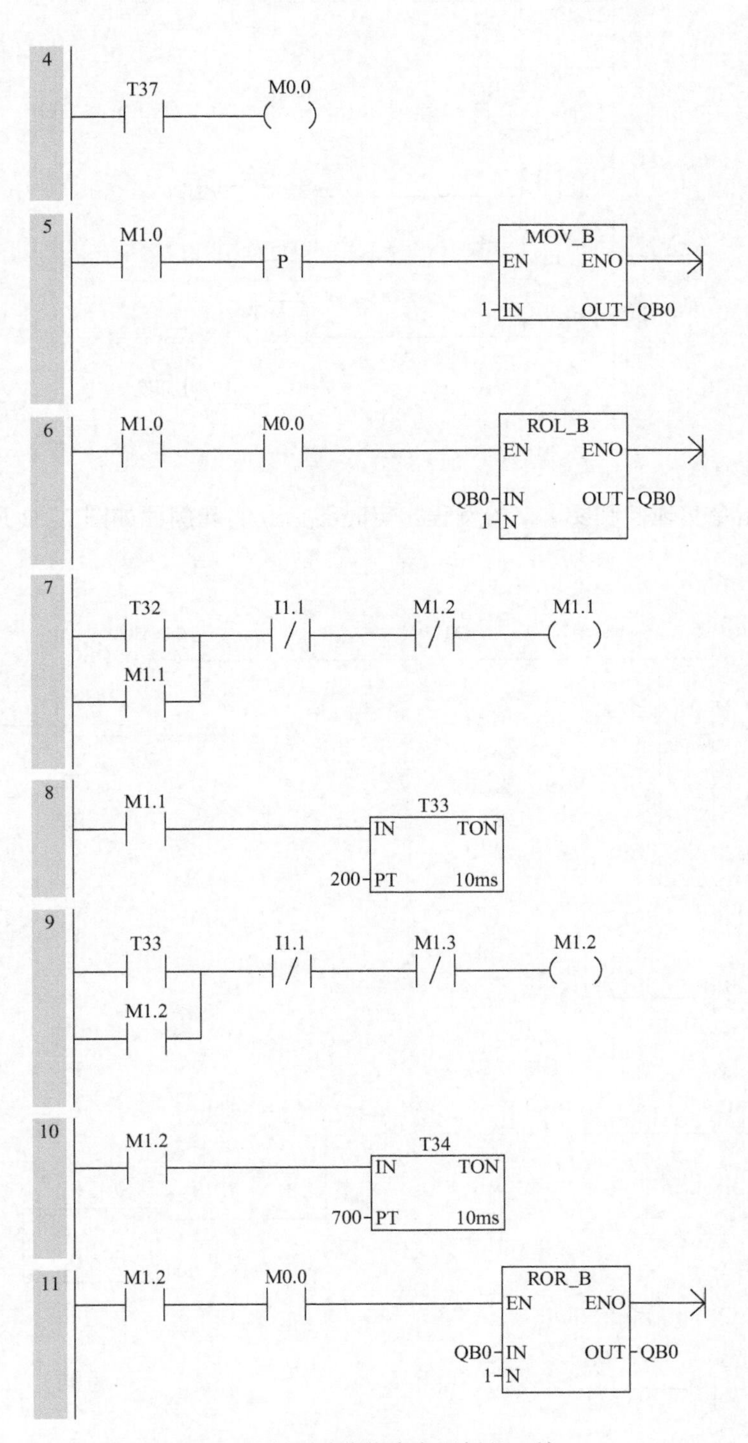

图 2-21　循环移位指令实现例程（续）

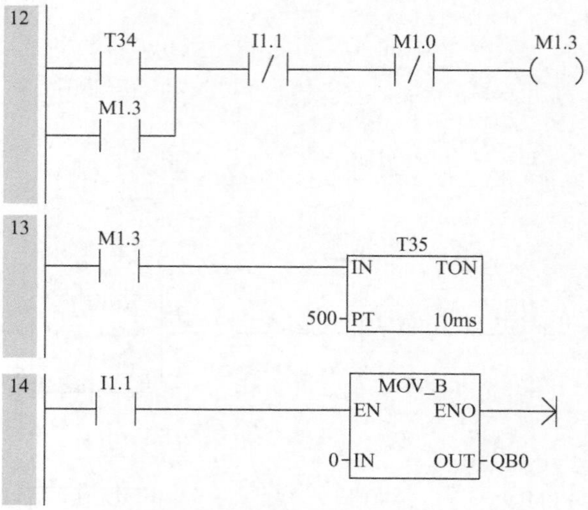

图 2-21　循环移位指令实现例程（续）

用定时器指令实现控制要求二的例程：定时器指令实现例程如图 2-22 所示。程序编写视频请扫码观看。

视频 2-3
程序编写 2

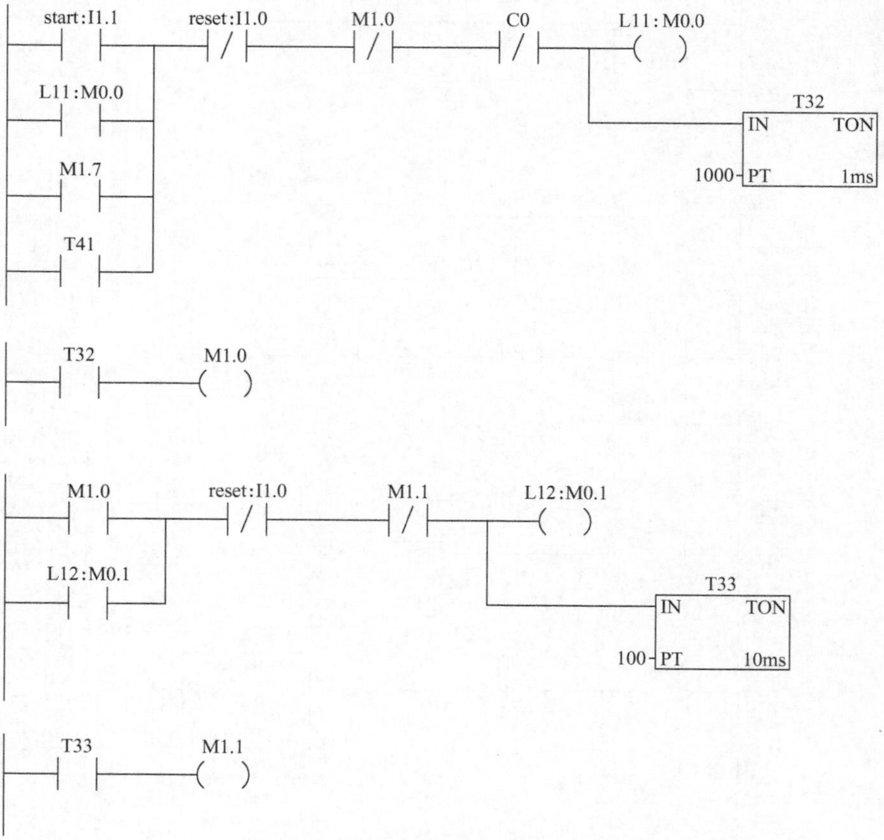

图 2-22　定时器指令实现例程

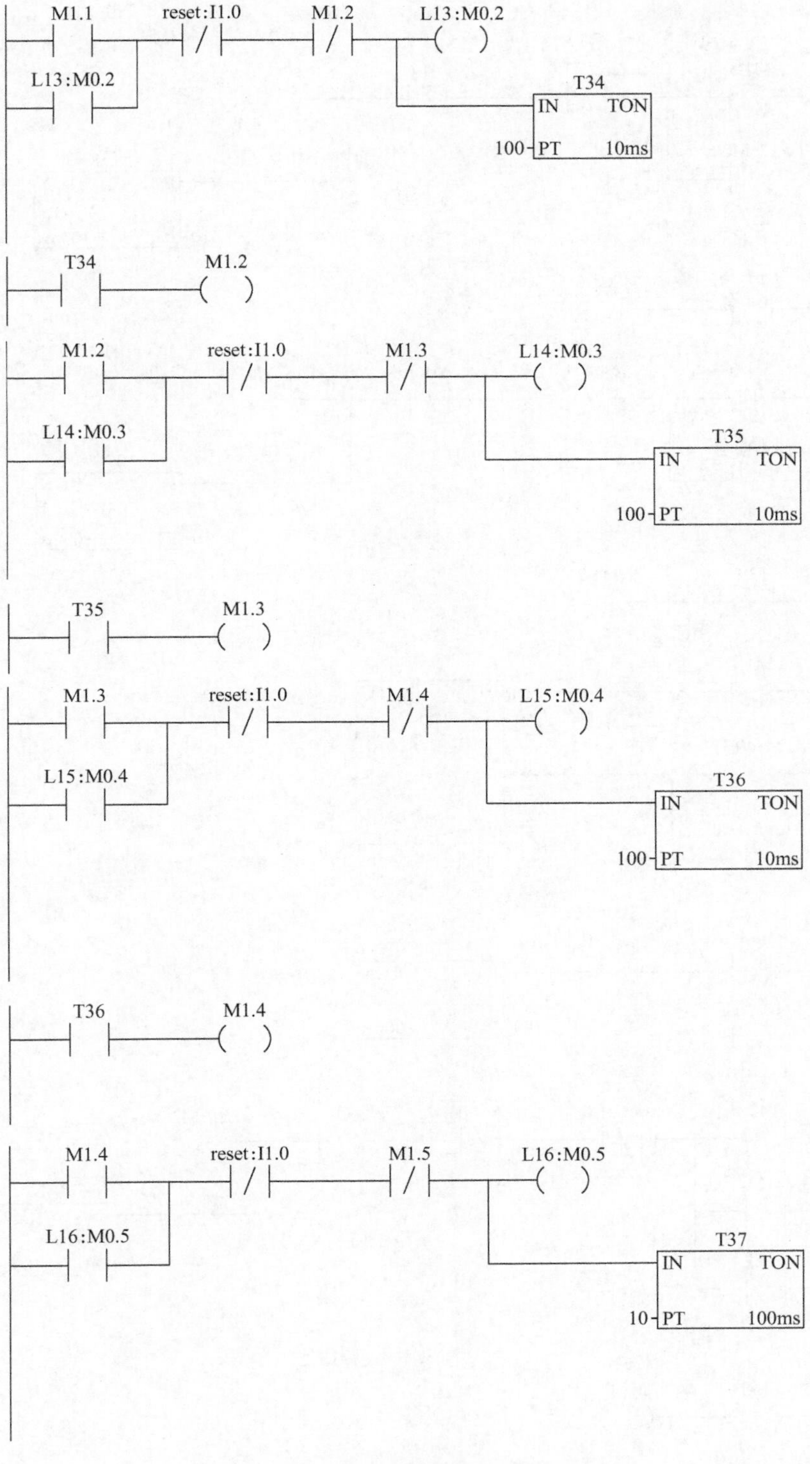

M1.1　reset:I1.0　M1.2　L13:M0.2
L13:M0.2
T34
IN　TON
100-PT　10ms

T34　M1.2

M1.2　reset:I1.0　M1.3　L14:M0.3
L14:M0.3
T35
IN　TON
100-PT　10ms

T35　M1.3

M1.3　reset:I1.0　M1.4　L15:M0.4
L15:M0.4
T36
IN　TON
100-PT　10ms

T36　M1.4

M1.4　reset:I1.0　M1.5　L16:M0.5
L16:M0.5
T37
IN　TON
10-PT　100ms

图2-22　定时器指令实现例程（续）

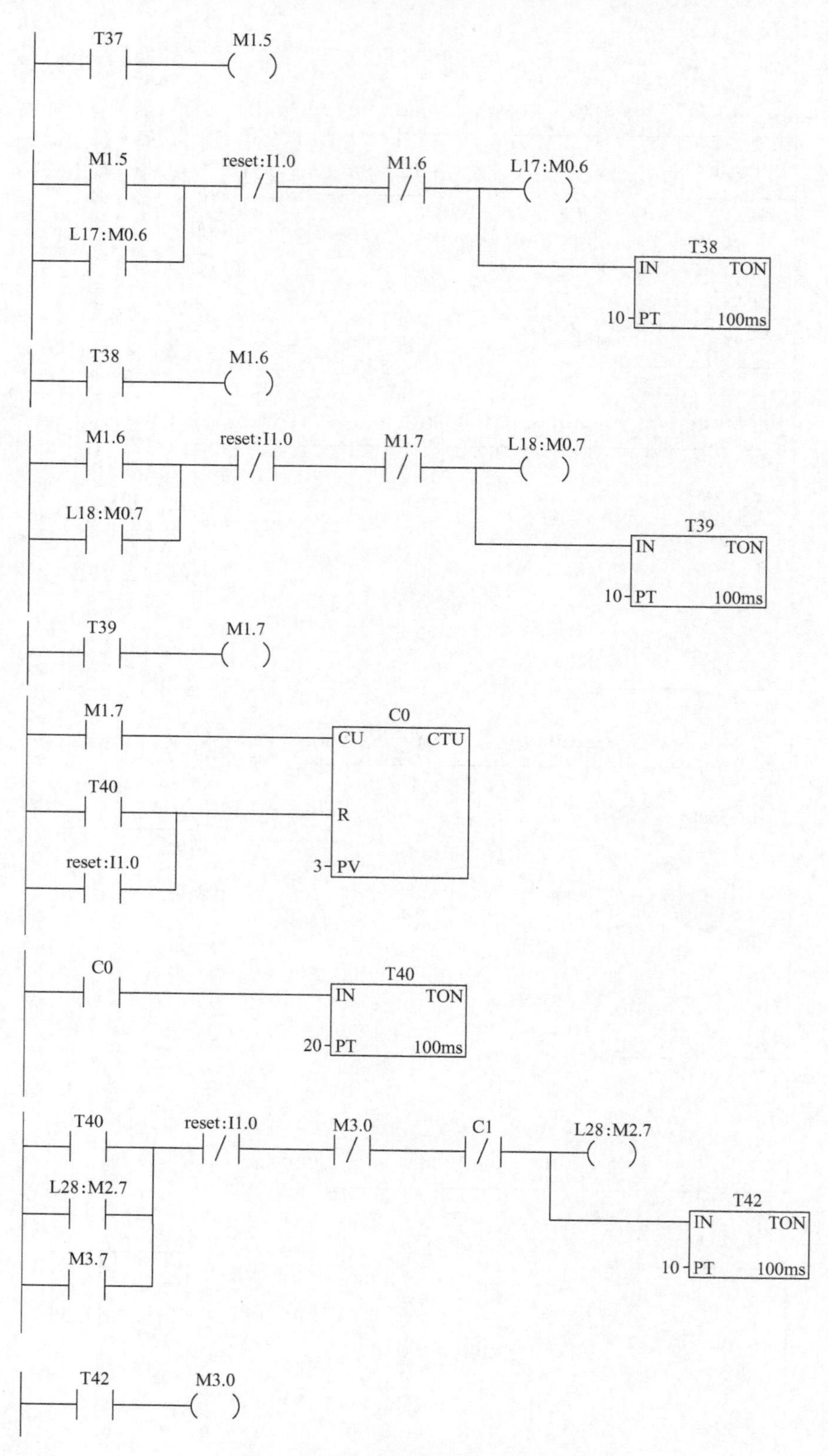

图2-22　定时器指令实现例程（续）

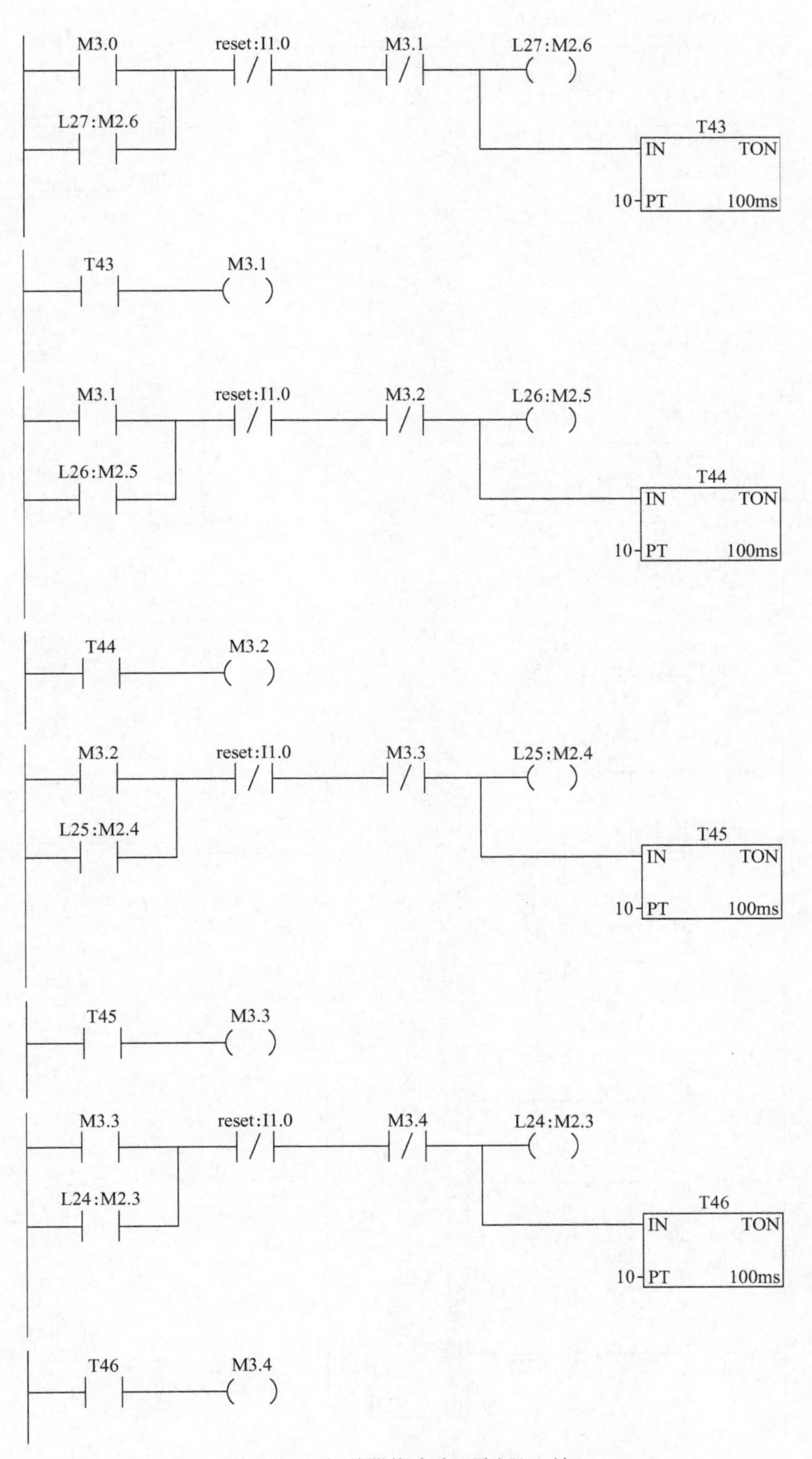

图 2-22　定时器指令实现例程（续）

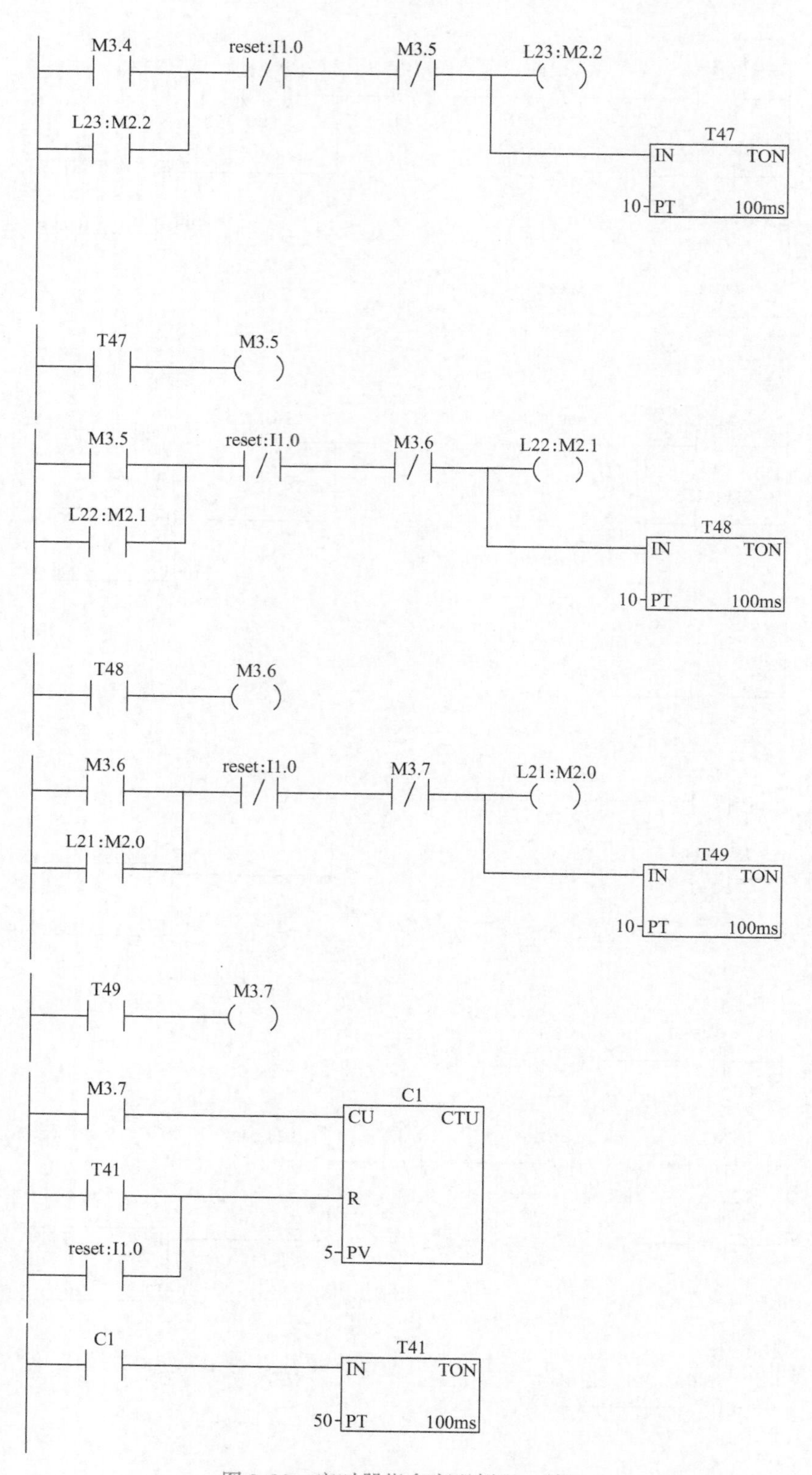

图2-22 定时器指令实现例程（续）

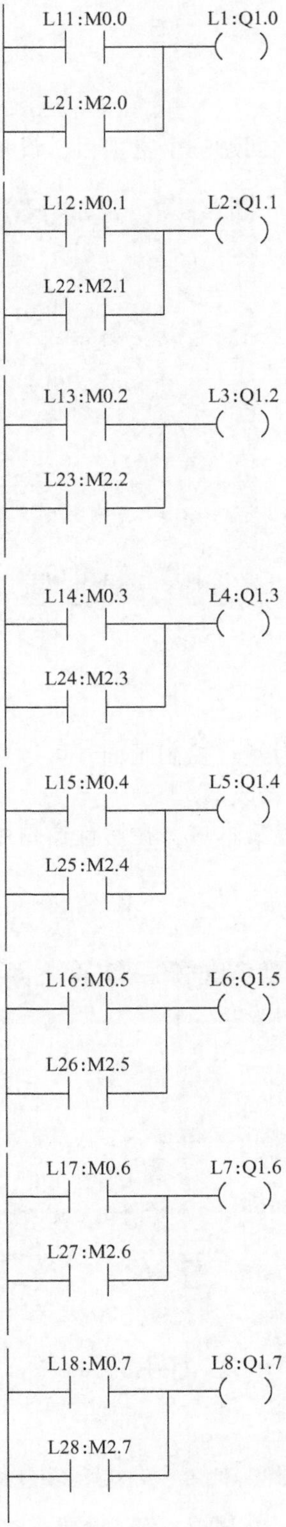

L11:M0.0 L1:Q1.0
L21:M2.0
L12:M0.1 L2:Q1.1
L22:M2.1
L13:M0.2 L3:Q1.2
L23:M2.2
L14:M0.3 L4:Q1.3
L24:M2.3
L15:M0.4 L5:Q1.4
L25:M2.4
L16:M0.5 L6:Q1.5
L26:M2.5
L17:M0.6 L7:Q1.6
L27:M2.6
L18:M0.7 L8:Q1.7
L28:M2.7

图 2-22　定时器指令实现例程（续）

2.5 项目拓展

启动 WinCC flexible Smart V3，创建一个空项目，设备机型为 Smart 700 IE V3，进入项目设计画面。通信设置方法同项目 1，PLC 机型修改为 SIMATIC S7—200 Smart，通信接口选择以太网，设置 HMI 设备及 PLC 设备的 IP 地址与实际硬件一致，两个地址在同一网段且不冲突。

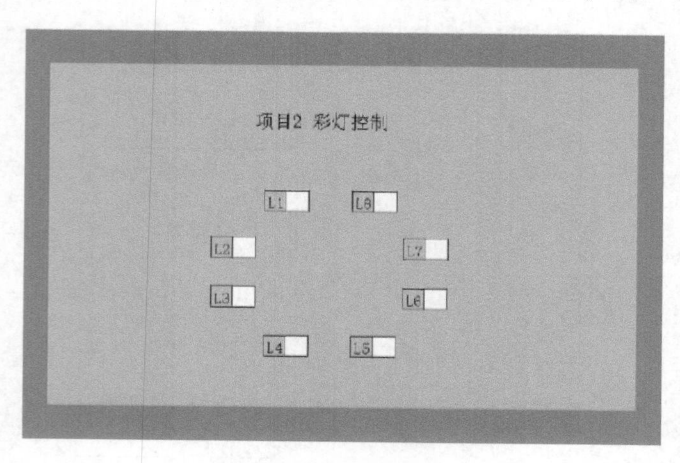

图 2-23 彩灯控制画面

彩灯控制画面如图 2-23 所示，每盏灯分别用矩形、文本域和 IO 域构成，L1 ~ L8 八盏灯围成一圈。画面设计与调试视频请扫码观看。

如图 2-24 所示建立连接变量，八盏灯分别对应 8 个 Bool 型数据，对应地址为 Q0.0 ~ Q0.7，采集周期为 100ms。

视频 2-4 画面设计与调试

如图 2-25 所示，画面名修改为彩灯控制画面，可以在项目树的画面目录中修改，也可以在画面属性窗口中修改。

如图 2-26 所示，在画面中放置文本域，在属性窗口中的常规属性中修改

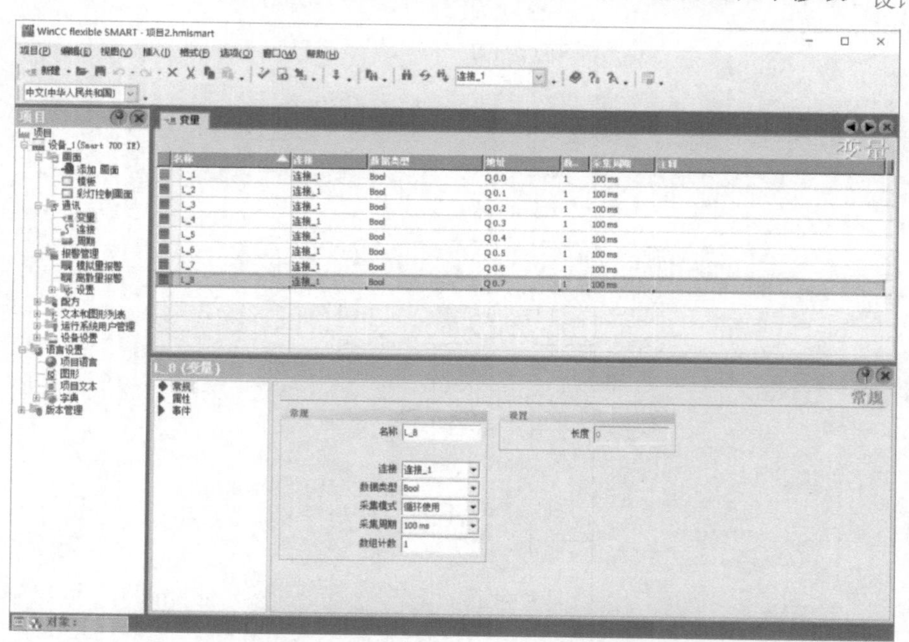

图 2-24 建立连接变量

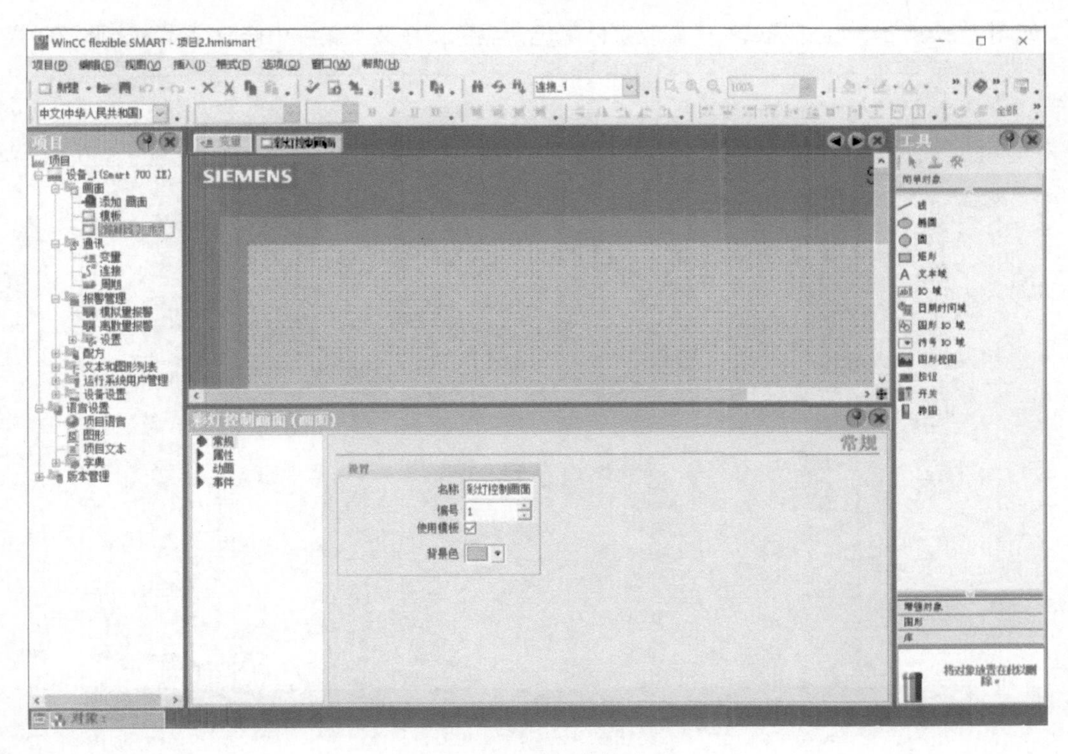

图 2-25　画面名修改

文本内容为“项目2　彩灯控制”。

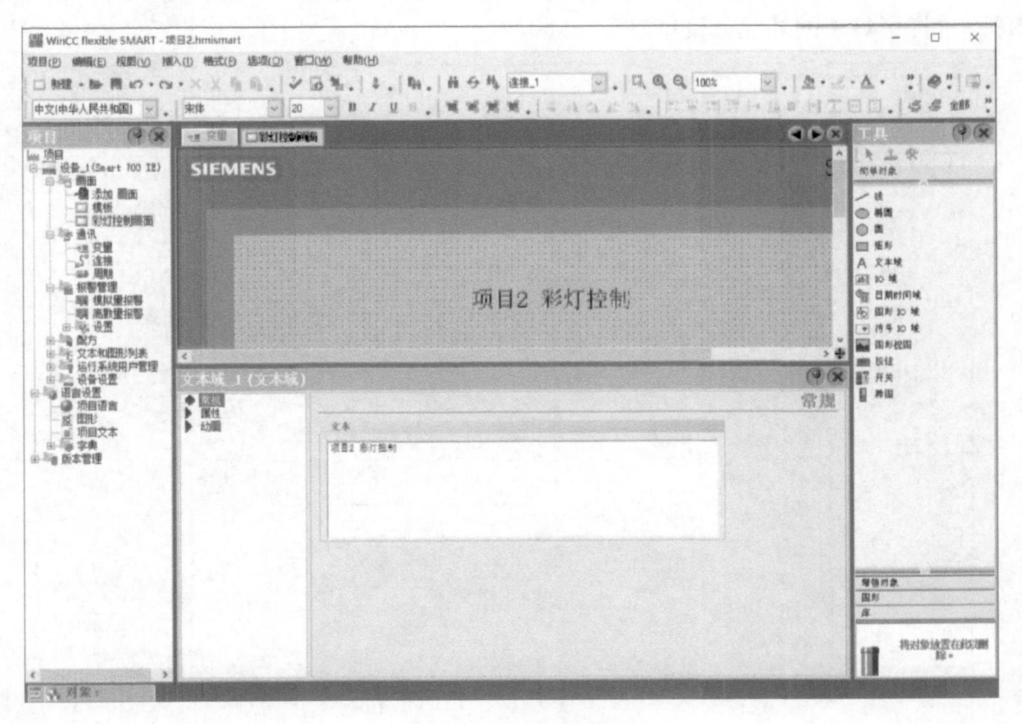

图 2-26　放置文本域

如图 2-27 所示，在外观属性中修改字体颜色为黑色，在文本属性中修改字体为宋体 20 号。

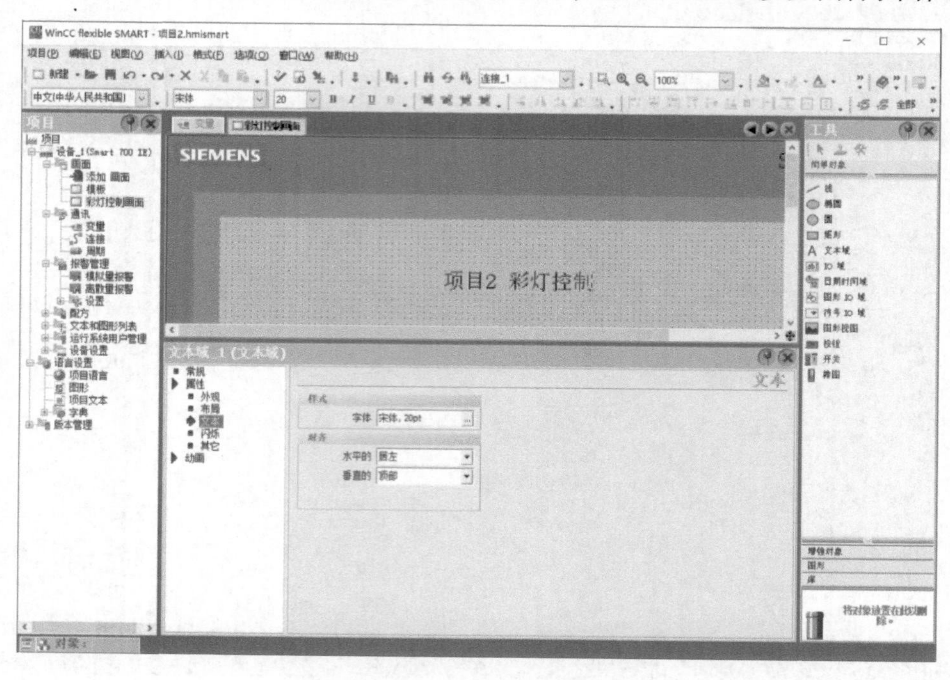

图 2-27 文本域属性设置

如图 2-28 所示，放置两个矩形框和一个文本域，矩形 1 填充样式设置为透明，置于最底层；矩形 2 填充色为白色，与矩形 1 等高，右侧重叠；文本域内容修改为 L1，字体为 16 号宋体，这样彩灯 1 的外观就设置好了。

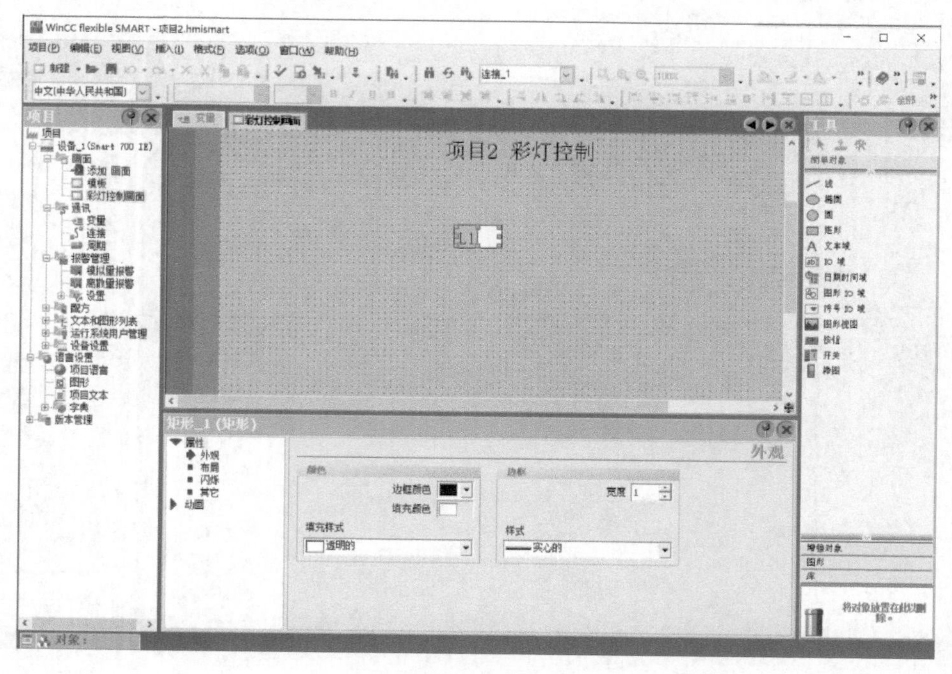

图 2-28 彩灯 1 外观设置

将彩灯 1 复制 8 份，分别修改文本域内容为 L2、L3……L8，摆放成一圈形成一个圆形，如图 2-29 所示，这样 8 盏彩灯外观就设计好了。

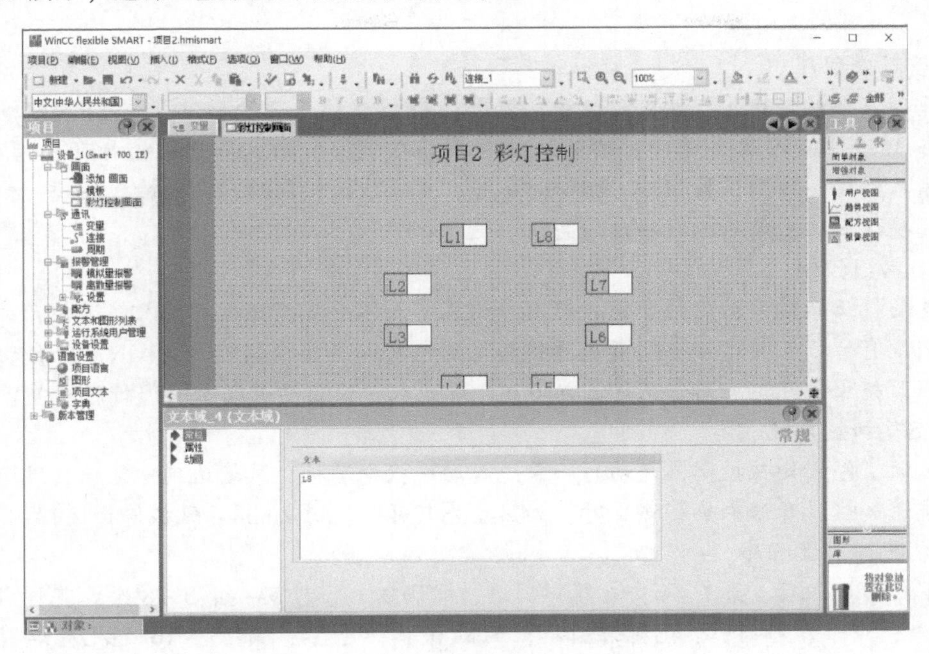

图 2-29　8 盏灯外观设置

选中彩灯 1 的矩形框设置其动画外观属性，如图 2-30 所示，选择关联变量 L_ 1（实际地址为关联 PLC 地址 Q0.0），数据类型为位，修改值 0 背景色为白色，值 1 背景色为绿色。同样的方法，设置彩灯 2～8 的动画外观属性。

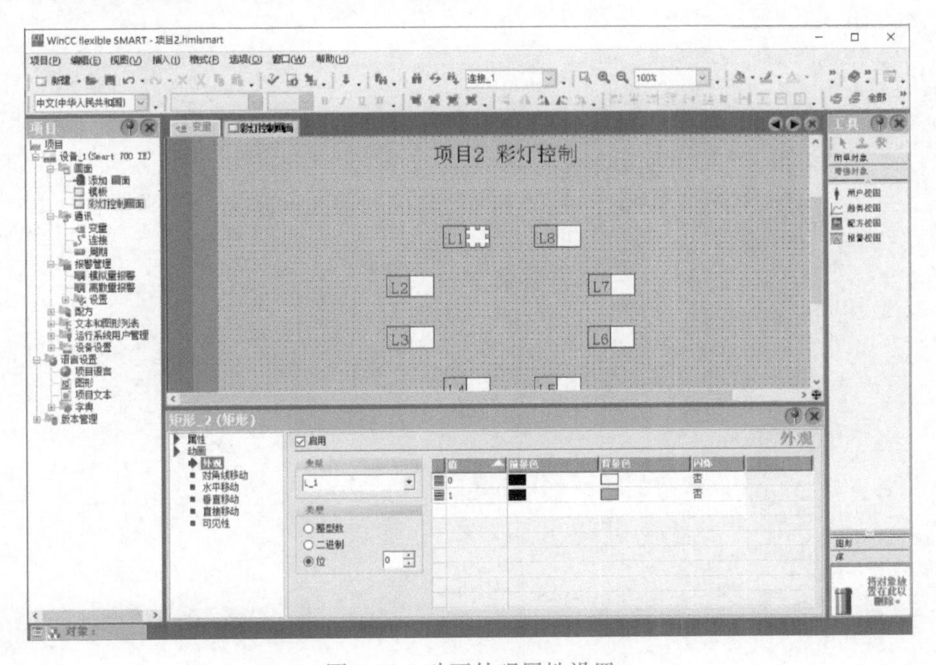

图 2-30　动画外观属性设置

思　考　题

1. 密码锁程序

密码由三个按钮输入，按正确顺序，依次在1#按钮输入三个脉冲，在2#按钮输入两个脉冲，在3#按钮输入两个脉冲，按确认按钮，并在10s内完成，密码锁打开，指示灯亮。若密码输入错误，按确认按钮后，指示灯不亮，可按取消按钮后，重新输入密码，但最多输入三次，确认三次无效时，报警灯闪亮。

2. 自动门控制

由电动机正反转带动门的开关。门内外侧装有人体感应器探测有无人接近，开关门行程终端分别设有行程开关。任一侧感应器作用范围内有人，感应器输出为ON，门自动打开至开门行程开关止；两感应器作用范围内超过10s无人，门自动关闭至关门行程开关止。

3. 空气加热系统

由起动、停止按钮控制，起动时，需先起动风机电动机，风速达到一定值，风速开关闭合后，接通加热器开始加热；停止时，加热器先断开，延时2min后风机停止运行。

4. 礼花弹引爆程序

按下起动按钮后，第1～4个礼花弹引爆，间隔0.1s，停5s；第5～8个礼花弹引爆，间隔0.2s，停5s；第9～12个礼花弹引爆，间隔0.1s，停5s；第13～16个礼花弹引爆，间隔0.2s。

项目3

密码锁控制

项目学习目标：

知识目标：了解子程序和中断程序的作用；熟悉 S7－200 Smart PLC 中断事件的种类及其优先级顺序；掌握数据传送和移位指令及其应用。

技能目标：能建立子程序，并进行调用；能进行中断语句的编程，并使用中断程序解决实际问题；能利用数据传送和移位指令进行编程和调试。

职业素养目标：通过 POU 组织块的学习，确立结构化编程思维，能将任务进行分解。建立整体与局部的概念，培养项目分工与项目管理理念，锻炼团队合作能力。

课程思政目标：融入职业道德，提高保密安全意识，不泄露个人及他人信息，作为中国公民在任何时候都不能泄露国家机密。

3.1 项目背景及要求

3.1.1 项目背景

2019 年 10 月 26 日，中华人民共和国第十三届全国人民代表大会常务委员会第十四次会议审议通过《中华人民共和国密码法》，自 2020 年 1 月 1 日起施行。密码工作是党和国家的一项特殊重要工作，直接关系国家政治安全、经济安全、国防安全和信息安全，在我国各个历史时期，都发挥了不可替代的重要作用。进入新时代，密码工作面临着许多新的机遇和挑战，国家采取多种形式加强密码宣传教育，任何组织或者个人不得窃取或者非法侵入他人的加密信息或者密码保障系统，不得利用密码从事违法犯罪活动。

同时，由于个人安全、法律意识的不足等原因，个人信息面临着许多泄露的风险。要掌握个人信息保护的基本方法及工作中信息安全防护的基本原则，提升个人安全意识和安全风险防范能力。

密码锁是一种利用一系列数字或符号开启的锁，密码锁的密码通常都只是排列而非真正的组合。这里用 PLC 来实现密码锁的功能。通过实际案例的学习使学生掌握数据传送和移位指令及其应用，建立结构化编程思维，将任务分解，通过子程序调用完成整个任务，实现控制功能，同时建立整体与局部的概念，锻炼项目分工与项目管理能力。

3.1.2 控制要求

设计一个简易三位密码锁控制程序。控制要求：①预设三位密码为“ * * * ”；②用户按正确顺序输入三位密码，按确认后开门；③用户未按照正确顺序输入密码或密码错误，按确认后不开门，同时报警；④复位键可重新输入密码或者重新设置密码；⑤三个状态指示灯，密码设置状态时指示灯 1 闪烁，开门状态时指示灯 2 亮，报警状态时指示灯 3 亮。分配 I/O 地址，实现控制。

3.2 知识基础

子例程可以有助于对程序进行分块。主程序中使用的指令决定特定子例程的执行状况。当主程序调用子例程并执行时，子例程执行全部指令直至结束。然后，系统将控制返回至调用子例程的程序段中的主程序。

子例程用于为程序分段和分块，使其成为较小的、更易管理的块。调试和维护程序时，可以利用这项优势。通过使用较小的程序块，可以方便地对这些区域及整个程序进行调试和排除故障。只在需要时才调用程序块，这样可以更有效地利用 PLC，因为程序块可以无需执行每次扫描。

如果子例程仅引用其参数和局部存储器，则可移植子例程。为了使子例程可移植，应避免使用任何全局变量/符号（I、Q、M、SM、AI、AQ、V、T、C、S、AC 存储器中的绝对地址）。如果子例程无调用参数（IN、OUT 或 IN_OUT）或仅在 L 存储器中使用局部变量，就可以导出子例程并将其导入另一个项目。

要在程序中使用子例程，必须执行下列三项任务：

1）创建子例程。

2）在子例程的变量表中定义其参数（如果有）。

3）从相应 POU（来自主程序、另一子例程或中断例程）调用子例程。

当 POU 调用子例程时，CPU 保存整个逻辑堆栈，将堆栈顶端置 1，将所有其他堆栈位置 0，并将控制转交给被调用的子例程。此子例程完成后，CPU 将堆栈恢复为在调用时保存的值，并将控制返回调用子例程的 POU。

子例程和调用例程共用累加器。由于子例程使用累加器，所以 CPU 不对累加器执行保存或恢复操作。

3.2.1 不带参数的子程序调用

1. 创建子例程

默认情况下，STEP 7 - Micro/WIN Smart 软件会在项目中提供一个子例程。如图 3-1 所示，在项目树中，程序块下有三个 POU：主程序 MAIN （OB1）、子例程 SBR_0 （SBR0）、中断例程 INT_0 （INT0），在程序编辑器窗口也有对应的三个选项卡，可用其对子例程编程，如果不需要，也可将其删除。

创建子例程的方法如下：

1）在“编辑”（Edit）菜单功能区的“插入”（Insert）区域，单击“对象”（Object）下拉列表按钮，然后选择“子程序”（Subroutine）选项，如图3-2所示。

2）在项目树中，用鼠标右键单击“程序块”（Program Block）图标，然后从弹出的快捷菜单中选择“插入→子程序”（Insert → Subroutine）选项，如图3-3所示。

3）在程序编辑器窗口中单击鼠标右键，然后从弹出的快捷菜单中选择“插入→子程序”（Insert→Subroutine）选项。图3-4a为选项卡处快捷菜单，图3-4b为编程区快捷菜单。

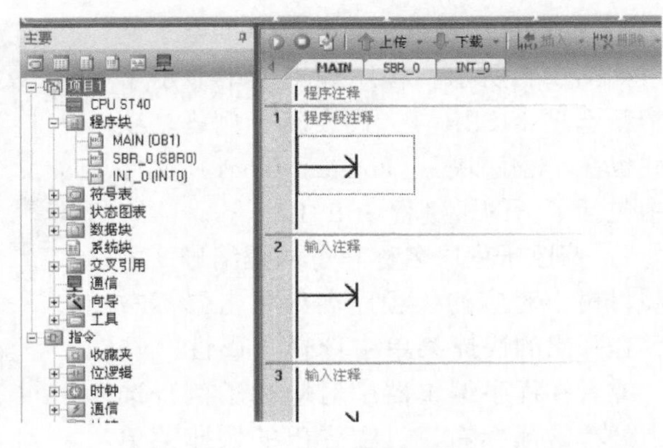

图3-1　用户界面

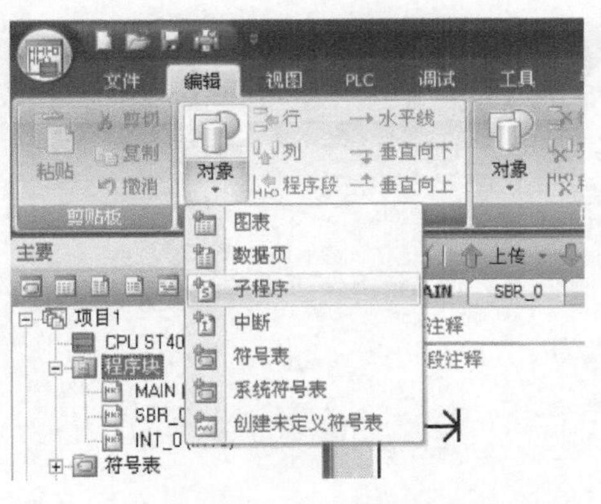

图3-2　“编辑”菜单插入区域

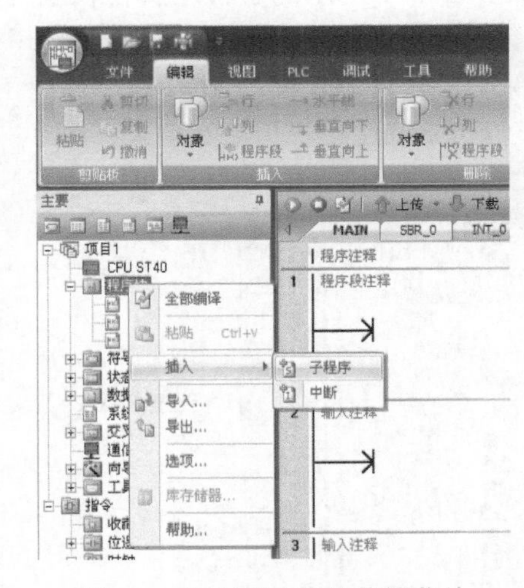

图3-3　项目树程序块快捷菜单

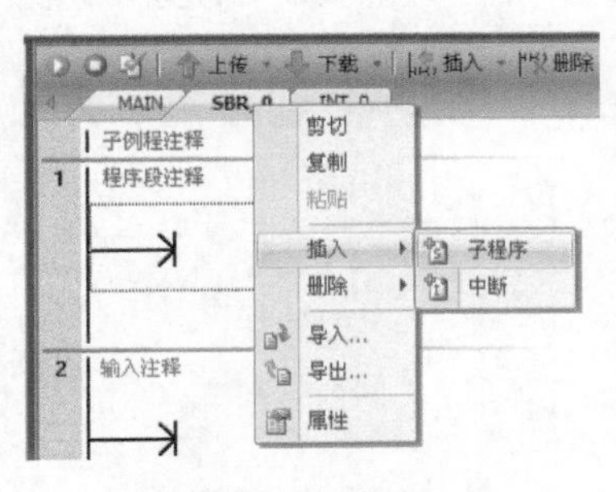

a）选项卡处快捷菜单

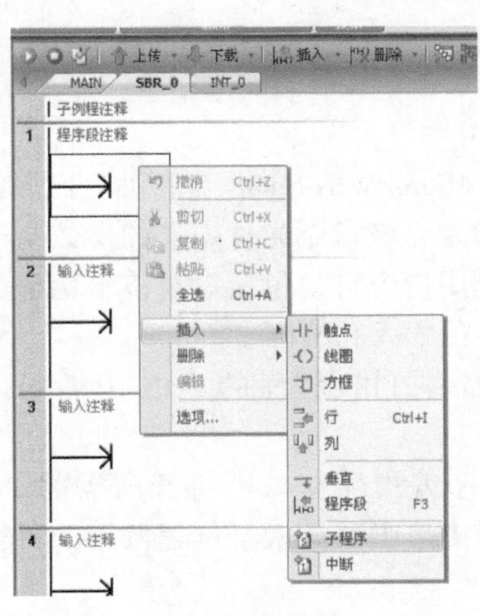

b）编程区快捷菜单

图3-4　程序编辑器窗口中的快捷菜单

4）在程序编辑器中显示新建的空子例程。如图3-5所示，程序编辑器中显示了一个新选项卡SBR_1，代表新子例程。项目树也在“程序块”（Program Block）文件夹中包括了新的子例程SBR_1。

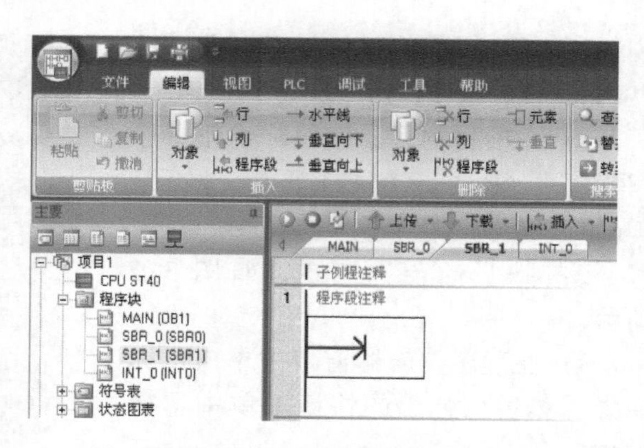

图3-5　在用户界面显示新建的空子例程

5）修改子程序名称和子例程编号。可在项目树中对应的子程序名处单击鼠标右键，在弹出的快捷菜单中选择“属性”选项，或者在程序编辑器中对应的子例程选项卡处单击鼠标右键，在弹出的快捷菜单中选择“属性”选项，如图3-6所示。然后会弹出图3-7所示的子程序属性设置对话框，可在“常规”选项卡中设置子程序名称和编号。子程序“保护”选项卡对话框如图3-8所示，可在“保护”选项卡中对程序段进行密码保护，受密码保护的POU程序代码不可见，且无法编辑该程序段。

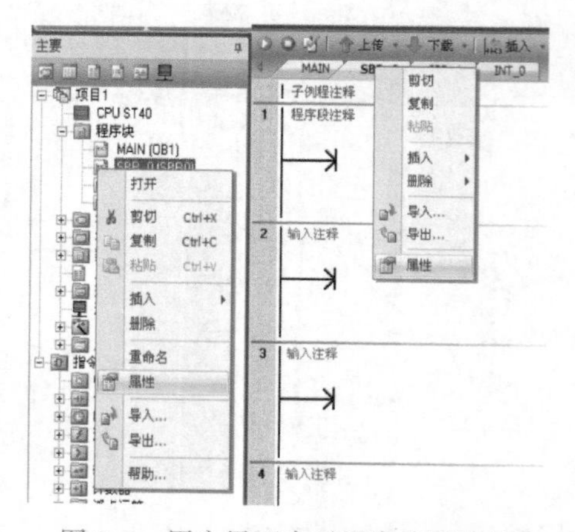

图3-6　用户界面中子程序快捷菜单

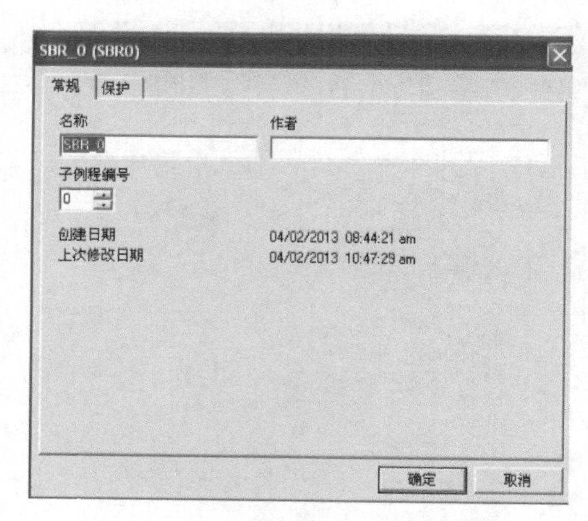

图3-7　子程序常规属性设置对话框

2. 调用子例程

STEP 7 - Micro/WIN Smart会自动生成子例程调用功能框指令，该指令通过定义的参数与子例程对应。该调用指令自动包括针对该子例程的正确数目及类型的输入和输出参数。

要在LAD或FBD程序的POU中插入调用指令：

1）在程序编辑器窗口中打开所需的POU，然后在程序段中单击要插入子例程调用的目标单元格。

2）通过以下方法之一插入子例程调用：

① 在项目树中，打开“程序块”（Program

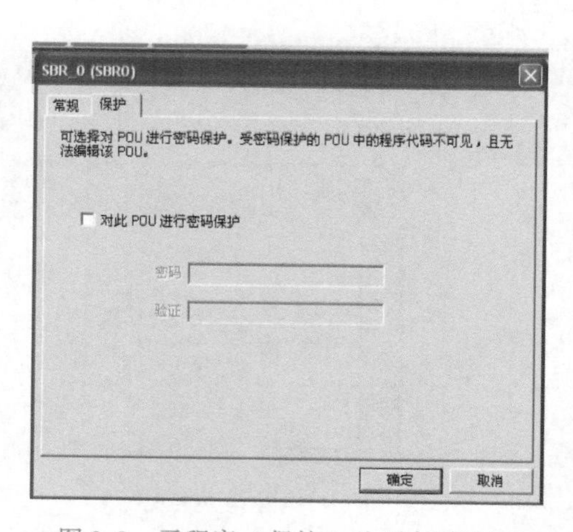

图3-8　子程序“保护”选项卡对话框

Block）文件夹。从项目树中将相应的子程序拖放到程序编辑器中程序段的相应单元格处。

② 在程序编辑器工具栏中双击功能框指令图标，然后从指令列表中按名称选择子例程。

③ 展开项目树的“调用子例程”（Call Subroutines）文件夹。双击相应子例程的名称，或选择子例程并按〈Enter〉键，以在程序编辑器位置处输入子例程调用。还可对“调用子例程”（Call Subroutines）文件夹中的子例程使用拖放操作。

例如项目一中的四人抢答器设计，可以把选手抢答和组合输出两程序段设为子程序，用子程序调用实现，参考程序如图 3-9 所示。

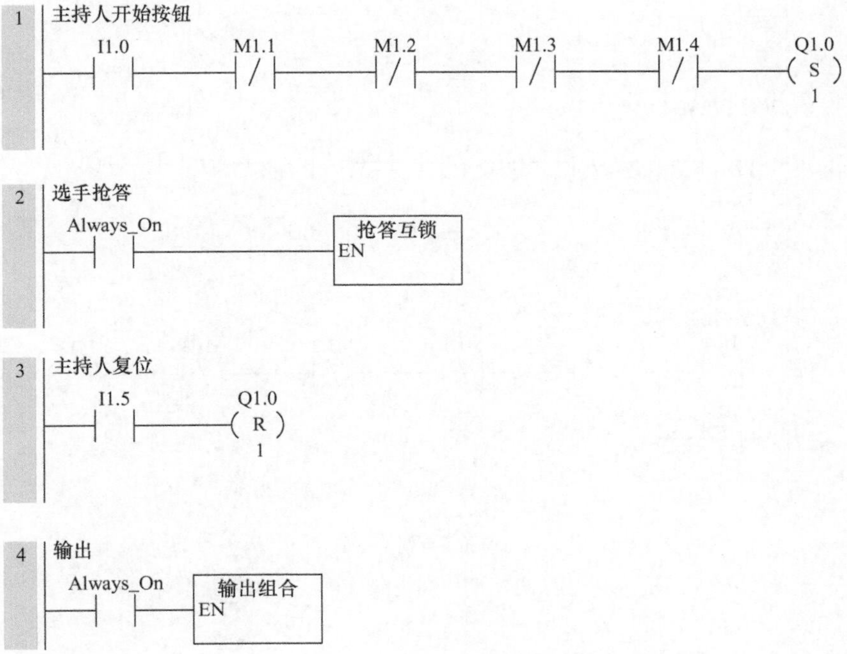

1 主持人开始按钮
I1.0 M1.1 M1.2 M1.3 M1.4 Q1.0 S 1

2 选手抢答
Always_On 抢答互锁 EN

3 主持人复位
I1.5 Q1.0 R 1

4 输出
Always_On 输出组合 EN

a) 主程序

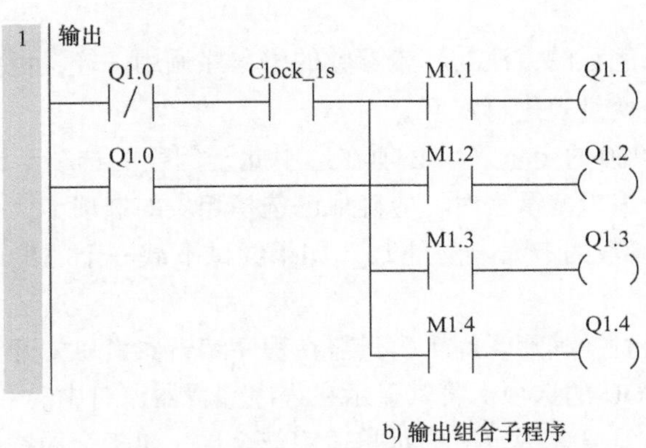

1 输出
Q1.0 Clock_1s M1.1 Q1.1
Q1.0 M1.2 Q1.2
M1.3 Q1.3
M1.4 Q1.4

b) 输出组合子程序

图 3-9 用子程序调用实现抢答器程序图

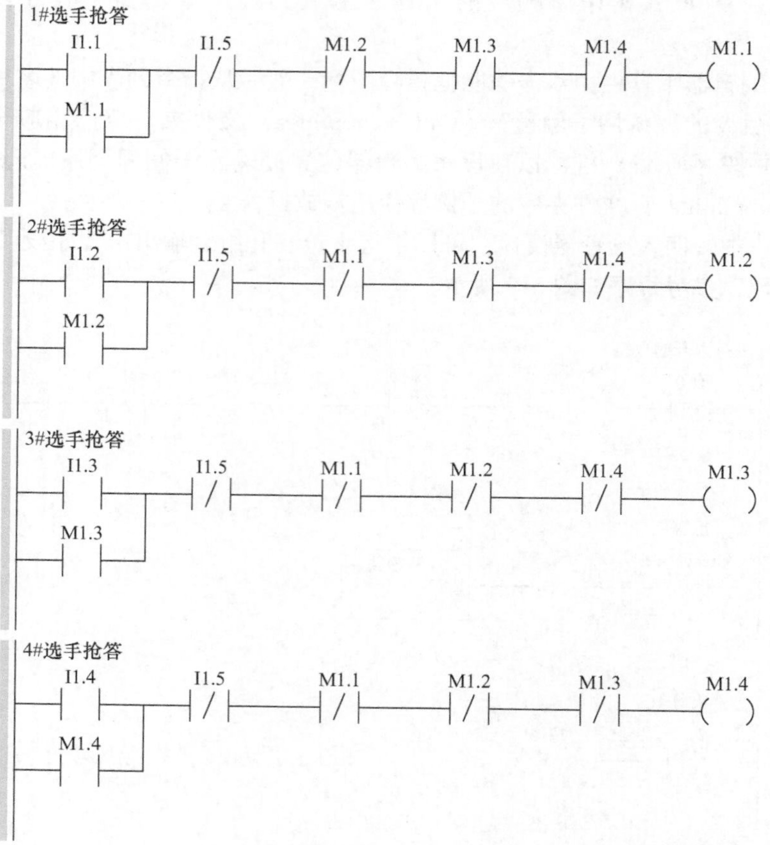

1#选手抢答
I1.1 I1.5 M1.2 M1.3 M1.4 M1.1
M1.1

2#选手抢答
I1.2 I1.5 M1.1 M1.3 M1.4 M1.2
M1.2

3#选手抢答
I1.3 I1.5 M1.1 M1.2 M1.4 M1.3
M1.3

4#选手抢答
I1.4 I1.5 M1.1 M1.2 M1.3 M1.4
M1.4

c) 抢答互锁子程序

图 3-9 用子程序调用实现抢答器程序图（续）

3.2.2 带参数的子程序调用

1. 创建子例程

带参数的子例程调用时创建子例程的方法与不带参数的子程序调用一样，但此时要分配子例程的参数，可使用该子例程的变量表进行定义。

在程序中每个 POU 都有一个单独的变量表，必须在选中此子例程的选项卡时出现的变量表中为此子例程定义局部变量。编辑变量表时，应确保已选择相应的选项卡。

每个子例程调用的输入/输出参数的最大限制是 16。如果尝试下载一个超出此项限制的程序，下载操作会返回错误。

如果要在选中子例程的选项卡时为其写入逻辑，只需在程序编辑器窗口中开始操作。如果要处理其他 POU，则应单击该 POU 的选项卡将其显示在程序编辑器窗口中。

符号表窗口如图 3-10 所示，在符号表中定义的符号适用于全局，属于全局符号，可以为存储器地址或常量指定符号名称，也可以用 I、Q、M、SM、AI、AQ、V、S、C、T、HC 等存储器类型创建符号名。已定义的符号可在程序的所有程序组织单元（POU）中使用。

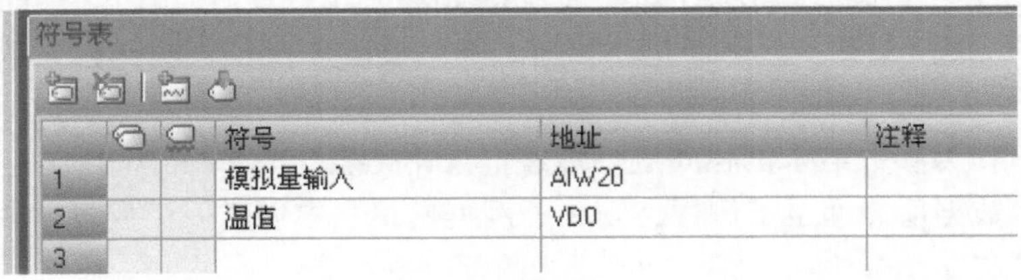

符号表

			符号	地址	注释
1			模拟量输入	AIW20	
2			温值	VD0	
3					

图 3-10　符号表窗口

如果在变量表中指定变量名称，则该变量适用于局部范围。变量表窗口如图 3-11 所示，它仅适用于定义时所在的 POU。此类符号被称为“局部变量”，与适用于全局范围的符号有区别。符号可在创建程序逻辑之前或之后进行定义。

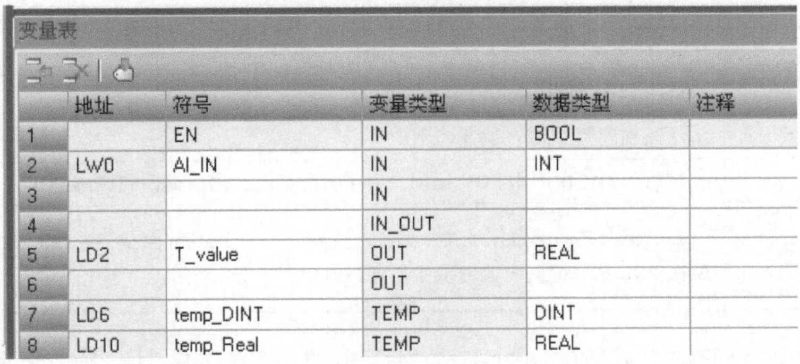

变量表

	地址	符号	变量类型	数据类型	注释
1		EN	IN	BOOL	
2	LW0	AI_IN	IN	INT	
3			IN		
4			IN_OUT		
5	LD2	T_value	OUT	REAL	
6			OUT		
7	LD6	temp_DINT	TEMP	DINT	
8	LD10	temp_Real	TEMP	REAL	

图 3-11　变量表窗口

可创建多个符号表，但是，在进行全局符号分配时，不可多次使用同一符号名。相反，可在变量表中重复使用符号名。

通过变量表可定义对特定 POU 局部有效的变量。在以下几种情况下应使用局部变量：要创建不引用绝对地址或全局符号的可移植子例程；要使用临时变量（声明为 TEMP 的局部变量）进行计算，以便释放 PLC 存储器；要为子例程定义输入和输出。否则无需使用局部变量，可在符号表中定义符号值，从而将其全部设置为全局变量。

局部变量可用作传递至子例程的参数，并可用于增加子例程的移植性或重新使用子例程。

程序中的每个 POU 都有自身的变量表，并占用 L 存储器的 64 个字节（如果在 LAD 或 FBD 中编程，则占 60 个字节）。这些局部变量表允许定义范围受限的变量，局部变量只在创建它的 POU 内部有效。相反，在每个 POU 中均有效的全局符号只能在符号表中定义。为全局符号和局部变量使用相同的符号名时（例如 INPUT1），在定义局部变量的 POU 中局部定义优先，在其他 POU 中使用全局定义。

在局部变量表中进行分配时，要指定声明类型（TEMP、IN、IN_OUT 或 OUT）和数据类型，但不要指定存储器地址，程序编辑器会自动在 L 存储器中为所有局部变量分配存储器位置。

变量表符号地址分配将符号名称与存储相关数据值的 L 存储器地址进行关联。局部变量表不支持对符号名称直接赋值的符号常数（这在符号/全局变量表中是允许的）。

局部变量分配类型取决于在其中进行分配的POU，主程序（OB1）、中断例程和子例程可使用临时（TEMP）变量。只有在执行块时，临时变量才可用，块执行完成后，临时变量可被覆盖。

数据值可以作为参数与子例程间进行传递，具体见表3-1。

● 如果要将数据值传递至子例程，则在子例程变量表中创建一个变量，并将其声明类型指定为IN。

● 如果要将子例程中建立的数据值传回至调用例程，则在子例程的变量表中创建一个变量，并将其声明类型指定为OUT。

● 如果要将初始数据值传递至子例程，则执行一项可修改数据值的操作，并将修改后的结果传回至调用例程，然后在子例程变量表中创建一个变量，并将其声明类型指定为IN_OUT。

表3-1 局部变量分配类型

变量类型	说　明
IN	调用POU提供的输入参数
OUT	返回到调用POU的输出参数
IN_OUT	参数，其值由调用POU提供，由子例程修改，然后返回到调用POU
TEMP	临时保存在局部数据堆栈中的临时变量。一旦POU完全执行，临时变量值不再可用。在两次POU执行之间，临时变量不保持其值

将局部变量作为子例程参数传递时，在该子例程局部变量表中指定的数据类型必须与调用POU中值的数据类型相匹配。

例如，从OB1调用SBR0，将称为INPUT1的全局符号用作子例程的输入参数。在SBR0的局部变量表中，已经将一个称为FIRST的局部变量定义为输入参数。当OB1调用SBR0时，INPUT1的值被传递至FIRST。INPUT1和FIRST的数据类型必须匹配。如果INPUT1是实数，FIRST也是实数，则数据类型匹配。如果INPUT1是实数，但FIRST是整数，则数据类型不匹配，只有纠正了这一错误，程序才能编译。

要查看在程序编辑器中选择的POU的变量表，可在“视图”（View）菜单的“窗口”（Windows）区域中，从“组件”（Component）下拉列表中选择“变量表”（Variable table）选项。

在程序中使用局部变量之前，先在变量表中赋值。在程序中使用符号名时，程序编辑器首先检查相应POU的局部变量表，然后检查符号表。如果符号名在这两处均未定义，程序编辑器则将之视为未定义的全局符号，此类符号用绿色波浪下划线加以指示。程序编辑器不会自动重新读取变量表并对程序逻辑做出更正。如果以后进行定义该符号名称的数据类型分配（在局部变量表中），则必须在符号名称前手动插入一个#号，例如：#UndefinedLocalVar（在程序逻辑中）。因此，在使用之前定义变量可将编程工作量降至最低。

每个子例程调用的输入/输出参数的最大限制是16。如果尝试下载一个超出此项限制的程序，STEP 7 - Micro/WIN Smart会返回错误。

在变量表中赋值，应按以下步骤进行操作：

1）确保正确的POU在程序编辑器窗口中显示（如有必要，通过单击所需POU的选项卡）。由于每个POU都有自己的变量表，所以需要确保对正确的POU赋值。

2）如果变量表尚不可见，则将其显示出来，方法是在“视图”（View）菜单的“窗口”（Windows）区域内，从“组件”（Component）下拉列表中选择“变量表”（Variable Table）选项。

3）选择变量类型与要定义的变量类型相符的行，然后在“符号”（Symbol）字段输入变量名称。如果在OB1或中断例程中赋值，变量表只含TEMP变量。如果在子例程中赋值，变量表包含IN、IN_OUT、OUT和TEMP变量。在变量表中不要在名称前加上*号，#号只用在程序代码中的局部变量前。

4）局部变量名称最多可包含23个字母、数字字符和下划线，也允许包含扩展字符（ASCII 128至ASCII 255）。第一个字符仅限使用字母和扩展字符。不允许使用关键字作为符号名，也不允许使用以数字开头的名称，或者包含非字母、数字或扩展字符集中的字符的名称。局部变量名称下载到CPU存储器并存储在其中，使用较长的变量名称可能会降低可用于存储程序的存储器。

5）在“数据类型”（Data Type）字段中使用列表框为局部变量选择适当的数据类型。将局部变量指定为子例程参数时，必须确保分配给局部变量的数据类型不与子例程调用中正在使用的操作数发生冲突。

6）可提供注释，用于描述局部变量。为“符号”（Symbol）和“数据类型”（Data Type）字段提供值后，程序编辑器自动将L存储器地址分配给局部变量。

变量表显示固定数目的局部变量行。要在表中增加更多行数，在变量类型表中选择要添加的行，然后在变量表窗口中单击“插入”（Insert）按钮。在所选行上方自动生成一个新行，其变量类型与所选变量类型相同。也可用鼠标右键单击现有行，然后从弹出的快捷菜单中选择“插入”→“行”（Insert→Row）或“插入”→“下一行”（Insert→Row Below）选项来添加行。

要删除局部变量，先在变量表中选择变量，然后单击“删除”（Delete）按钮。也可删除一行，方法是用鼠标右键单击该行，然后从弹出的快捷菜单中选择“删除”→“行”（Delete→Row）选项。变量表示例窗口如图3-12所示。

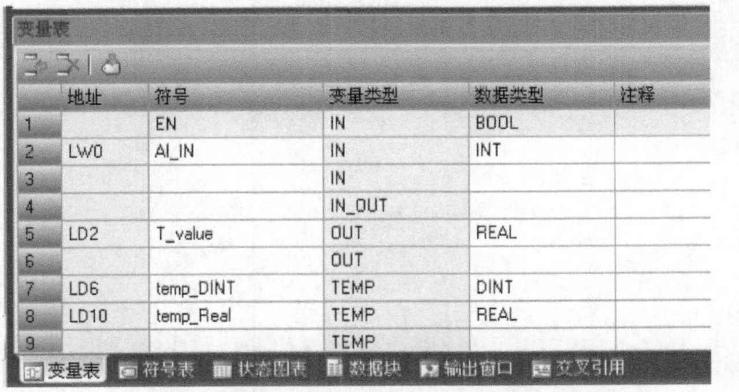

变量表

	地址	符号	变量类型	数据类型	注释
1		EN	IN	BOOL	
2	LW0	AI_IN	IN	INT	
3			IN		
4			IN_OUT		
5	LD2	T_value	OUT	REAL	
6			OUT		
7	LD6	temp_DINT	TEMP	DINT	
8	LD10	temp_Real	TEMP	REAL	
9			TEMP		

变量表　符号表　状态图表　数据块　输出窗口　交叉引用

图3-12　变量表示例窗口

2. 调用子例程

插入新的子例程并在其变量表中定义参数后，可在程序的另一个POU中放置对此子例程的调用（可以从主程序、另一个子例程或中断例程调用子例程，也可从子例程本身调用子例程）。该调用指令自动包括针对该子例程的正确数目及类型的输入和输出参数。

要在LAD或FBD程序的POU中插入调用指令，需编辑程序中的调用指令的参数并为每个参数指定有效操作数。有效操作数为：存储器地址、常数、全局符号以及调用子例程的POU中的局部变量。子例程自身的局部变量无效。

如果先插入子例程调用，然后修改该子例程的变量表，则调用将失效。必须删除无效调用，并用反映正确参数的最新调用指令代替该调用。图 3-13 为温度转换主程序窗口，图 3-14 为温度转换子例程窗口。

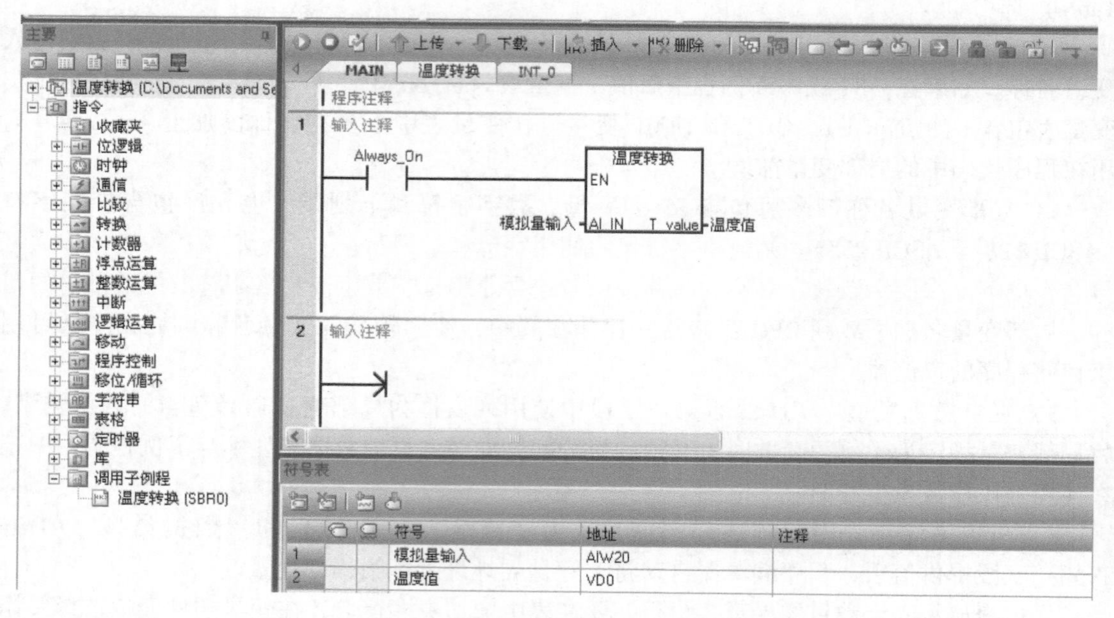

图 3-13　温度转换主程序窗口

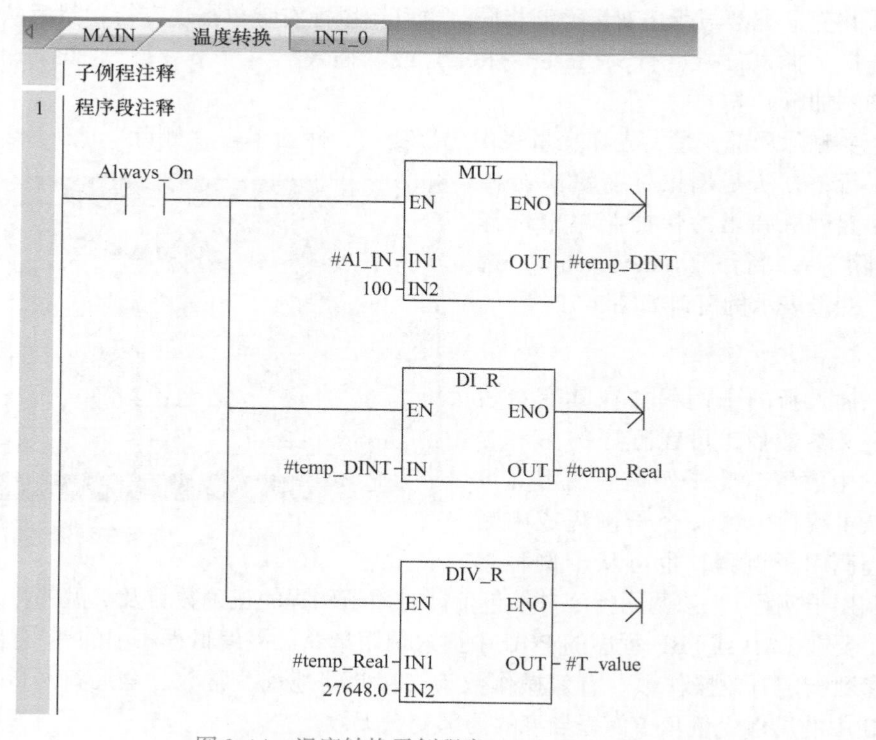

图 3-14　温度转换子例程窗口

3.2.3　转换指令

转换指令包括标准转换指令、ASCII 字符数组转换、数值转换为 ASCII 字符串、ASCII 子字符串转换为数值、编码和解码指令等。

标准转换指令，可以将输入值 IN 转换为分配的格式，并将输出值存储在由 OUT 分配的存储单元中。例如，可以将双整数值转换为实数，也可以在整数与 BCD 格式之间进行转换。常用的标准转换指令见表 3-2，其有效操作数见表 3-3。常用的数据转换指令及其操作说明见表 3-4，其编程示例见表 3-5。SEG 段码指令的操作说明见表 3-6，其编码如图 3-15 所示，指令编程示例如图 3-16 所示。

表 3-2　标准转换指令

LAD/FBD	STL	转换类型
B_I	BTI IN、OUT	字节转换为整数
I_B	ITB IN、OUT	整数转换为字节
I_DI	ITD IN、OUT	整数转换为双整数
DI_I	DTI IN、OUT	双整数转换为整数
DI_R	DTR IN、OUT	双整数转换为实数
BCD_I	BCDI OUT	BCD 码转换为整数
I_BCD	IBCD OUT	整数转换为 BCD 码
ROUND	ROUND IN、OUT	将实数舍入为最接近的双整数值
TRUNC	TRUNC IN、OUT	将实数取整为等于实数输入的整数值部分的双整数
SEG	SEG IN、OUT	生成点亮七段显示器各个段的位模式

表 3-3　标准转换指令有效操作数

输入/输出	数据类型	操　作　数
IN	BYTE	IB、QB、VB、MB、SMB、SB、LB、AC、*VD、*LD、*AC、常数
	WORD（BCD_I、I_BCD）、INT	IW、QW、VW、MW、SMW、SW、T、C、LW、AIW、AC、*VD、*LD、*AC、常数
	DINT	ID、QD、VD、MD、SMD、SD、LD、HC、AC、*VD、*LD、*AC、常数
	REAL	ID、QD、VD、MD、SMD、SD、LD、AC、*VD、*LD、*AC、常数
OUT	BYTE	IB、QB、VB、MB、SMB、SB、LB、AC、*VD、*LD、*AC
	WORD（BCD_I、I_BCD）	IW、QW、VW、MW、SMW、SW、T、C、LW、AC、*VD、*LD、*AC
	INT（B_I、DI_I）	IW、QW、VW、MW、SMW、SW、T、C、LW、AC、AQW、*VD、*LD、*AC
	DINT、REAL	ID、QD、VD、MD、SMD、SD、LD、AC、*VD、*LD、*AC

表 3-4　数据转换指令及其操作说明

LAD/FBD	说　明
B_I EN　ENO IN　OUT	字节转换为整数：将字节值 IN 转换为整数值，并将结果存入分配给 OUT 的地址处。字节是无符号的，因此没有符号扩展位
I_B EN　ENO IN　OUT	整数转换为字节：将字值 IN 转换为字节值，并将结果存入分配给 OUT 的地址处。可转换 0～255 之间的值。所有其他值将导致溢出，且输出不受影响 注：要将整数转换成实数，应先使用“整数转换为双整数”指令，然后再使用“双整数转换为实数”指令
I_DI EN　ENO IN　OUT	整数转换为双整数：将整数值 IN 转换为双整数值，并将结果存入分配给 OUT 的地址处，符号位扩展到高字节中
DI_I EN　ENO IN　OUT	双整数转换为整数：将双整数值 IN 转换为整数值，并将结果存入分配给 OUT 的地址处。如果转换的值过大以至于无法在输出中表示，则溢出位将置位，并且输出不受影响
DI_R EN　ENO IN　OUT	双整数转换为实数：将 32 位有符号整数 IN 转换为 32 位实数，并将结果存入分配给 OUT 的地址处
BCD_I EN　ENO IN　OUT I_BCD EN　ENO IN　OUT	BCD 码转换为整数：将二进制编码的十进制 WORD 数据类型值 IN 转换为整数 WORD 数据类型值，并将结果存入分配给 OUT 的地址处。IN 的有效范围为 0～9999 的 BCD 码 整数转换为 BCD 码：将输入整数 WORD 数据类型值 IN 转换为二进制编码的十进制 WORD 数据类型，并将结果存入分配给 OUT 的地址处。IN 的有效范围为 0～9999 的整数 对于 STL 语言，IN 和 OUT 参数使用同一地址
ROUND EN　ENO IN　OUT TRUNC EN　ENO IN　OUT	舍入：将 32 位实数值 IN 转换为双整数值，并将舍入后的结果存入分配给 OUT 的地址处。如果小数部分大于或等于 0.5，该实数值将进位。 取整：将 32 位实数值 IN 转换为双整数值，并将结果存入分配给 OUT 的地址处。只有转换了实数的整数部分之后，才会丢弃小数部分 注：如果要转换的值不是有效的实数值，或者该值过大以至于无法在输出中表示，则溢出位将置位，且输出不受影响

表 3-5 数据转换指令编程示例

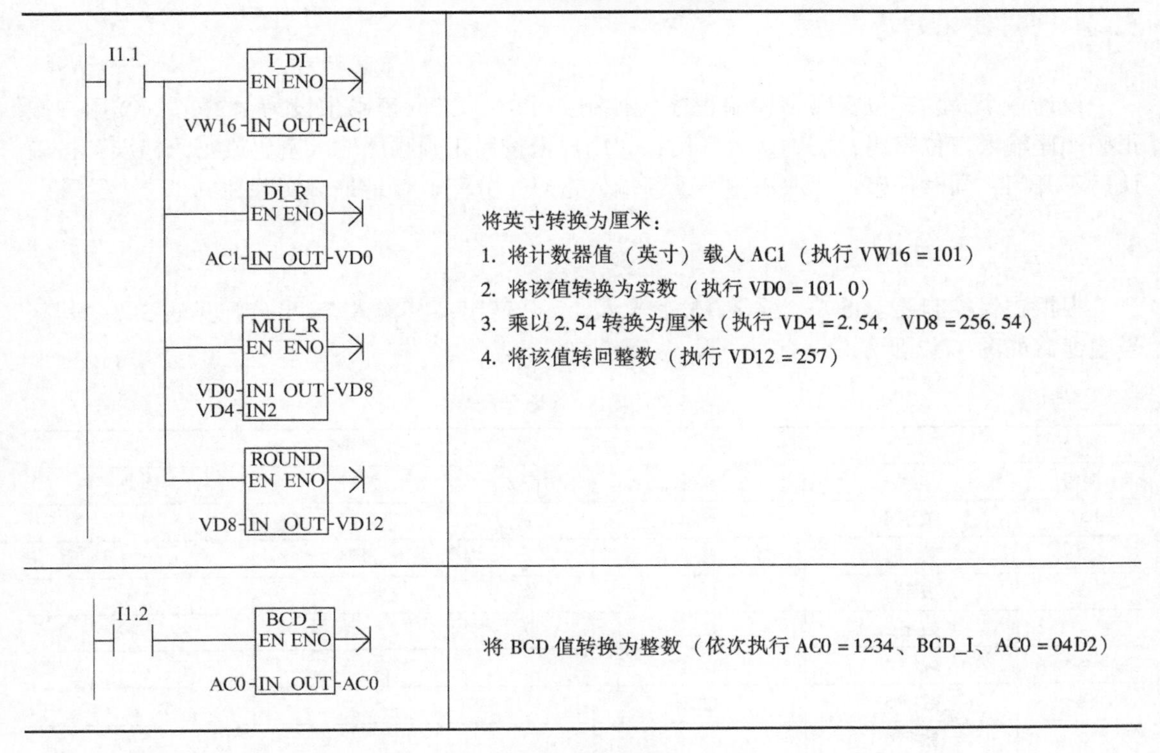

梯形图	说明
I11.1 — I_DI (VW16 → AC1)；DI_R (AC1 → VD0)；MUL_R (VD0, VD4 → VD8)；ROUND (VD8 → VD12)	将英寸转换为厘米： 1. 将计数器值（英寸）载入 AC1（执行 VW16 = 101） 2. 将该值转换为实数（执行 VD0 = 101. 0） 3. 乘以 2. 54 转换为厘米（执行 VD4 = 2. 54，VD8 = 256. 54） 4. 将该值转回整数（执行 VD12 = 257）
I1.2 — BCD_I (AC0 → AC0)	将 BCD 值转换为整数（依次执行 AC0 = 1234、BCD_I、AC0 = 04D2）

表 3-6 SEG 段码指令的操作说明

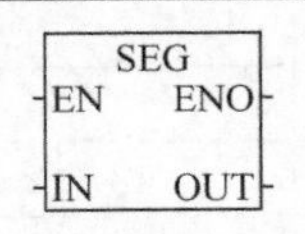	要点亮七段显示器中的各个段，可以使用段码指令（SEG）。段码指令可转换 IN 指定的字符（字节），以生成位模式（字节），并将其存入分配给 OUT 的地址处 点亮的段表示输入字节最低有效位中的字符

(IN) LSD	分段显示	(OUT) -gfe	dcba
1	0	0011	1111
2	1	0000	0110
3	2	0101	1011
4	3	0100	1111
5	4	0110	0110
6	5	0110	1101
7	6	0111	1101
8	7	0000	0111

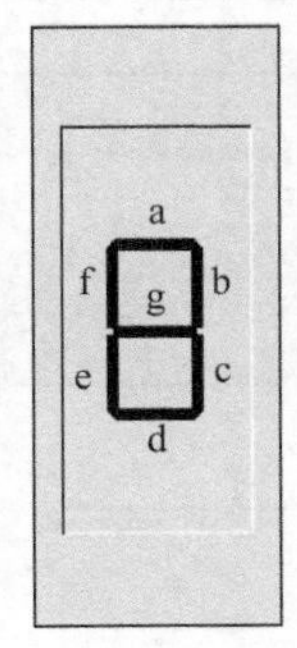

(IN) LSD	分段显示	(OUT) -gfe	dcba
8	8	0111	1111
9	9	0110	0111
A	A	0111	0111
B	b	0111	1100
C	C	0011	1001
D	d	0101	1110
E	E	0111	1001
F	F	0111	0001

图 3-15 七段显示器的编码

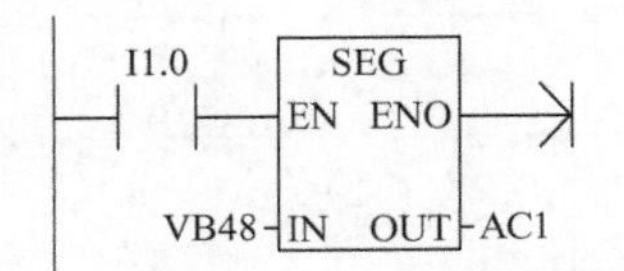

05 SEG 6D
VB48 AC1
5 （显示字符）

图 3-16 SEG 指令编程示例

3.3 编程举例

设计一个简易三位密码锁控制程序。控制要求：①三位密码预设为“231”；②用户按正确顺序输入三位密码，按确认后开门；③用户未按照正确顺序输入密码或密码错误，按确认后不开门，同时报警；④取消键可重新输入密码。分配I/O地址，实现控制。

3.3.1 I/O分配

根据题目控制要求可知，需要13个输入，2个输出，其输入/输出分配见表3-7。其符号表窗口如图3-17所示。

表3-7 输入/输出分配表

输入			输出		
序号	符号	地址	序号	符号	地址
1	数字0	I2.0	1	开门	Q1.0
2	数字1	I2.1	2	报警	Q1.1
3	数字2	I2.2			
4	数字3	I2.3			
5	数字4	I2.4			
6	数字5	I2.5			
7	数字6	I2.6			
8	数字7	I2.7			
9	数字8	I1.0			
10	数字9	I1.1			
11	确认键	I1.2			
12	取消键	I1.3			
13	解除报警	I1.4			

符号表

	符号	地址	注释
1	解除报警	I1.4	
2	输入密码	VW0	
3	密码1	VW2	
4	密码2	VW4	
5	密码3	VW6	
6	确认	I1.2	
7	取消	I1.3	
8	开门	Q1.0	
9	报警	Q1.1	
10	密码正确	M1.2	

图3-17 符号表窗口

3.3.2　参考程序

1. 方法一：不带参数的子程序调用

（1）主程序　主程序梯形图如图3-18所示，负责对五个子程序的调用。

（2）子程序一　设置密码子程序如图3-19所示，初始密码为231。

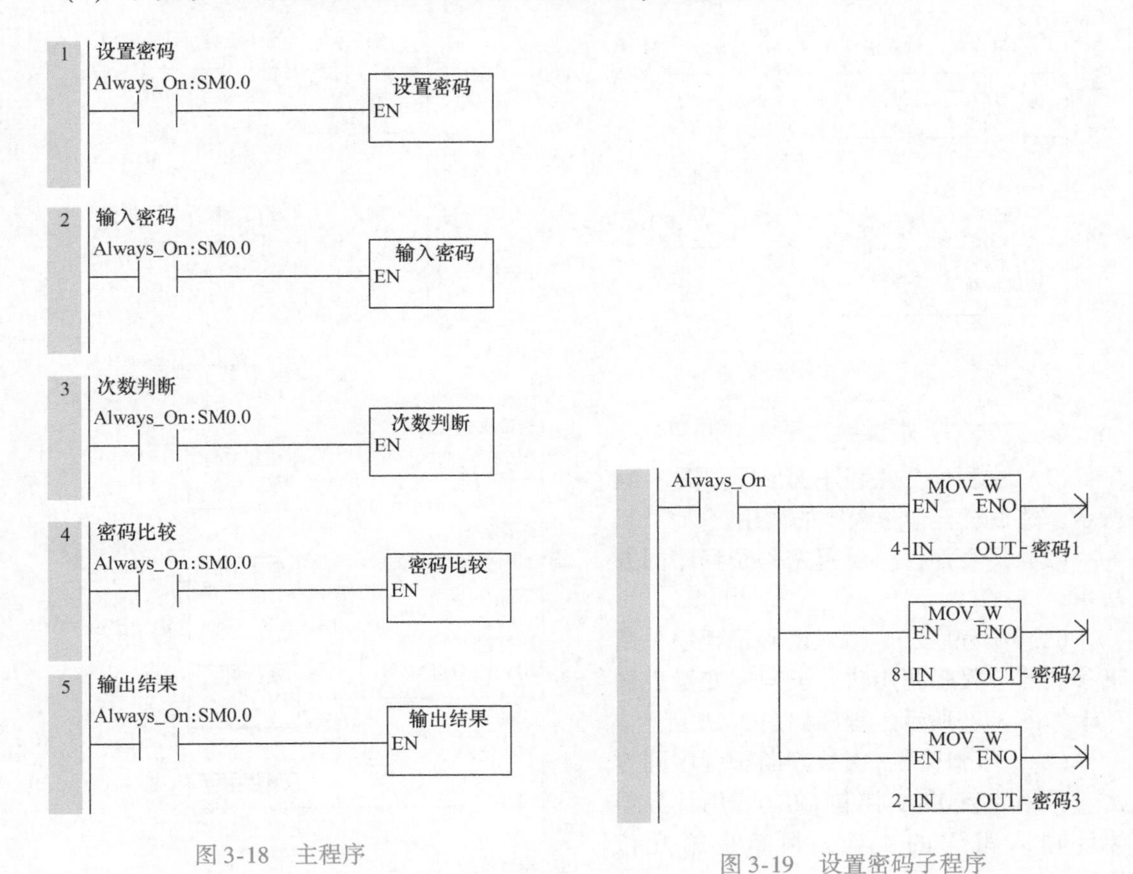

图3-18　主程序

图3-19　设置密码子程序

（3）子程序二　输入密码子程序如图3-20所示。

（4）子程序三　次数判断子程序如图3-21所示，用数字0～9控制M0.0，用计数器累计输入密码的次数，判断是第几位密码。

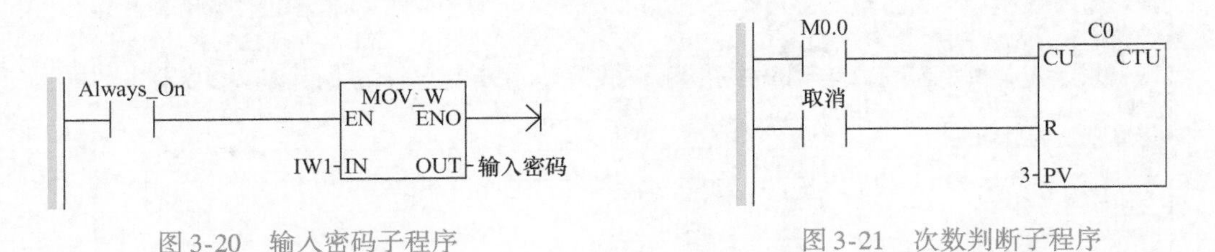

图3-20　输入密码子程序

图3-21　次数判断子程序

（5）子程序四　密码比较子程序如图3-22所示，比较输入密码与预设密码231是否一致。

（6）子程序五　输出结果子程序如图3-23所示，如果密码正确，按确认键后开门；如果密码不正确，按确认键后报警。

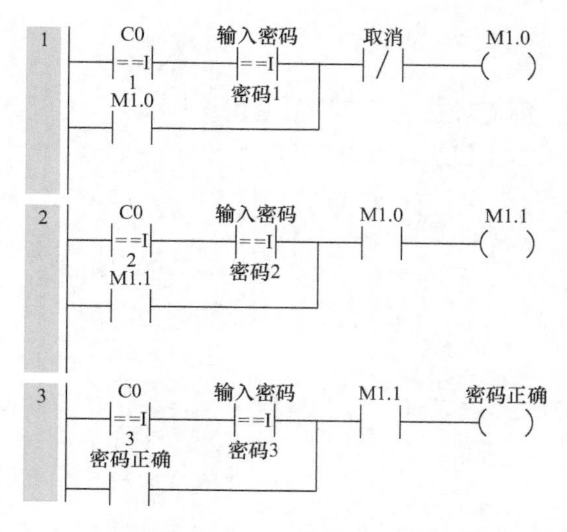

图3-22 密码比较子程序

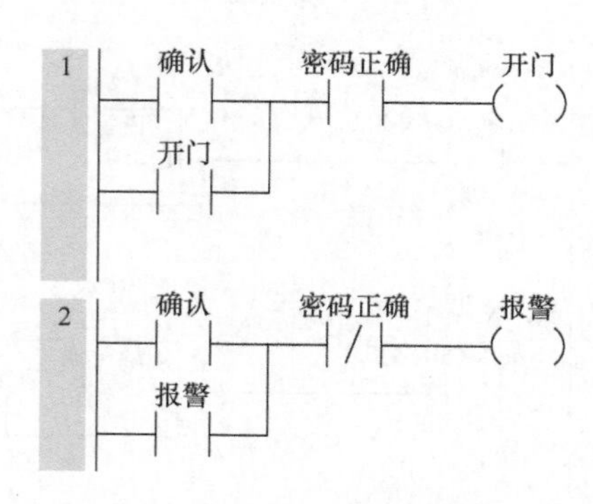

图3-23 输出结果子程序

2. 方法二：带参数的子程序调用

（1）主程序 主程序梯形图如图3-24所示，负责对五个子程序的调用。

（2）子程序一 设置密码子程序同方法一。

（3）子程序二 输入密码子程序采用带参数的子程序调用法，子程序变量表选项卡如图3-25所示，程序如图3-26所示。

（4）子程序三 次数判断子程序同方法一，用数字0~9控制M0.0，用计数器累计输入密码的次数，判断是第几位密码。

（5）子程序四 密码比较子程序同方法一。

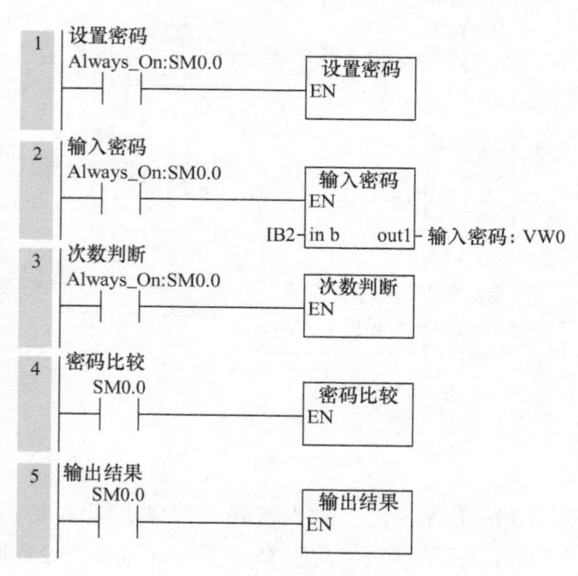

图3-24 主程序

变量表

	地址	符号	变量类型	数据类型	注释
1		EN	IN	BOOL	
2	LB0	in_b	IN	BYTE	
3			IN_OUT		
4	LW1	out1	OUT	INT	
5			OUT		
6	LB3	temp_b	TEMP	BYTE	
7	LW4	temp_int	TEMP	INT	
8			TEMP		

图3-25 子程序变量表

(6) 子程序五　输出结果子程序同方法一。

方法一与方法二进行比较，方法一只用到不带参数的子程序调用；方法二用到了带参数的子程序调用，但是读取密码时，用IB2只能读I2.0～I2.7，数字8和9没包含。所以方法二适用于密码输入键不超过八个的控制系统。

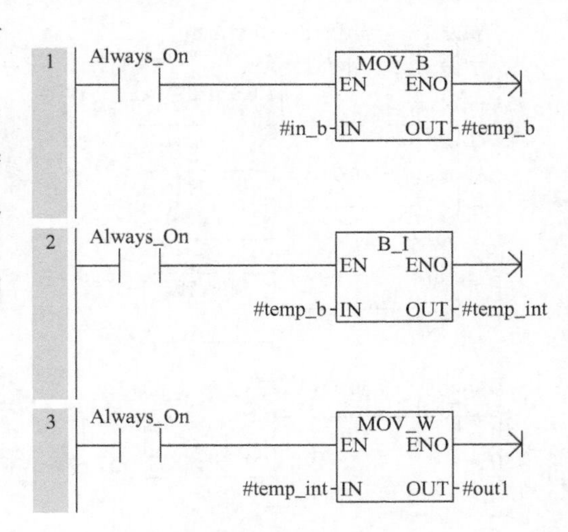

图3-26　输入密码子程序

3.4　项目实现

3.4.1　I/O分配

根据项目控制要求（见3.1.2节）可知，需要15个输入，3个输出，其输入/输出分配见表3-8。

表3-8　输入/输出分配

输入			输出			
序号	符号	地址	序号	符号	地址	注释
1	数字0	I2.0	1	L1	Q0.0	设置密码指示灯
2	数字1	I2.1	2	L2	Q0.1	开门指示灯
3	数字2	I2.2	3	L3	Q0.2	报警指示灯
4	数字3	I2.3				
5	数字4	I2.4				
6	数字5	I2.5				
7	数字6	I2.6				
8	数字7	I2.7				
9	数字8	I1.0				
10	数字9	I1.1				
11	确认	I1.2				
12	取消	I1.3				
13	预设	I1.4				
14	完成	I1.5				
15	解除报警	I1.6				

3.4.2　参考程序

密码锁控制程序主要由一个主程序和三个子程序构成，子程序包括预设密码子程序、次数判断子程序和密码判断子程序。程序编写视频请扫码观看。

视频3-1
程序编写

主程序如图3-27所示，在预设密码时M10.0为1，经过1s，时钟脉冲指示灯L1闪烁，同时执行预设密码子程序；密码设置完成后，M10.1为1，执行密

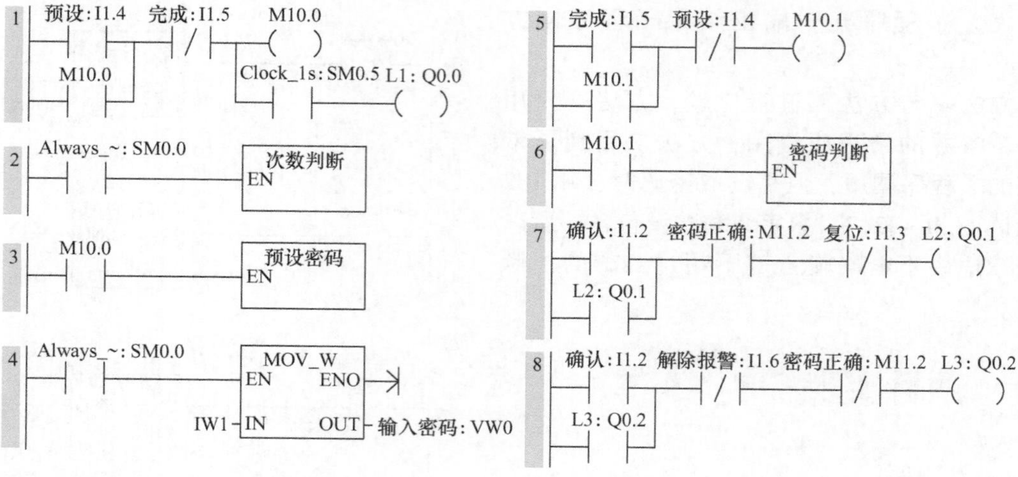

图 3-27　主程序

码判断子程序，如果密码正确，指示灯 L2 亮，开门成功；密码错误，指示灯 L3 亮，系统报警。

图 3-28 为预设密码子程序，分别将三位密码依次存放于累加器 AC0、AC1、AC2 中。

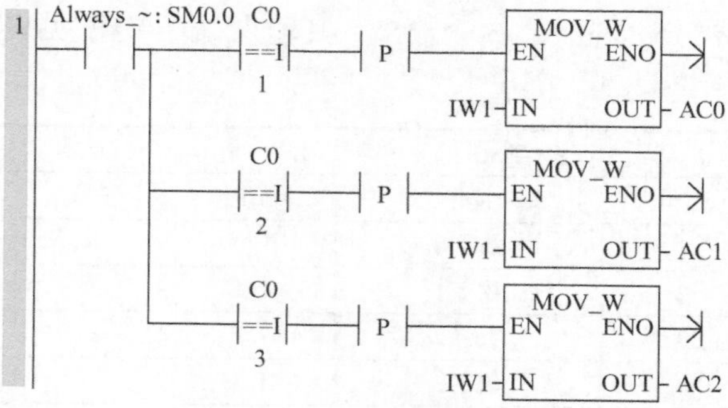

次数判断子程序如图 3-29 所示，数字 0 ~ 9 中任意数字按下，M0.0 为 1，利用定时器 T37 延时 1s，防止按钮抖动，确保计数器 C0 的次数记录正确。

图 3-28　预设密码子程序

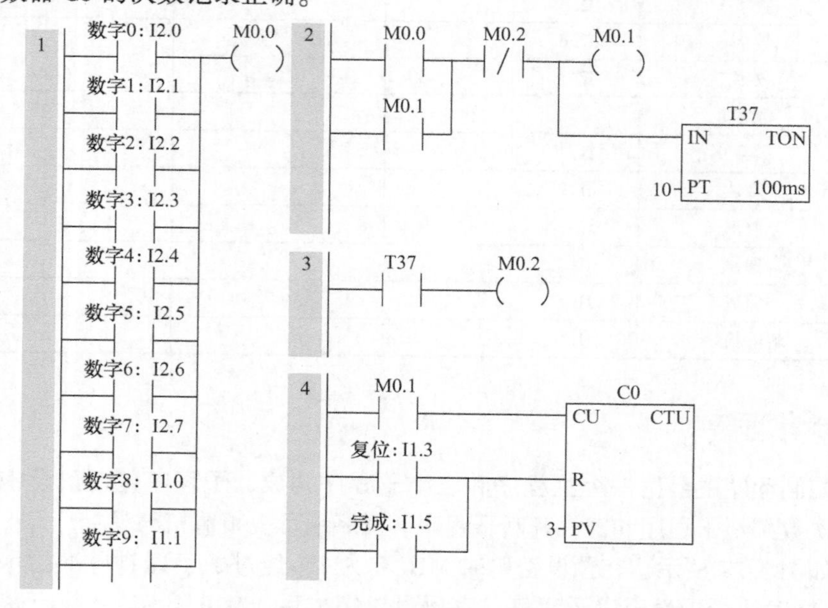

图 3-29　次数判断子程序

密码判断子程序如图 3-30 所示，依次比较三位输入密码，密码全部正确 M11.2 为 1。

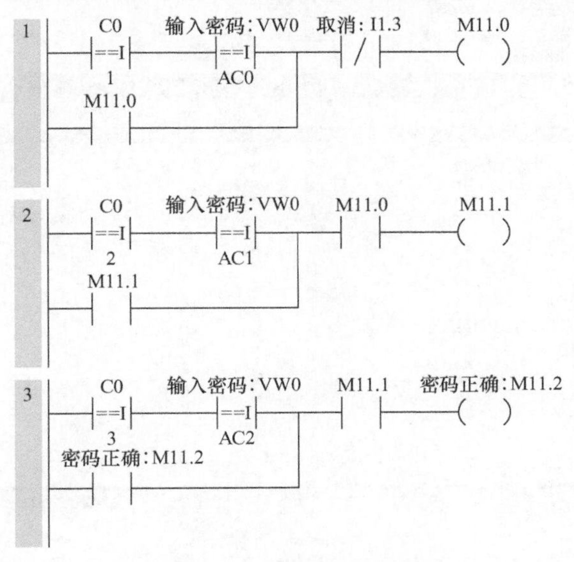

图 3-30　密码判断子程序

程序编写完成，编译通过后下载程序，进行程序调试。调试方法请扫码观看。

视频 3-2
程序调试

3.5　项目拓展

启动 WinCC flexible Smart V3，创建一个空项目，设备机型为 Smart 700 IE V3，进入项目设计画面。通信设置方法同前项目，PLC 机型修改为 SIMATIC S7 200 Smart，通信接口选择以太网，设置 HMI 设备及 PLC 设备的 IP 地址与实际硬件一致，两个地址在同一网段且不冲突。

密码锁控制画面设计如图 3-31 所示，主要由矩形、文本域、按钮等构成密码输入键盘，圆形为指示灯，显示当前状态为密码设置状态、开门状态或者报警状态。画面设计视频请扫码观看。

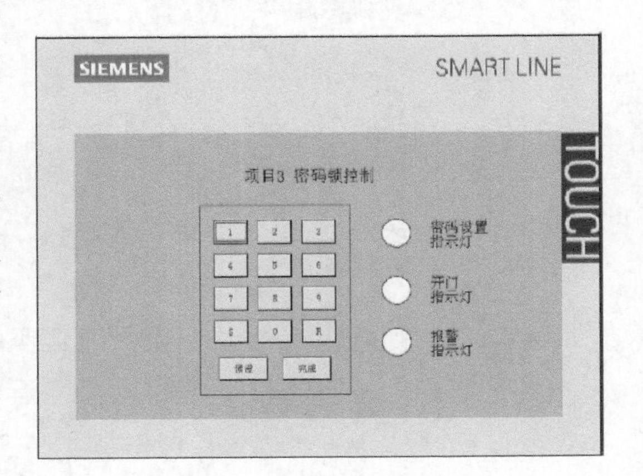

图 3-31　密码锁控制画面设计

用与前面项目相同的方法建立连接变量，共 17 个变量，如图 3-32 所示。

如图 3-33 所示，在画面中放置文本域，修改文本内容为“项目 3　密码锁控制”，修改字体为 20 号黑色宋体。放置一个矩形框，填充样式设置为透明。在矩形框内按顺序放置 14 个按钮，分别关联连接变量中数字 0 ~ 9、R、S、预设、完成共 14 个变量，三个圆形表示三个状态指示灯分别关联连接变量 L1、L2、L3，L1 表示密码设置状态，在预设密码时黄色闪烁；L2 表示开门状态，密码正确，绿色常亮；

视频 3-3
画面设计

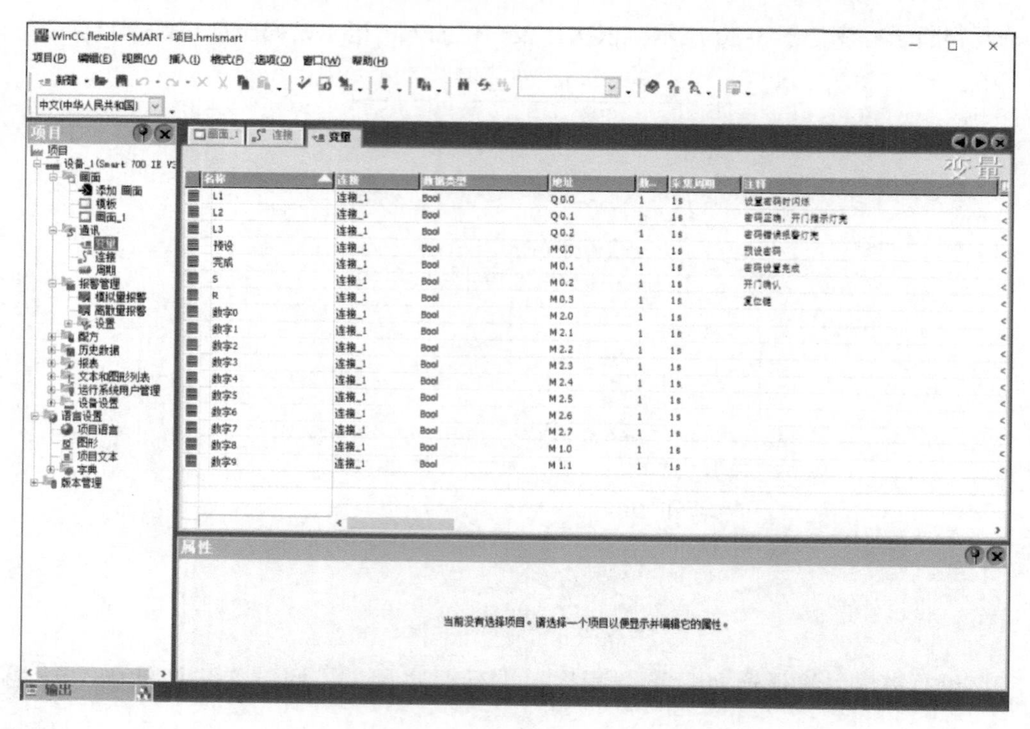

图 3-32 建立连接变量

L3 表示报警状态，密码错误报警红色常亮。

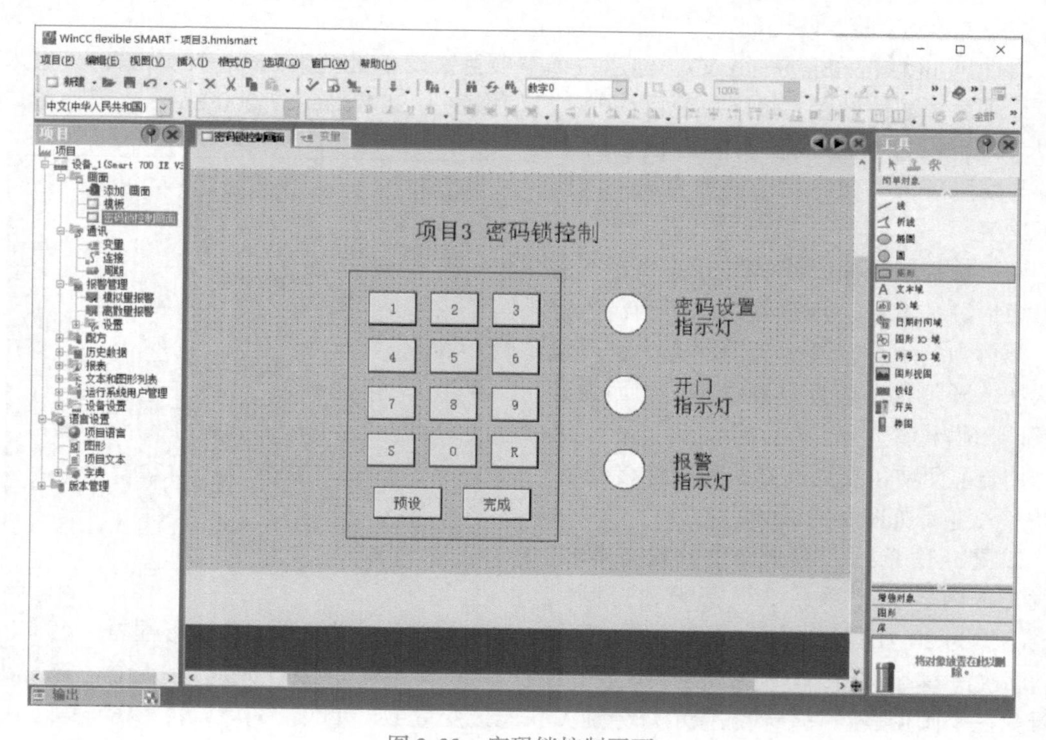

图 3-33 密码锁控制画面

触摸屏控制时 PLC 程序需做相应修改，其中密码锁控制主程序如图 3-34 所示。

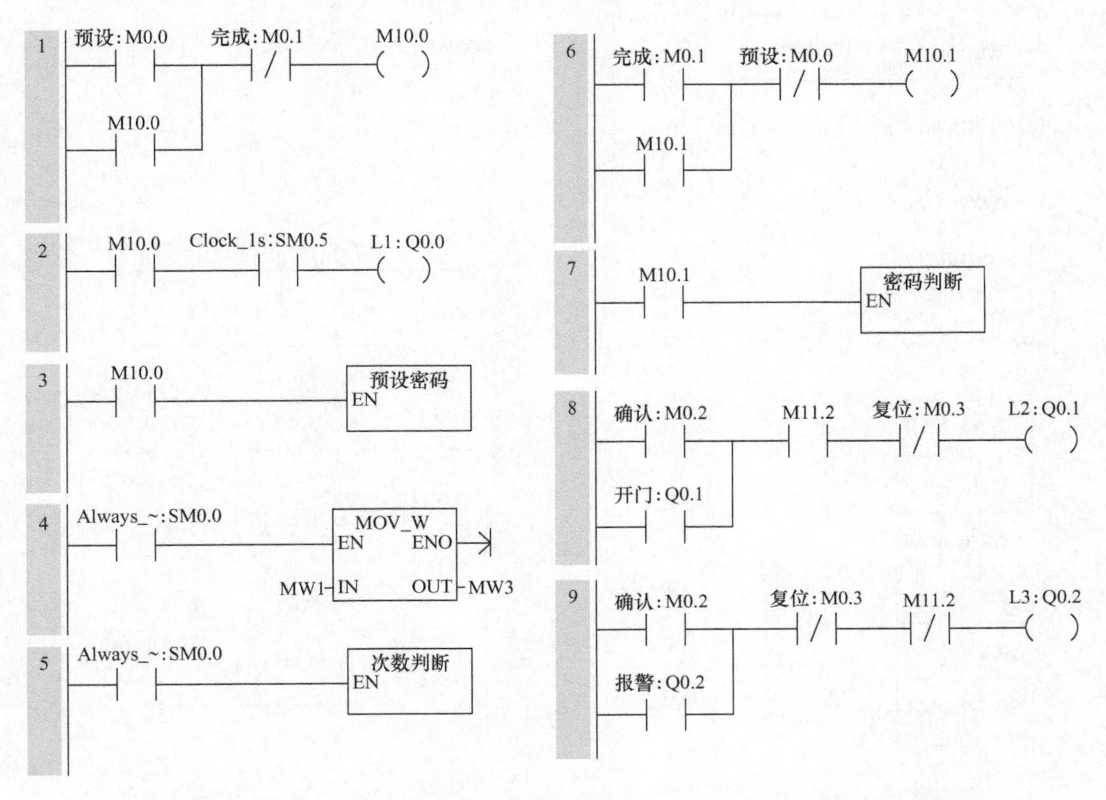

图 3-34　密码锁控制主程序

预设密码子程序如图 3-35 所示。

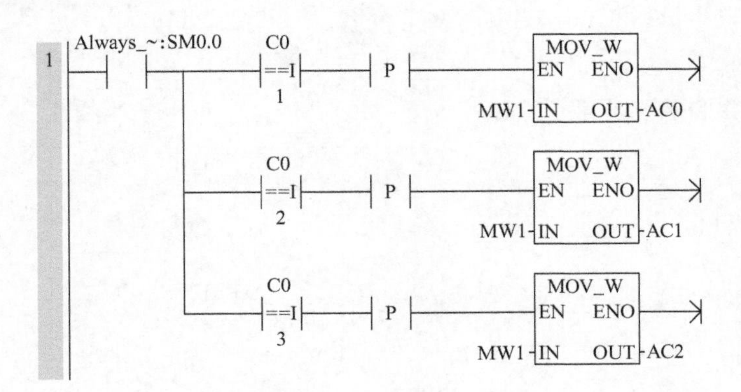

图 3-35　预设密码子程序

次数判断子程序如图 3-36 所示，这里触摸屏控制无需考虑按钮抖动问题。

密码判断子程序如图 3-37 所示。

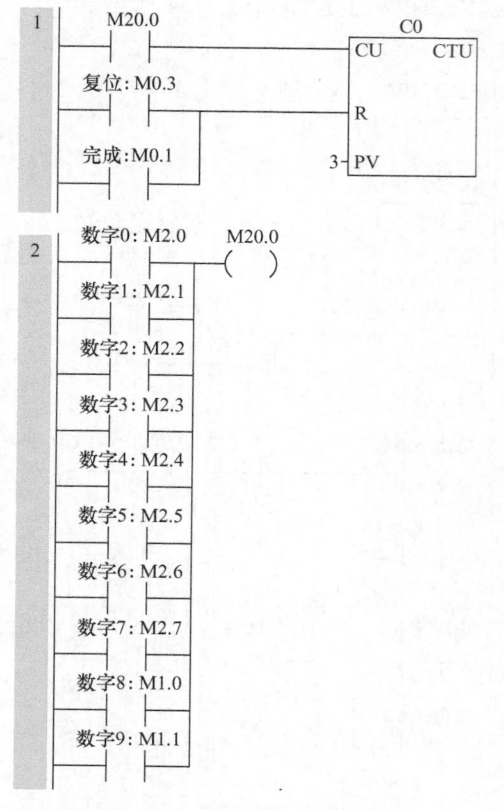

图3-36 次数判断子程序

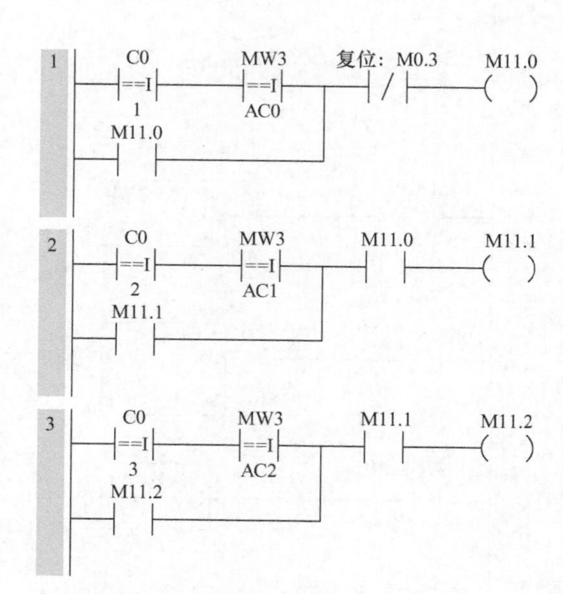

图3-37 密码判断子程序

触摸屏控制功能调试视频请扫码观看。

视频3-4
画面调试

思 考 题

如何实现按钮和触摸屏同步操作?

项目4

电压、电流控制

项目学习目标：

知识目标：了解数据块的相关知识；了解模拟量信号与数字量信号的区别；熟悉 S7-200 Smart PLC 的各种模拟量模块及其配置方式；掌握电压、电流控制方法。

技能目标：能在编程环境中进行数据块操作、修正；能进行整数、浮点数等的编程；能进行模拟量模块的安装、接线与调试；实现电压、电流控制。

职业素养目标：通过本项目的设计和调试，锻炼工程实施能力，确立数字量控制和模拟量控制的不同设计思路，培养自动控制项目的设计能力。

课程思政目标：通过书中微课视频了解电气自动化行业规范，强化标准规范意识，遵守国际、国家、行业标准。

4.1 项目背景及要求

4.1.1 项目背景

在自动控制系统中，除了对开关量的控制和对数字量的处理以外，很多场合还需要对模拟量进行控制。由于 PLC 内部数据处理是对数字量的处理，所以在对模拟量控制时，需要先把现场的模拟量信号转换为数字量信号，经过控制器内部数据处理后得到的仍然是数字量，要实现对现场模拟量信号控制时，需要把数字量转换为模拟量。因此，模拟量控制相对数字量控制更复杂。这里通过电压、电流控制案例确立模拟量控制设计思路，使学生掌握模拟量控制方法。

本项目主要介绍模拟量信号的采集和处理方法。通过学习本项目，学生可掌握模拟量模块的安装、接线和调试方法，同时熟悉标准电信号，了解国家标准和行业标准的重要性。

4.1.2 控制要求

工业控制中，不仅需要采集经传感器和变送器输出的标准量程电压或者电流信号，而且还需要通过模拟量输出控制执行机构和被控对象，模拟量输入输出应用非常广泛。利用具有 4 路输入和 2 路输出的模拟量输入输出模块 AM06 可实现模拟信号的数字化及模拟量输出，具体控制要求如下：

1）采集模拟量输入通道 2 和 3 的电压数据，并能超限报警。

2）分别控制输出，一路为 -10 ~ 10V 的电压信号，另一路为 0 ~ 20mA 的电流信号。

4.2 知识基础

系统块提供 S7-200 Smart CPU、信号板和扩展模块的组态。使用以下方法之一查看和编辑系统块以设置 CPU 选项：

- 在导航栏上单击“系统块”（System Block）按钮。
- 在“视图”（View）菜单功能区的“窗口”（Windows）区域内，从“组件”（Component）下拉列表中选择“系统块”（System Block）。
- 选择“系统块”（System Block）节点，然后按 <Enter> 键，或在项目树中双击“系统块”（System Block）节点。

STEP 7-Micro/WIN Smart 打开系统块，并显示适用于 CPU 类型的组态选项。系统块对话框如图 4-1 所示。

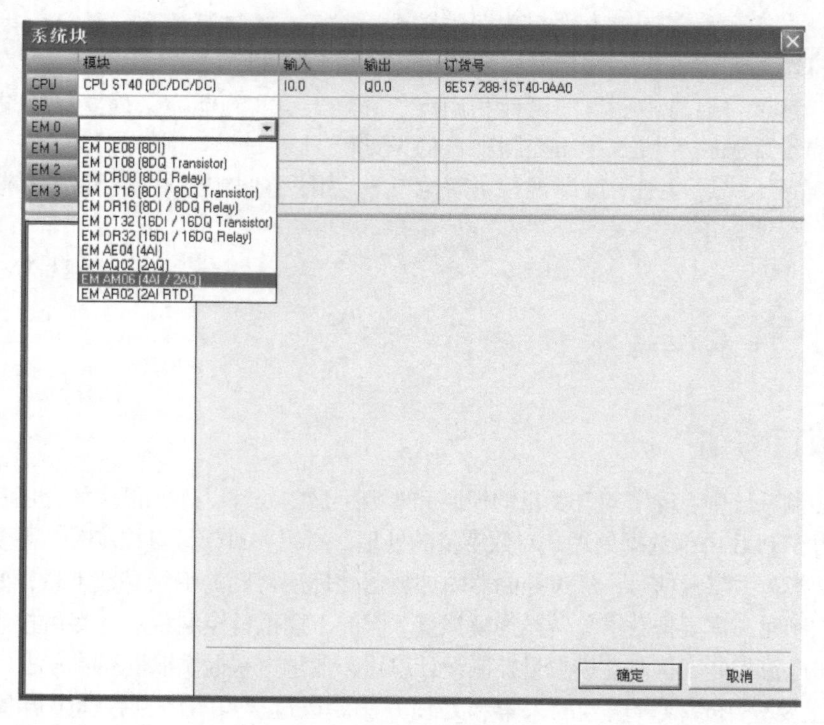

图 4-1　系统块对话框

“系统块”（System Block）对话框的顶部显示已经组态的模块，并允许添加或删除模块。使用下拉列表更改、添加或删除 CPU 型号、信号板和扩展模块。添加模块时，输入列和输出列显示已分配的输入地址和输出地址（地址自动分配），如图 4-2 所示。

最好选择系统块中的 CPU 型号作为真正要使用的 CPU 型号。下载项目时，如果项目中的 CPU 型号与连接的 CPU 型号不匹配，STEP 7-Micro/WIN Smart 发出警告消息。仍可继续下载，但如果连接的 CPU 不支持项目需要的资源和功能，将发生下载错误。

系统块对话框底部显示在顶部选择的模块选项。单击组态选项树中的任意节点均可修改所选模块的项目组态。

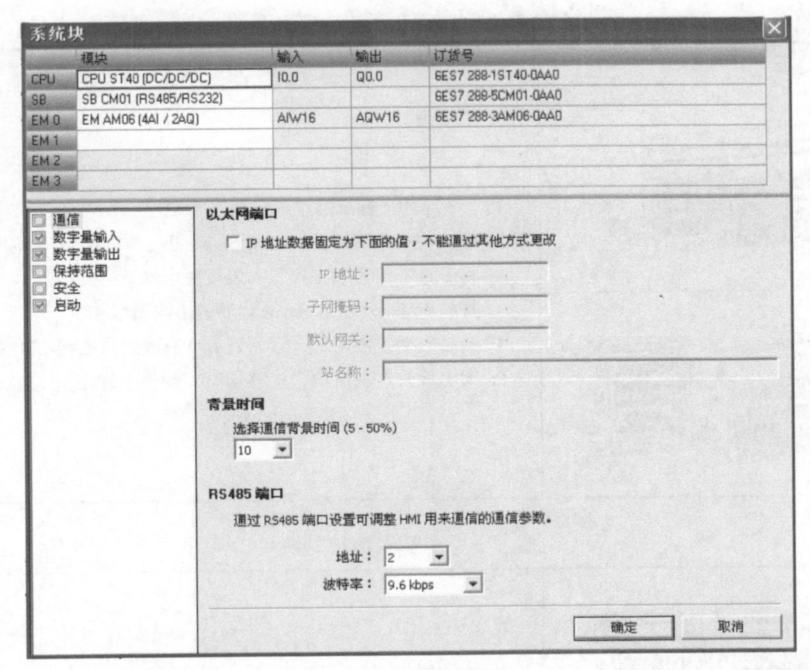

图 4-2　硬件配置

4.2.1　模拟量扩展模块的安装和拆卸

S7－200 Smart 系列 PLC 包括模拟量扩展模块，其扩展模块的安装、拆卸和更换分别见表 4-1、表 4-2 和表 4-3。

表 4-1　扩展模块的安装

任　务	步　骤
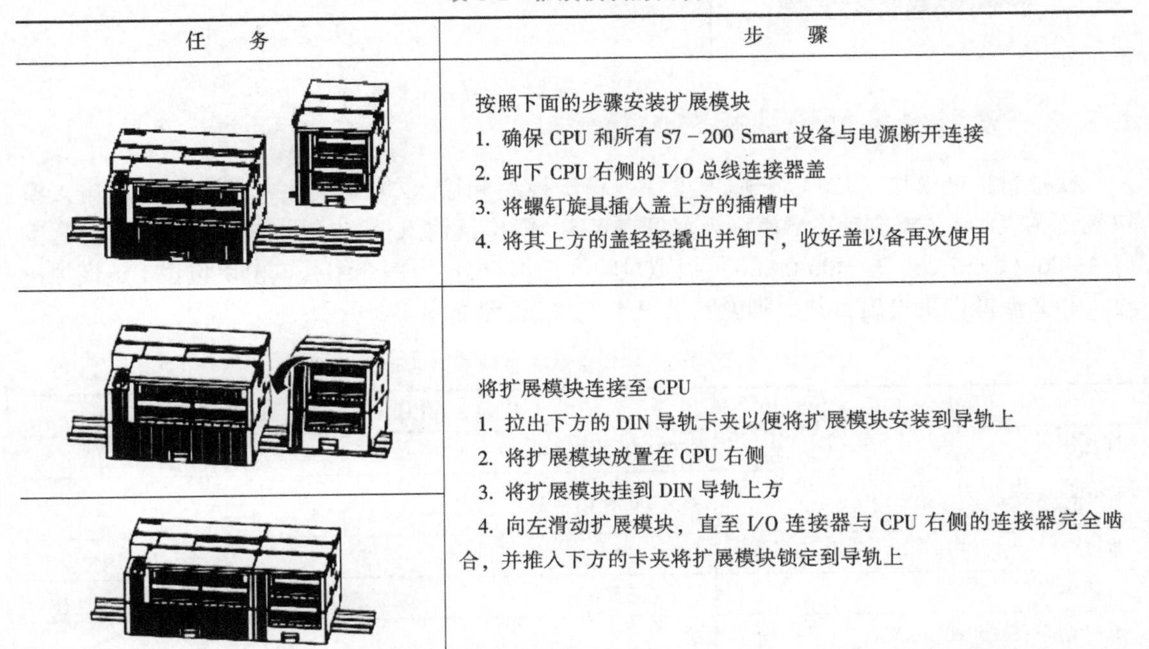	按照下面的步骤安装扩展模块 1. 确保 CPU 和所有 S7－200 Smart 设备与电源断开连接 2. 卸下 CPU 右侧的 I/O 总线连接器盖 3. 将螺钉旋具插入盖上方的插槽中 4. 将其上方的盖轻轻撬出并卸下，收好盖以备再次使用
	将扩展模块连接至 CPU 1. 拉出下方的 DIN 导轨卡夹以便将扩展模块安装到导轨上 2. 将扩展模块放置在 CPU 右侧 3. 将扩展模块挂到 DIN 导轨上方 4. 向左滑动扩展模块，直至 I/O 连接器与 CPU 右侧的连接器完全啮合，并推入下方的卡夹将扩展模块锁定到导轨上

表 4-2　扩展模块的拆卸

任　务	步　骤
 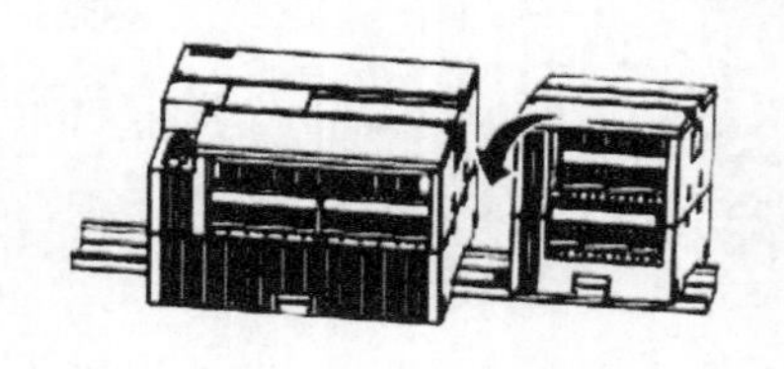	按照下面的步骤拆卸扩展模块 1. 确保 CPU 和所有 S7－200 Smart 设备与电源断开连接 2. 将 I/O 连接器和接线从扩展模块上卸下 3. 拧松所有 S7－200 Smart 设备的 DIN 导轨卡夹 4. 向右滑动扩展模块，以断开 I/O 总线连接器与 CPU 的连接 5. 向上旋转扩展模块，将其从 DIN 导轨上卸下

表 4-3　扩展模块的更换

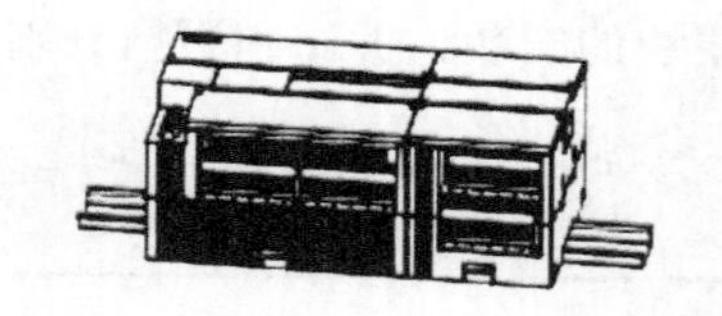	按照下面的步骤更换扩展模块 1. 确保 CPU 和所有 S7－200 Smart 设备与电源断开连接 2. 将扩展模块放置在 CPU 右侧 3. 将扩展模块挂到 DIN 导轨上方 4. 向下转动扩展模块，使其在 CPU 旁就位，并推入下方的卡夹将扩展模块锁定到导轨上 5. 向左滑动扩展模块，直至 I/O 连接器啮合

4.2.2　模拟量扩展模块规范与接线

模拟量扩展模块（EM）分输入模块、输出模块和输入/输出模块，其中模拟量输入模块规范见表 4-4，模拟量输出模块规范见表 4-5，模拟量输入/输出模块规范见表 4-6。这里以 AM06（6ES7 288-3AM06-0AA0）模拟量输入输出/模块为例介绍，该模块包含 4 点模拟量输入和 2 点模拟量输出，其引脚说明见表 4-7，接线图如图 4-3 所示。

表 4-4　模拟量输入模块规范

型　号	EM4 点模拟量输入（EM AE04）
订货号	6ES7 288-3AE04-0AA0
尺寸$\frac{W}{mm}\times\frac{H}{mm}\times\frac{D}{mm}$	45×100×81
重量/g	147
功耗/W	1.5（无负载）
电流消耗（SM 总线）/mA	80

（续）

型　　号	EM4 点模拟量输入（EM AE04）
电流消耗（DC24V）/mA	40（无负载）
输入点数/个	4
类型	电压或电流（差动），可选择，2 个为一组
范围	±10V、±5V、±2.5V 或 0~20mA
满量程范围（数据字）	-27 648~27 648
过冲/下冲范围（数据字）	电压：27 649~32 511/-27 649~-32 512 电流：27 649~32 511/-4 864~0
上溢/下溢（数据字）	电压：32 512~32 767/-32 513~-32 768 电流：32 512~32 767/-4 865~-32 768
分辨率	电压模式：11 位+符号位 电流模式：11 位
最大耐压/耐流	±35V/±40mA
平滑化	无、弱、中或强
噪声抑制	400Hz、60Hz、50Hz 或 10Hz
隔离（现场侧与逻辑侧）	无
精度（25℃/0~55℃）	电压模式：满量程的±0.1%/±0.2% 电流模式：满量程的±0.2%/±0.3%
模-数转换时间/μs	625（400Hz 抑制）
共模抑制	40dB，0~60Hz
工作信号范围	信号加共模电压必须小于 12V 且大于-12V
电缆长度（最大值），以米为单位	100m 屏蔽双绞线

表 4-5　模拟量输出模块规范

型　　号	EM2 点模拟量输出（EM AQ02）
订货号	6ES7 288-3AQ02-0AA0
尺寸$\frac{W}{mm}\times\frac{H}{mm}\times\frac{D}{mm}$	45×100×81
重量/g	147.1
功耗/W	1.5（无负载）
电流消耗（SM 总线）/mA	80
电流消耗（DC24V）/mA	50（无负载）
输出点数/个	2
类型	电压或电流
范围	±10V 或 0~20mA
分辨率	电压模式：10 位+符号位 电流模式：10 位
满量程范围（数据字）	电压：-27 648~27 648 电流：0~27 648

（续）

型　　号	EM2 点模拟量输出（EM AQ02）
精度（25℃/0～55℃）	满量程的 ±0.5%/±1.0%
稳定时间（新值的95%）	电压：300μs（R）、750μs（R）、750μs（1μF） 电流：600μs（1mH）、2ms（10mH）
负载阻抗	电压：≥1000Ω 电流：≤500Ω
STOP 模式下的输出行为	上一个值或替换值（默认值为 0）
隔离（现场侧与逻辑侧）	无
电缆长度（最大值），以米为单位	100m 屏蔽双绞线

表 4-6　模拟量输入/输出模块规范

型　　号	EM4 点模拟量输入/2 点模拟量输出（EM AM06）
订货号	6ES7 288-3AM06-0AA0
尺寸$\frac{W}{mm}\times\frac{H}{mm}\times\frac{D}{mm}$	45×100×81
重量/g	173.4
功耗/W	2.0（无负载）
电流消耗（SM 总线）/mA	80
电流消耗（DC24V）/mA	60（无负载）
输入点数/个	4
类型	电压或电流（差动）：可 2 个选为一组
范围	±10V、±5V、±2.5V 或 0～20mA
满量程范围（数据字）	-27 648～27 648
过冲/下冲范围（数据字）	电压：27 649～32 511/-27 649～-32 512 电流：27 649～32 511/-4 864～0
上溢/下溢（数据字）	电压：32 512～32 767/-32 513～-32 768 电流：32 512～32 767/-4 865～-32 768
分辨率	电压模式：11 位+符号 电流模式：11 位
最大耐压/耐流	±35V/±40mA
平滑化	无、弱、中或强
噪声抑制	400Hz、60Hz、50Hz 或 10Hz
输入阻抗/MΩ	≥9
隔离（现场侧与逻辑侧）	无
精度（25℃/0～55℃）	电压模式：满量程的 ±0.1%/±0.2% 电流模式：满量程的 ±0.2%/±0.3%
模-数转换时间/μs	625（400Hz 抑制）
共模抑制	40dB、0～60Hz

（续）

型　　号	EM4 点模拟量输入/2 点模拟量输出（EM AM06）
工作信号范围	信号加共模电压必须小于12V 且大于－12V
电缆长度（最大值），以米为单位	100m 屏蔽双绞线
输出点数/个	2
类型	电压或电流
范围	±10V 或 0～20mA
分辨率	电压模式：10 位＋符号 电流模式：10 位
满量程范围（数据字）	电压：－27 648～27 648 电流：0～27 648
精度（25℃/0～55℃）	满量程的 ±0.5%/±1.0%
稳定时间（新值的95%）	电压：300μs（R）、750μs（1μF） 电流：600μs（1mH）、2ms（10mH）
负载阻抗/Ω	电压：≥1000 电流：≤500
STOP 模式下的输出行为	上一个值或替换值（默认值为0）
隔离（现场侧与逻辑侧）	无
电缆长度（最大值），以米为单位	100m 屏蔽双绞线

表 4-7　AM06 引脚说明

引脚	X10	X11	X12
1	L+/DC24V	无连接	无连接
2	M/DC24V	无连接	无连接
3	功能性接地	无连接	无连接
4	AI 0＋	AI 2＋	AQ 0M
5	AI 0－	AI 2－	AQ 0
6	AI 1＋	AI 3＋	AQ 1M
7	AI 1－	AI 3－	AQ 1

4.2.3　组态模拟量输入/输出

1. 组态模拟量输入

单击“系统块”（System Block）对话框的“模拟量输入”（Analog Inputs）节点，为在顶部选择的模拟量输入模块组态选项，如图 4-4 所示。

对于每条模拟量输入通道，都可将类型组态为电压或电流。为偶数通道选择的类型也适用于奇数通道，即为通道 0 选择的类型也适用于通道 1，为通道 2 选择的类型也适用于通道 3，也就是说，通道 0 和通道 1 类型一致，通道 2 和通道 3 类型一致。

然后组态通道的电压范围或电流范围，可选择以下取值范围之一：

- +/-2.5V
- +/-5V
- +/-10V
- 0~20mA

“拒绝”（Rejection）设置：传感器的响应时间或传送模拟量信号至模块的信号线的长度和状况，也会引起模拟量输入值的波动。在这种情况下，波动值可能变化太快，导致程序逻辑无法有效响应。可组态模块对信号进行抑制，在以下列频率点消除或最小化噪声：

- 10Hz
- 50Hz
- 60Hz
- 400Hz

“平滑”（Smoothing）参数设置：可组态模块在组态的周期数内平滑模拟量输入信号，从而将一个平均值传送给程序逻辑。有四种平滑算法可供选择：

- 无（无平滑）
- 弱
- 中
- 强

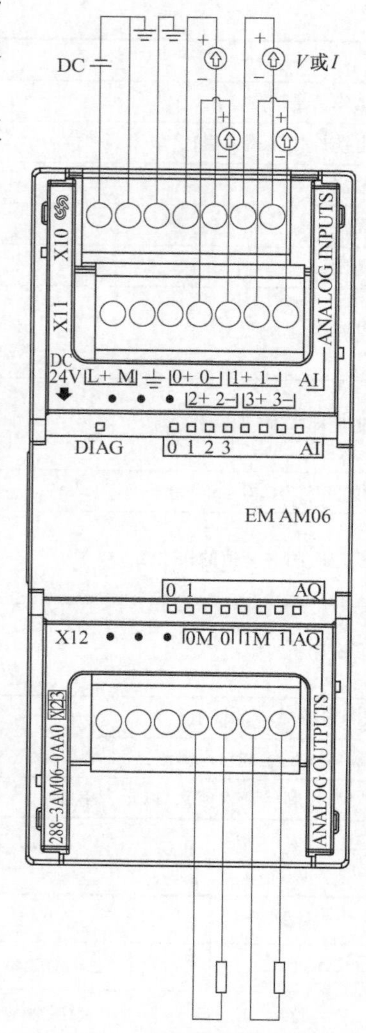

图 4-3　AM06 接线图

报警组态：可为所选模块的所选通道选择是启用还是禁用以下报警：

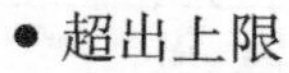

- 超出上限
- 超出下限
- 用户电源（在系统块“模块参数”（Module Parameters）节点组态，如图 4-5 所示）

2. 组态模拟量输出

单击“系统块”（System Block）对话框的“模拟量输出”（Analog Outputs）节点，为在顶部选择的模拟量输出模块组态选项，并进行模拟量类型组态，对于每条模拟量输出通道，都可将类型组态为电压或电流。图 4-6 所示为电压类型组态，图 4-7 所示为电流类型组态。

然后组态通道的电压范围或电流范围，可选择以下取值范围之一：

- +/-10V
- 0~20mA

STOP 模式下的输出行为：当 CPU 处于 STOP 模式时，可将模拟量输出点设置为特定值，或者保持在切换到 STOP 模式之前存在的输出状态。

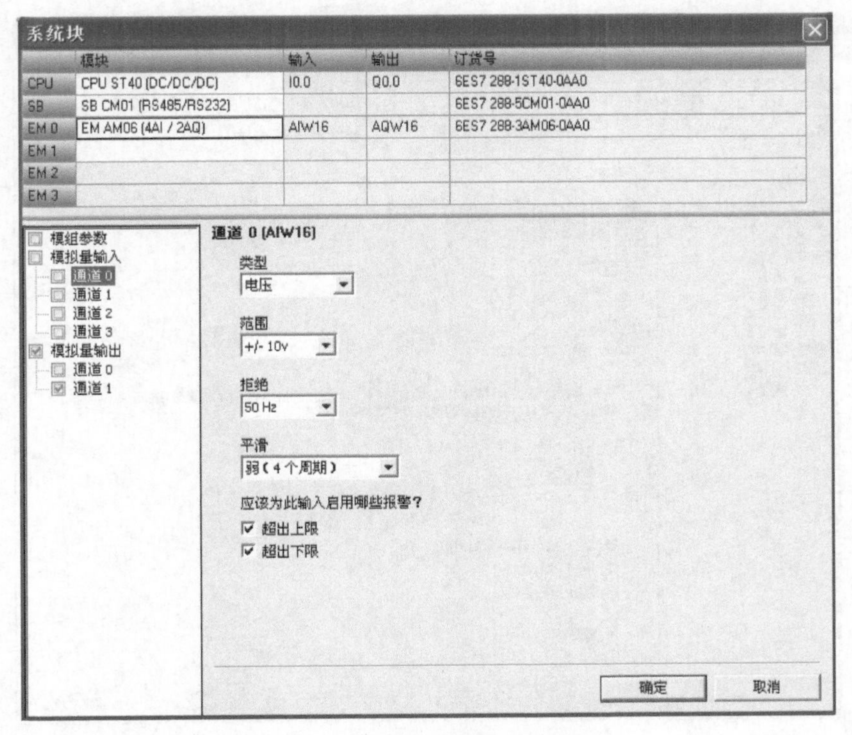

图 4-4　模拟量输入模块组态选项

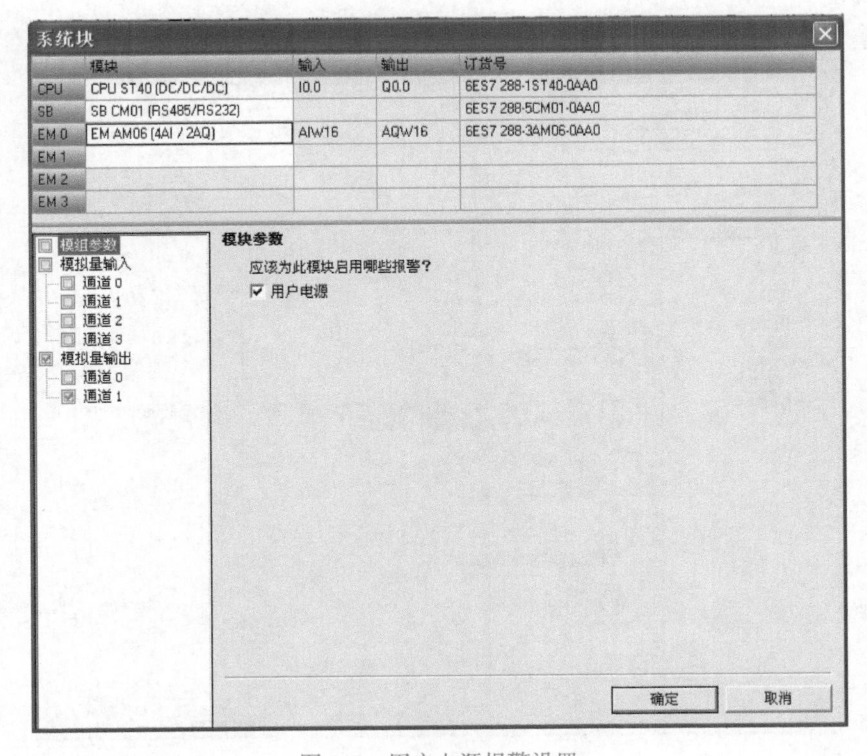

图 4-5　用户电源报警设置

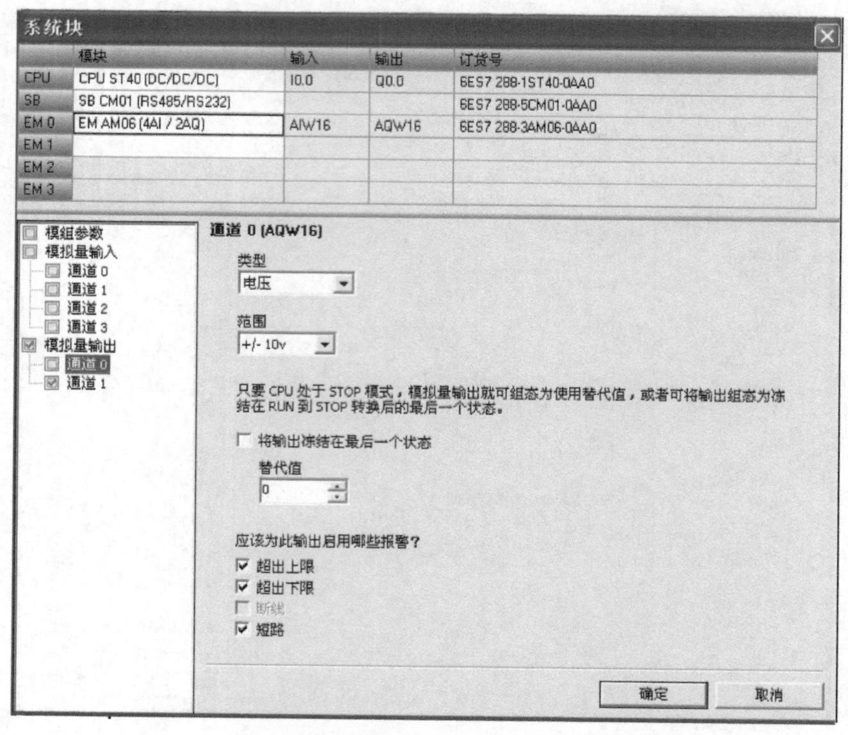

图 4-6　模拟量输出模块电压类型组态

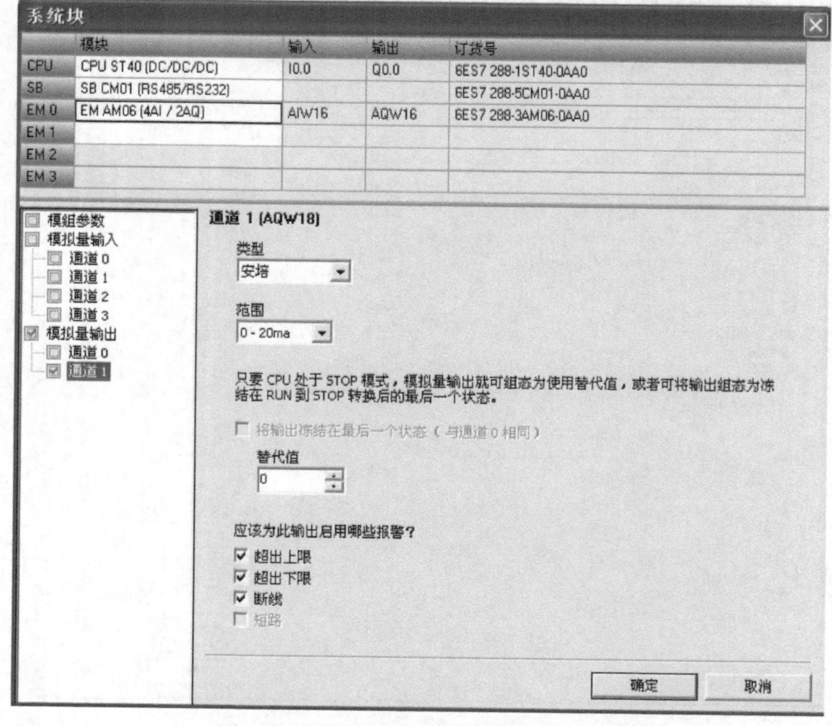

图 4-7　模拟量输出模块电流类型组态

在 STOP 模式下，有两种方法可用于设置模拟量输出行为：

1）“将输出冻结在最后一个状态”（Freeze outputs in last state）：勾选此复选框，就可在 PLC 进行 RUN 到 STOP 转换时将所有模拟量输出冻结在其最后值。

2）“替代值”（Substitute value）：如果“将输出冻结在最后一个状态”（Freeze outputs in last state）复选框未选中，只要 CPU 处于 STOP 模式，就可输入应用于输出的值（-32512 ~ 32511）。默认替换值为 0。

报警组态：可为所选模块的所选通道选择是启用还是禁用以下报警：

- 超出上限
- 超出下限
- “断线”（Wire break）（仅限电流通道）
- “短路”（Short circuit）（仅限电压通道）
- 用户电源（在系统块“模块参数”（Module Parameters）节点组态，同上）

4.2.4　比较指令

数值比较指令可以对两个数据类型相同的数值进行比较，可以比较字节、整数、双整数和实数。对于 LAD 和 FBD，比较结果为 TRUE 时，比较指令将接通触点（LAD 程序段能流）或输出（FBD 逻辑）。对于 STL，比较结果为 TRUE 时，比较指令可装载 1，将 1 与逻辑栈顶中的值进行“与”运算或者“或”运算。

S7-200 Smart 系列 PLC 有六种比较指令可用，详见表 4-8，选择的数据类型决定了需要为 IN1 和 IN2 使用的类型，详见表 4-9，不同数据类型对应的比较指令应用见表 4-10，所有比较指令的有效操作数见表 4-11。

表 4-8　比较指令的类型

比较类型	输出仅在以下条件下为 TRUE
= =（LAD/FBD） =（STL）	IN1 等于 IN2
< >	IN1 不等于 IN2
> =	IN1 大于或等于 IN2
< =	IN1 小于或等于 IN2
>	IN1 大于 IN2
<	IN1 小于 IN2

表 4-9　数据类型决定了 IN1 和 IN2 使用的类型

数据类型标识符	所需 IN1、IN2 的数据类型
B	无符号字节
W	有符号字整数
D	有符号双字整数
R	有符号实数

表 4-10　数据类型对应的比较指令应用

LAD 触点	比较结果
IN1 ==B IN2	比较两个无符号字节值 如果 IN1 = IN2，则结果为 TRUE
IN1 ==I IN2	比较两个有符号整数值 如果 IN1 = IN2，则结果为 TRUE
IN1 ==D IN2	比较两个有符号双整数值 如果 IN1 = IN2，则结果为 TRUE
IN1 ==R IN2	比较两个有符号实数值 如果 IN1 = IN2，则结果为 TRUE

表 4-11　所有比较指令的有效操作数

输入/输出	数据类型	操作数
IN1、IN2	BYTE	IB、QB、VB、MB、SMB、SB、LB、AC、*VD、*LD、*AC、常数
	INT	IW、QW、VW、MW、SMW、SW、T、C、LW、AC、AIW、*VD、*LD、*AC、常数
	DINT	ID、QD、VD、MD、SMD、SD、LD、AC、HC、*VD、*LD、*AC、常数
	REAL	ID、QD、VD、MD、SMD、SD、LD、AC、*VD、*LD、*AC、常数
OUT	BOOL	LAD：能流 FBD：I、Q、V、M、SM、S、T、C、L、逻辑流

比较指令的编程示例如图 4-8 所示，在 I0.3 激活时执行比较指令，整数字比较 VW0 > +10000 是否为 TRUE，结果为真则 Q0.2 被激活；整数双字比较 -150000000 < VD2 是否为 TRUE，结果为真则 Q0.3 被激活；实数比较 VD6 >5.001E -006 是否为 TRUE，为真则 Q0.4 被激活；除此之外，还可以比较存储在可变存储器中的两个值，如 VW0 > VW100。

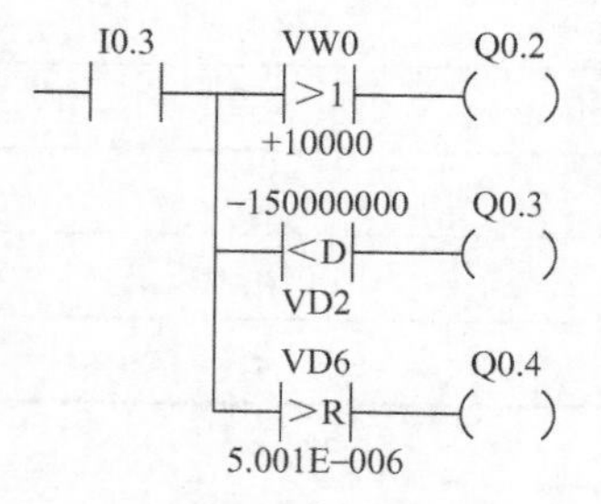

图 4-8　比较指令的编程示例

比较字符串指令可比较两个 ASCII 字符串，见表 4-12。对于 LAD 和 FBD，比较结果为 TRUE 时，比较指令将接通触点（LAD）或输出（FBD）。对于 STL，比较结果为 TRUE 时，比较指令可装载 1，将 1 与逻辑栈顶中的值进行“与”运算或者“或”运算。可以在两个变量或一个常数和一个变量之间进行比较。如果比较中使用了常数，则它必须为顶部参数（LAD 触点/FBD 功能框）或第一参数（STL）。在程序编辑器中，常数字符串参数赋值必须以双引号字符开始和结束。常数字符串的最大长度是 126 个字符（字节）。相反，变量字符串由初始长度字节的字节地址引用，字符字节存储在下一个字节地址处。变量字符串的最大长度为254个字符（字节），并且可在数据块编辑器中进行初始化（前后带双引号字符）。比较字符串指令的有效操作数见表4-13。

表4-12　比较字符串指令

LAD触点	说　明
IN1 ─┤==S├─ IN2	比较两个STRING数据类型的字符串 如果字符串IN1等于字符串IN2，则结果为TRUE
IN1 ─┤<>S├─ IN2	比较两个STRING数据类型的字符串 如果字符串IN1不等于字符串IN2，则结果为TRUE

表4-13　比较字符串指令的有效操作数

输入/输出	数据类型	操　作　数
IN1	STRING	VB、LB、*VD、*LD、*AC、常数字符串
IN2	STRING	VB、LB、*VD、*LD、*AC
OUT	BOOL	LAD：能流 FBD：I、Q、V、M、SM、S、T、C、L、逻辑流

任意比较指令遇到非法间接地址、比较字符串指令遇到长度大于254个字符的变量字符串或变量字符串的起始地址和长度使其不适合所指定的存储区时，会导致非致命错误，将能流设置为OFF（ENO位=0），并且使用值0作为比较结果。为了避免这些情况的发生，首先应确保正确初始化指针以及用于保留ASCII字符串的存储单元，然后再执行使用这些值的比较指令，确保为ASCII字符串预留的缓冲区能够完全放入指定的存储区。不管能流的状态如何，都会执行比较指令。

STRING数据类型的格式：字符串变量是一个字符序列，其中的每个字符都以字节的形式存储。STRING数据类型的第一个字节定义字符串的长度，即字符字节数。

图4-9给出了在存储器中以变量形式存储的STRING数据类型。字符串的长度可以是0~254个字符，变量字符串的最大存储要求为255个字节（长度字节加上254个字符）。

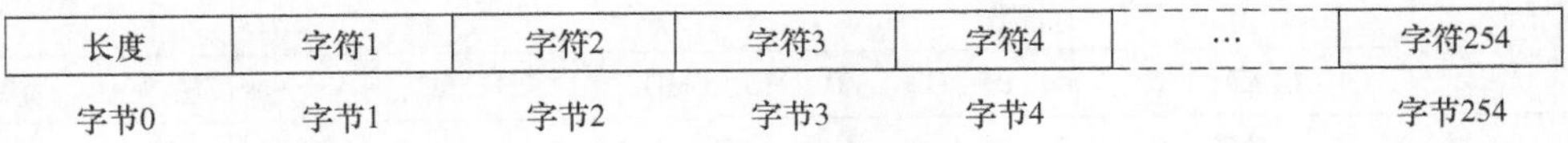

长度	字符1	字符2	字符3	字符4	…	字符254
字节0	字节1	字节2	字节3	字节4		字节254

图4-9　STRING数据类型

如果直接在程序编辑器中输入常数字符串参数（最多126个字符），或在数据块编辑器中初始化变量字符串（最多254个字符），则字符串赋值必须以双引号字符开始和结束。

4.2.5　四则运算指令

S7-200 Smart的四则运算指令包含加法、减法、乘法和除法运算指令，详见表4-14，每种运算方式有整数型、双精度整数型和实数型，其有效操作数详见表4-15。

表 4-14　加法、减法、乘法和除法指令

LAD/FBD	说　明
ADD_I EN　ENO IN1　OUT IN2 ADD_DI ADD_R	整数加法指令将两个 16 位整数相加，产生一个 16 位结果。双整数加法指令将两个 32 位整数相加，产生一个 32 位结果。实数加法（+R）指令将两个 32 位实数相加，产生一个 32 位实数结果 IN1 + IN2 = OUT
SUB_I EN　ENO IN1　OUT IN2 SUB_DI SUB_R	整数减法指令将两个 16 位整数相减，产生一个 16 位结果。双整数减法（-D）指令将两个 32 位整数相减，产生一个 32 位结果。实数减法（-R）指令将两个 32 位实数相减，产生一个 32 位实数结果 IN1 - IN2 = OUT
MUL_I EN　ENO IN1　OUT IN2 MUL_DI MUL_R	整数乘法指令将两个 16 位整数相乘，产生一个 16 位结果。双整数乘法指令将两个 32 位整数相乘，产生一个 32 位结果。实数乘法指令将两个 32 位实数相乘，产生一个 32 位实数结果 IN1 * IN2 = OUT
DIV_I EN　ENO IN1　OUT IN2 DIV_DI DIV_R	整数除法指令将两个 16 位整数相除，产生一个 16 位结果（不保留余数）。双整数除法指令将两个 32 位整数相除，产生一个 32 位结果（不保留余数）。实数除法（/R）指令将两个 32 位实数相除，产生一个 32 位实数结果 IN1/IN2 = OUT

表 4-15　四则运算指令的有效操作数

输入/输出	数据类型	操 作 数
IN1、IN2	INT	IW、QW、VW、MW、SMW、SW、T、C、LW、AC、AIW、*VD、*AC、*LD、常数
	DINT	ID、QD、VD、MD、SMD、SD、LD、AC、HC、*VD、*LD、*AC、常数
	REAL	ID、QD、VD、MD、SMD、SD、LD、AC、*VD、*LD、*AC、常数
OUT	INT	IW、QW、VW、MW、SMW、SW、LW、T、C、AC、*VD、*AC、*LD
	DINT、REAL	ID、QD、VD、MD、SMD、SD、LD、AC、*VD、*LD、*AC

4.3　编程举例

PLC 的模拟量模块采集到的数据为 -27648 ~ 27648 的整数，需要将其处理转换为实际的电压、电流、压力、温度等数据，一般采用两步法：首先将采集的数据进行归一化处理，转换到 0.0 ~ 1.0 的范围内；再将归一化的 0.0 ~ 1.0 之间的数据进行比例缩放，使其显示值

为实际的电压值。

1. 归一化处理

如图4-10所示，归一化通过参数MIN和MAX指定值范围内的参数VALUE实现：

$$OUT = (VALUE - MIN)/(MAX - MIN) \qquad (0.0 <= OUT <= 1.0)$$

当VALUE = MIN时，OUT = 0.0；当VALUE = MAX时，OUT = 1.0。

例如：

参数	值
MIN	0.0
VALUE	13824
MAX	27648
OUT	0.5

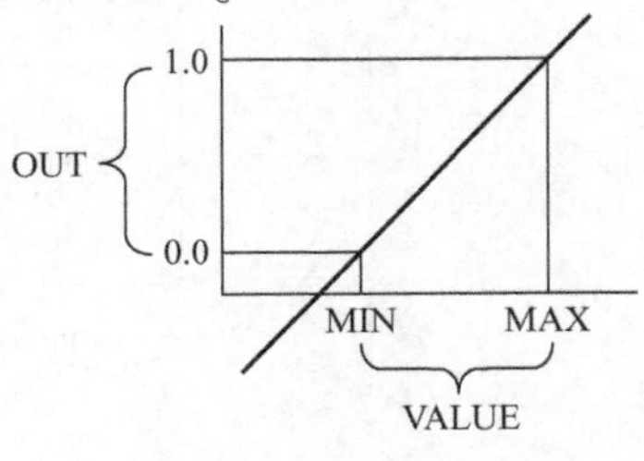

图4-10　归一化曲线

归一化处理子程序如图4-11所示。归一化处理程序编写与调试视频请扫码观看。

视频4-1
归一化子程序

1
Always_On
SUB_R
EN　ENO
#N_Val - IN1　OUT - #temp1
#N_Min - IN2
SUB_R
EN　ENO
#N_Max - IN1　OUT - #temp2
#N_Min - IN2
DIV_R
EN　ENO
#temp1 - IN1　OUT - #N_out
#temp2 - IN2

	地址	符号	变量类型	数据类型
1		EN	IN	BOOL
2	LD0	N_Max	IN	REAL
3	LD4	N_Min	IN	REAL
4	LD8	N_Val	IN	REAL
5			IN	
6			IN_OUT	
7	LD12	N_out	OUT	REAL
8			OUT	
9	LD16	temp1	TEMP	REAL
10	LD20	temp2	TEMP	REAL
11			TEMP	

图4-11　归一化处理子程序

2. 量程缩放处理

如图4-12所示，按参数MIN和MAX所指定的数据类型和数值范围对标准化的实际参数VALUE（其中，0.0 < = VALUE < = 1.0）进行标定：

$$OUT = VALUE(MAX - MIN) + MIN$$

当VALUE = 0.0时，OUT = MIN；当VALUE = 1.0时，OUT = MAX。

例如：

参数	值
MIN	0.0
VALUE	0.5
MAX	10
OUT	5

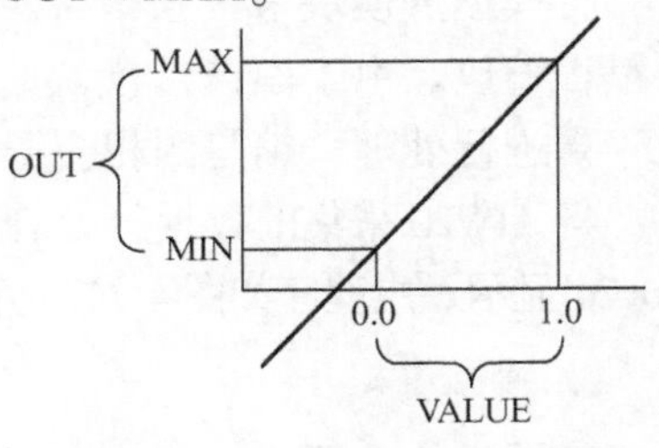

图4-12　量程缩放曲线

量程缩放处理子程序如图4-13所示。量程缩放处理程序编写与调试视频请扫码观看。

视频4-2 量程缩放处理程序

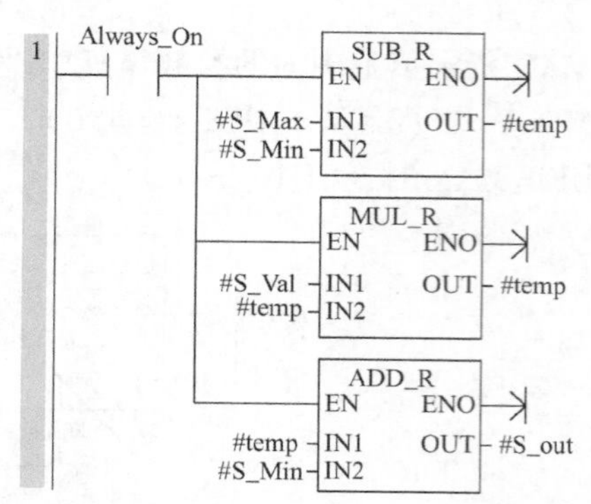

	地址	符号	变量类型	数据类型
1		EN	IN	BOOL
2	LD0	S_Max	IN	REAL
3	LD4	S_Min	IN	REAL
4	LD8	S_Val	IN	REAL
5			IN	
6			IN_OUT	
7	LD12	S_out	OUT	REAL
8			OUT	
9	LD16	temp	TEMP	REAL
10			TEMP	

图4-13 量程缩放处理子程序

4.4 项目实现

DEMO实验箱的模拟量输入旋钮AI0接AM06的模拟量输入通道2，地址为AIW20，旋钮AI1接AM06的模拟量输入通道3，地址为AIW22，两个模拟量电压信号范围为-10~10V；AQ0接AM06的模拟量输出通道0，地址为AQW16，AQ1接AM06的模拟量输出通道1，地址为AQW18。

将AIW20的输入数据转换为-10~10V的电压值存放于VD600中，同时设置上下限报警，当采集到的电压值超过9V时，上限报警灯Q0.0亮，当采集到的电压值低于-9V时，下限报警灯Q0.1亮。将AIW22的输入数据转换为-10~10V的电压值存放于VD604中。将VD616中-10~10V的电压值送AQW16，VD620中0~20mA的电流值送AQW18。地址分配见表4-16。

表4-16 地址分配表

输入				输出			
序号	符号	地址	HMI地址	序号	符号	地址	HMI地址
1	AI0_输入	AIW20	VD600	1	AQ0_电压	AQW16	VD616
2	AI1_输入	AIW22	VD604	2	AQ1_电流	AQW18	VD620
				3	上限报警灯	Q0.0	
				4	下限报警灯	Q0.1	

1. 模拟量采集

将模拟量模块采集到的-27648~27648数据转换为-10~10V的电压，先进行归一化再量程缩放。由于模拟量模块采集到的数据为整数，需要将数据格式转换为实数，再进行处理，编写的相应子程序如图4-14所示。

将AIW20采集的数据经处理后送VD600显示，AIW22采集的数据经处理后送VD604显示。主程序如图4-15所示。模拟量采集程序编写与调试视频请扫码观看。

视频4-3 模拟量采集程序编写与调试

2. 模拟量输出

将设置的电压或电流值进行归一化处理，再进行量程缩放，AQ0通道设置为电压输出，

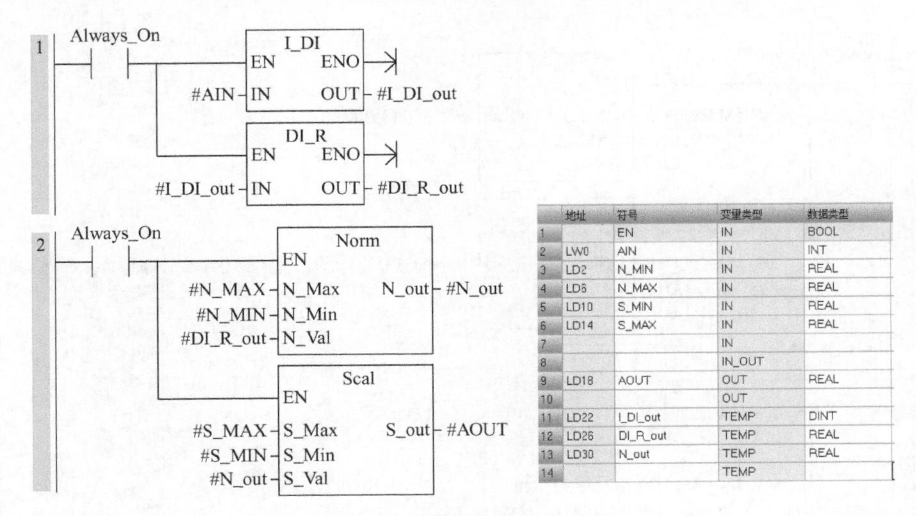

	地址	符号	变量类型	数据类型
1		EN	IN	BOOL
2	LW0	AIN	IN	INT
3	LD2	N_MIN	IN	REAL
4	LD6	N_MAX	IN	REAL
5	LD10	S_MIN	IN	REAL
6	LD14	S_MAX	IN	REAL
7			IN	
8			IN_OUT	
9	LD18	AOUT	OUT	REAL
10			OUT	
11	LD22	I_DI_out	TEMP	DINT
12	LD26	DI_R_out	TEMP	REAL
13	LD30	N_out	TEMP	REAL
14			TEMP	

图 4-14　模拟量采集子程序

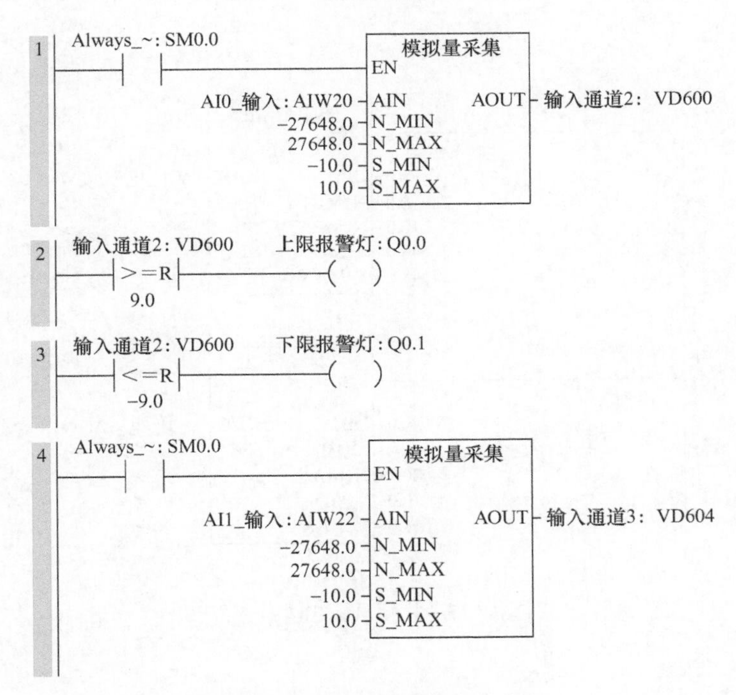

图 4-15　模拟量采集主程序

范围为 -10~10V，对应数字量范围为 -27648~27648；AQ1 通道设置为电流输出，范围为 0~20mA，对应数字量范围为 0~27648。

编程思路与模拟量采集类似，先归一化再量程缩放，此时输出数据为实数，需要将实数转换为整数，再送模拟量输出通道，模拟量输出子程序如图 4-16 所示。

将 VD616 中设置的电压经处理送至 AQ0 通道，VD620 中设置的电流经处理送至 AQ1 通道。模拟量输出主程序如图 4-17 所示。模拟量输出程序编写与调试视频请扫码观看。

视频 4-4
模拟量输出
程序编写与调试

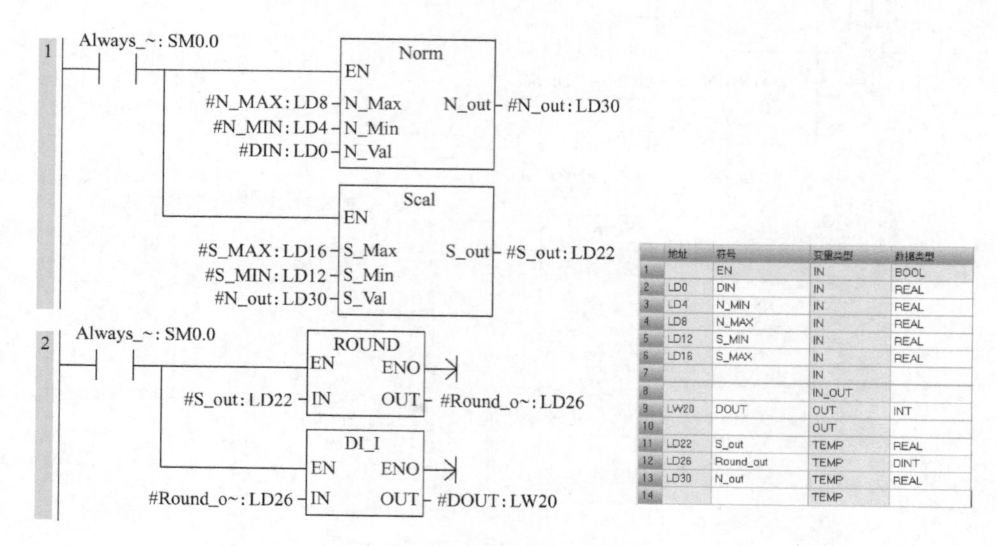

	地址	符号	变量类型	数据类型
1		EN	IN	BOOL
2	LD0	DIN	IN	REAL
3	LD4	N_MIN	IN	REAL
4	LD8	N_MAX	IN	REAL
5	LD12	S_MIN	IN	REAL
6	LD16	S_MAX	IN	REAL
7			IN	
8			IN_OUT	
9	LW20	DOUT	OUT	INT
10			OUT	
11	LD22	S_out	TEMP	REAL
12	LD26	Round_out	TEMP	DINT
13	LD30	N_out	TEMP	REAL
14			TEMP	

图 4-16 模拟量输出子程序

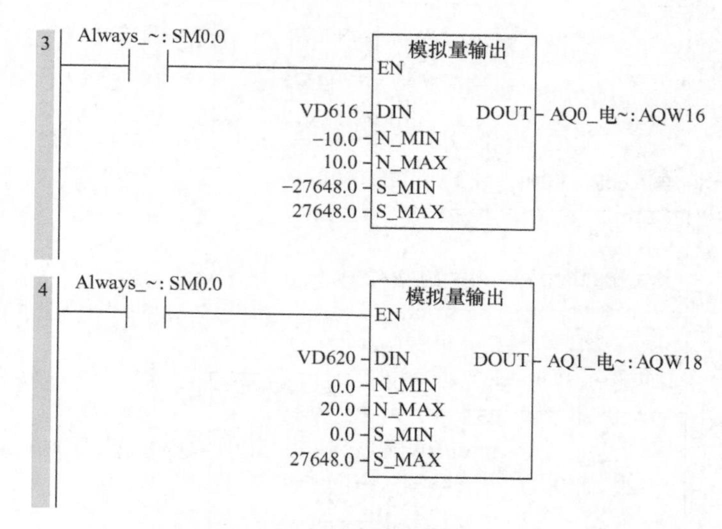

图 4-17 模拟量输出主程序

4.5 项目拓展

启动 WinCC flexible Smart V3，创建一个空项目，设备机型为 Smart 700 IE V3，进入项目设计画面。通信设置方法同前项目，PLC 机型修改为 SIMATIC S7—200 Smart，通信接口选择以太网，设置 HMI 设备及 PLC 设备的 IP 地址与实际硬件一致，两个地址在同一网段且不冲突。

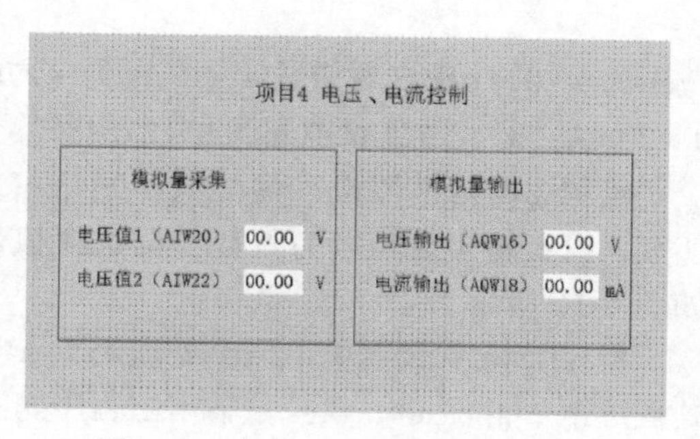

图 4-18 电压、电流控制画面设计

图 4-18 所示为电压、电流控制画面设计，

左侧矩形框中显示模拟量数据采集数据，右侧矩形框中可以输入准备输出到模拟量输出端的电压和电流值。由于模-数转换会出现误差，所以触摸屏模拟量输出数据与实验箱上 AQ0、AQ1 数据会略有不同。画面设计视频请扫码观看。

新建空项目，设备选型为 Smart 700 IE V3，用与前项目相同的方法先建立通信连接，如图 4-19 所示。

视频 4-5
画面设计

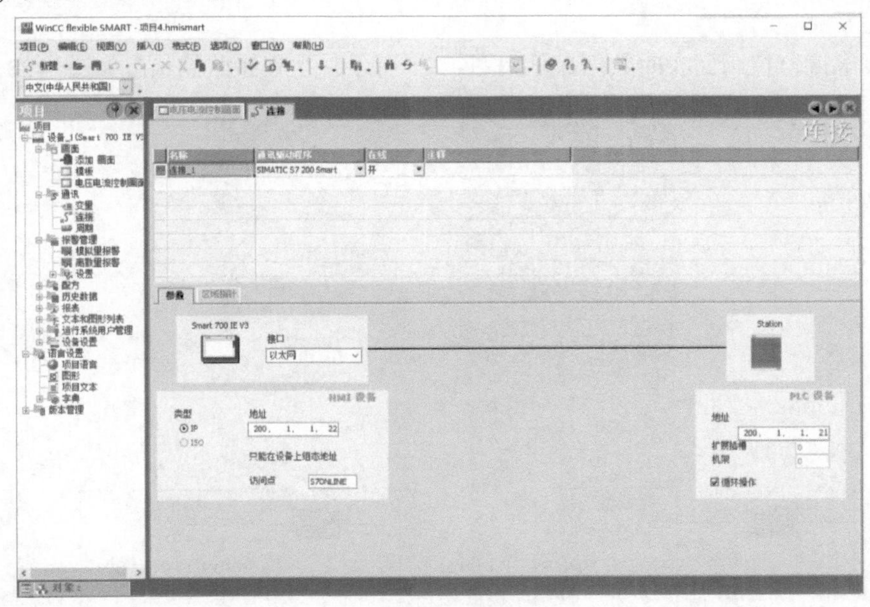

图 4-19　建立通信连接

如图 4-20 所示，建立连接变量。

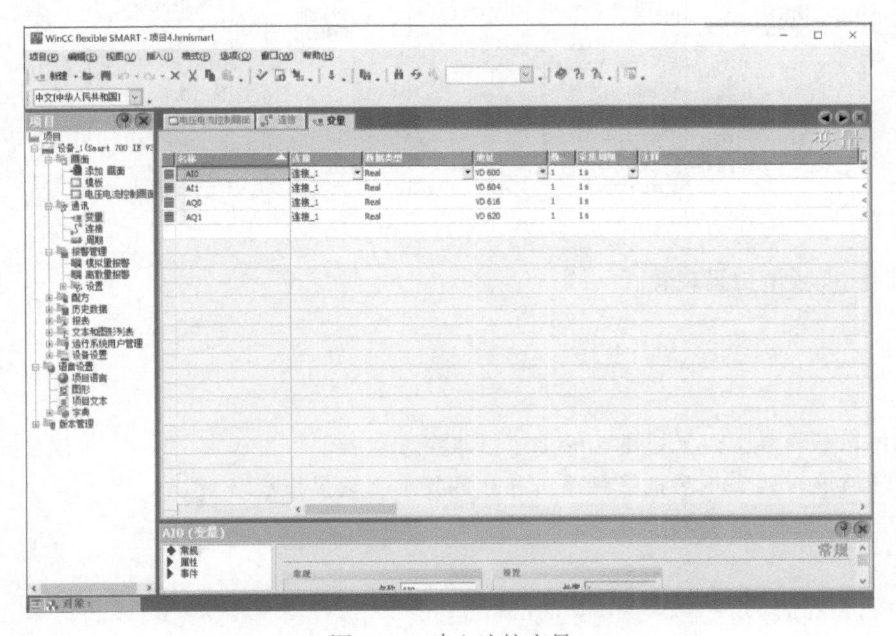

图 4-20　建立连接变量

在图 4-18 中，画面名修改为电压、电流控制，在画面中放置文本域，修改文本内容为“项目 4　电压、电流控制”，修改字体为 20 号黑色宋体。放置两个矩形框，填充样式设置为透明。矩形框中文本域字体为 18 号黑色宋体，四个 IO 域分别关联四个连接变量，模拟量采集 IO 域为输出模式，模拟量输出 IO 域为输入模式，均为带两位小数的十进制数据格式。此外，为了能正常输入模拟量，需要将模拟量输出的两个文本框图层设置为 1，高于相应的矩形框图层 0。

电压、电流监控画面实时数据显示如图 4-21 所示，主程序监控状态如图 4-22 所示。

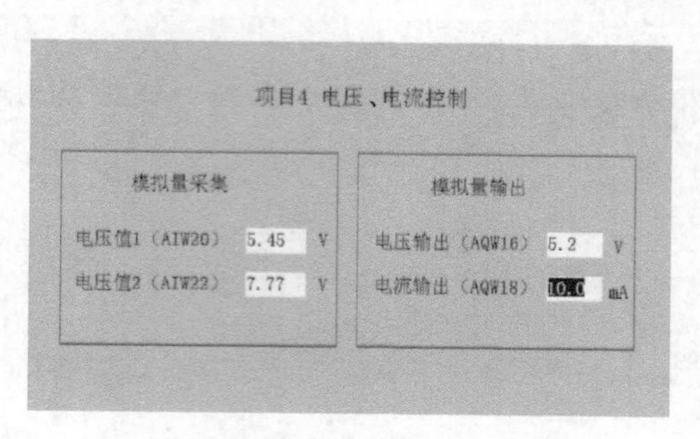

图 4-21　电压、电流监控画面

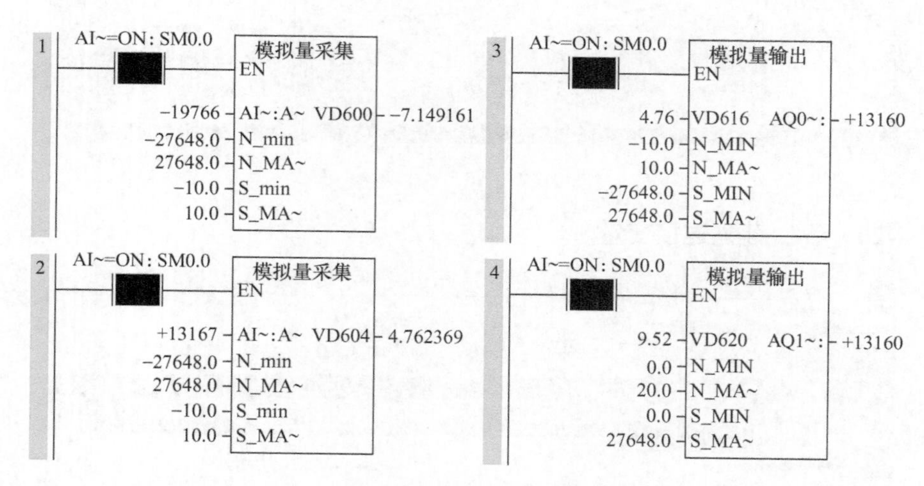

图 4-22　主程序监控状态图

画面调试视频请扫码观看。

视频 4-6
画面调试

思　考　题

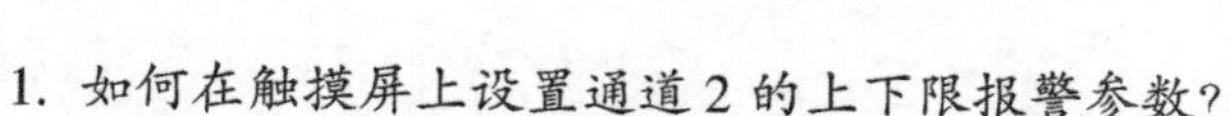

1. 如何在触摸屏上设置通道 2 的上下限报警参数？

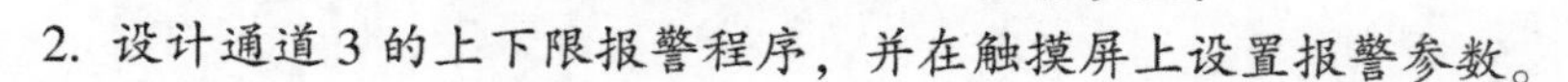

2. 设计通道 3 的上下限报警程序，并在触摸屏上设置报警参数。

项目5
温度控制

项目学习目标：

知识目标：进一步了解数据块的通常规则；熟悉模拟量信号与数字量信号的区别；熟悉S7-200 Smart PLC 的各种模拟量模块及其配置方式；掌握 PID 控制的要点。

技能目标：能在编程环境中进行数据块操作、修正；能进行整数、浮点数等编程；能进行模拟量模块的安装、接线与调试；能利用 PID 标准语句和向导两种方式进行温度控制系统的编程及调试。通过温度自动控制项目实施，培养学生 PID 控制器的设计、实施、调试能力，为从事相关工作奠定基础。

职业素养目标：PID 控制器设计及参数调试不仅需要熟练的技术功底，还需要有理论支撑，需要在不断的实践中灵活应用。

课程思政目标：PID 控制参数之间互相影响，密切配合、反复调试可以达到最佳控制效果，要认识团队协作的重要性，逐步培养学生精益求精的工匠精神。

5.1 项目背景及要求

5.1.1 项目背景

经典控制理论在实际控制系统中的典型应用就是 PID 控制器，即比例积分微分控制器。目前，PID 控制仍然是工业控制中应用最为广泛的一种控制方法。其中，比例环节是基于偏差进行调节的，即有差调节；积分环节能对误差进行记忆，主要用于消除静差，提高系统的无差度；微分环节能反映偏差信号的变化趋势（变化速率）。从时间的角度讲，比例作用是针对系统当前误差进行控制，积分作用则针对系统误差的历史，而微分作用则反映了系统误差的变化趋势，这三者的组合是“过去、现在、未来”的完美结合。

在设计和应用 PID 控制器的过程中，PID 参数的选取一直是一个难题，这是因为：

（1）比例作用使得控制器的输入输出成比例关系，为了尽量减小偏差，同时也为了加快响应速度，缩短调节时间，就需要增大比例作用。但比例作用过大会使系统动态性能变坏，甚至会使闭环系统不稳定。

（2）积分作用的引入有利于消除稳态误差，但会使系统的稳定性下降。尤其在大偏差阶段的积分往往会使系统产生过大的超调，调节时间变长。

（3）微分作用的引入使系统能够根据偏差变化的趋势做出反应，适当的微分作用可加快系统响应，有效地减小超调，改善系统的动态特性，增加系统的稳定性。不利之处是微分作用对干扰敏感，使系统抑制干扰能力降低。

因此，PID 控制器的参数选取必须兼顾动态与静态性能指标要求，只有合理地整定比例、积分、微分三个参数，充分发挥每个参数的特长，才能获得比较满意的控制性能。

本项目主要通过温度控制案例，让学生熟悉 PID 向导进行自动控制系统的编程，掌握 PID 控制方法，同时认识团队合作的重要性。

5.1.2 控制要求

PID 控制的程序设计要求：从 AIW18 读入 PID 控制的给定温度，电位器中心头 0 ~ 10V 对应温度 0 ~ 100℃，并在触摸屏的 AI1（地址 VD612）显示读数。PID 实际温度从 AIW16 读入，同时在触摸屏的 AI0（地址 VD608）显示读数。按下自动控制按钮 I1.0，执行 PID 控制。

5.2 知识基础

5.2.1 PID 控制算法

在稳态运行中，PID 控制器调节输出值，使偏差 e 为零。偏差是设定值（所需工作点）与过程变量（实际工作点）之差。PID 控制的原理基于以下方程，输出 $M(t)$ 是比例项、积分项和微分项的函数：

输出 = 比例项 + 积分项 + 微分项

$$M(t) = K_C e + K_C \int_0^t e\mathrm{d}t + M_{\mathrm{initial}} + K_C \mathrm{d}e/\mathrm{d}t$$

式中，$M(t)$ 为回路输出（时间的函数）；K_C 为回路增益；e 为回路偏差（设定值与过程变量之差）；M_{initial} 为回路输出的初始值。

要在计算机中执行该控制函数，必须将连续函数量化为偏差值的周期采样，并随后计算输出。计算机的解决方案所基于的相应方程如下：

输出 = 比例项 + 积分项 + 微分项

$$M_n = K_C e_n + K_I \sum_1^n + M_{\mathrm{initial}} + K_D(e_n - e_{n-1})$$

式中，M_n 为采样时间 n 时回路输出的计算值；K_C 为回路增益；e_n 为采样时间 n 时的回路偏差值；e_{n-1} 为前一回路偏差值（采样时间为 $n-1$ 时）；K_I 为积分项的比例常量；M_{initial} 为回路输出的初始值；K_D 为微分项的比例常量。

从该公式中可以看出，积分项是从第一次采样到当前采样所有偏差项的函数。微分项是当前采样和前一次采样的函数，而比例项仅是当前采样的函数。在计算机中，存储偏差项的所有采样既不实际，也没有必要。

因为从第一次采样开始，每次对偏差进行采样时计算机都必须计算输出值，因此仅需存储前一偏差值和前一积分项值即可。由于计算机的解决方案具有重复特性，因此可以简化为在任何采样时间都需要求解的方程。简化方程如下：

输出 = 比例项 + 积分项 + 微分项

$$M_n = K_C e_n + K_I e_n + MX + K_D(e_n - e_{n-1})$$

式中，M_n 为采样时间 n 时回路输出的计算值；K_C 为回路增益；e_n 为采样时间 n 时的回路偏差值；e_{n-1} 为前一回路偏差值（采样时间为 $n-1$ 时）；K_I 为积分项的比例常量；MX 为前一积分项值（采样时间为 $n-1$ 时）；K_D 为微分项的比例常量。

CPU 使用以上简化方程的改进方程计算回路输出值。改进的方程如下：

输出 = 比例项 + 积分项 + 微分项

$$M_n = MP_n + MI_n + MD_n$$

式中，M_n 为采样时间 n 时回路输出的计算值；MP_n 为采样时间 n 时回路输出的比例项值；MI_n 为采样时间 n 回路输出的积分项值；MD_n 为采样时间 n 时回路输出的微分项值。

(1) 比例项　比例项 MP 是增益 K_C 与偏差 e 的乘积，其中，增益控制输出计算的灵敏度，偏差是给定采样时间时的设置值（SP）与过程变量（PV）之差。CPU 求解比例项所采用的方程如下：

$$MP_n = K_C(SP_n - PV_n)$$

式中，MP_n 为采样时间 n 时回路输出的比例项值；K_C 为回路增益；SP_n 为采样时间 n 时设定值的值；PV_n 为采样时间 n 时过程变量的值。

(2) 积分项　积分项 MI 与一段时间内的偏差 e 之和成比例。CPU 求解积分项所采用的方程如下：

$$MI_n = K_C \cdot T_S/T_I \cdot (SP_n - PV_n) + MX$$

式中，MI_n 为采样时间 n 时回路输出的积分项值；K_C 为回路增益；T_S 为回路采样时间；T_I 为积分时间（也称为积分时间或复位时间）；SP_n 为采样时间 n 时设定值的值；PV_n 为采样时间 n 时过程变量的值；MX 为采样时间 $n-1$ 时的积分项值（也称为积分和，或称为偏置）。

积分和（MX）是积分项的所有先前值之和。每次计算 MI_n 后，使用可调整或限定的 MI_n 值更新偏置（有关详细信息请参见后面的“变量和范围”部分）。偏置的初始值通常设为第一次计算回路输出之前的输出值 $M_{initial}$。积分项还包括几个常数：增益 K_C、采样时间 T_S（PID 回路重新计算输出值的周期时间）、积分时间或复位时间 T_I（用于控制积分项在输出计算中的影响时间）。

(3) 微分项　微分项 MD 与偏差变化成比例。微分项所采用的方程如下：

$$MD_n = K_C \cdot T_D/T_S \cdot [(SP_n - PV_n) - (SP_{n-1} - PV_{n-1})]$$

为避免由于设定值变化而导致微分作用激活引起输出发生阶跃变化或跳变，对此方程进行了改进。假定设定值为常数，即 $SP_n = SP_{n-1}$，这样一来，将计算过程变量的变化而不是偏差的变化，如下所示：

$$MD_n = K_C \cdot T_D/T_S \cdot [(SP_n - PV_n) - (SP_{n-1} - PV_{n-1})]$$

或

$$MD_n = K_C \cdot T_D/T_S \cdot (PV_{n-1} - PV_n)$$

式中，MD_n 为采样时间 n 时回路输出的微分项值；K_C 为回路增益；T_S 为回路采样时间；T_D 为回路的微分周期（也称为微分时间或速率）；SP_n 为采样时间 n 时设定值的值；SP_{n-1} 为采样时间 $n-1$ 时设定值的值；PV_n 为采样时间 n 时过程变量的值；PV_{n-1} 为采样时间 $n-1$ 时过程变量的值。

必须保存过程变量而不是偏差，供下次计算微分项使用。在第一次采样时，PV_{n-1} 的值初始化为等于 PV_n。

（4）回路控制的选择　在许多控制系统中，可能仅需使用一种或两种回路控制方法，例如，可能只需要使用比例控制或比例积分控制。可以通过设置常量参数值来选择所需的回路控制类型。

1）如果不需要积分作用（PID 计算中没有“I”），则应为积分时间（复位）指定无穷大值 INF。即使没有使用积分作用，积分项的值也可能不为零，这是因为积分和 *MX* 有初始值。

2）如果不需要微分作用（PID 计算中没有“D”），则应为微分时间（速率）指定值 0.0。

3）如果不需要比例作用（PID 计算中没有“P”），但需要 I 或 ID 控制，则应为增益指定值 0.0。由于回路增益是计算积分项和微分项的方程中的一个系数，如果将回路增益设置为值 0.0，计算积分项和微分项时将对回路增益使用值 1.0。

（5）转换和标准化回路输入　一个回路有两个输入变量，分别是设定值和过程变量。设定值通常是固定值，例如汽车巡航控制装置上的速度设置。过程变量是与回路输出相关的值，因此可衡量回路输出对受控系统的影响。在巡航控制中，过程变量是测量轮胎转速的测速计输入。

设定值和过程变量都是实际值，其大小、范围和工程单位可能有所不同。在 PID 指令对这些实际值进行运算之前，必须将这些值转换为标准化的浮点型表示，具体步骤如下：

1）第一步，将实际值从 16 位整数值转换为浮点值或实数值。将整数值转换为实数值的方法采用如下的指令序列。

```
ITD     AIW0, AC0      //将输入值转换为双字
DTR     AC0, AC0       //将32位整数转换为实数
```

2）第二步，将实际值的实数值表示转换为 0.0～1.0 之间的标准化值。标准化设定值或过程变量值公式如下：

$$R_{\mathrm{Norm}} = R_{\mathrm{Raw}}/\mathrm{Span} + \mathrm{Offset}$$

式中，R_{Norm} 为实际值的标准化实数值表示；R_{Raw} 为实际值的非标准化或原始实数值表示；Span 为跨度，即最大可能值减去最小可能值，典型单极性值 = 32000，典型双极性值 = 64000；Offset 为偏移，0.0 表示单极性值，0.5 表示双极性值。

标准化累加器 AC0 中的双极性值（其跨度为 64000）指令序列如下，该指令序列是前一指令序列的延续：

```
/R        64000.0, AC0     //标准化累加器中的值
+R        0.5, AC0         //将值偏移到0.0～1.0的范围
MOVR      AC0, VD100       //在回路表中存储标准化值
```

（6）将回路输出转换为标定整数值　回路输出是控制变量，例如汽车巡航控制装置上的节气门设置。回路输出是介于 0.0～1.0 之间的标准化实数值，回路输出转换为 16 位标定整数值后，才能用于驱动模拟量输出。此过程与将 *PV* 和 *SP* 转换为标准化值的过程相反，具体如下：

1）第一步是将回路输出转换为标定实数值：

$$R_{\mathrm{Scal}} = (M_n - \mathrm{Offset}) \cdot \mathrm{Span}$$

式中，R_{Scal} 为回路输出的标定实数值；M_n 为回路输出的标准化实数值。

标定回路输出的指令序列如下：

```
MOVR      VD108, AC0       //将回路输出移至累加器
-R        0.5, AC0         //仅当值为双极性值时才使用本语句
*R        64000.0, AC0     //标定累加器中的值
```

2）接着将代表回路输出的标定实数值转换为16位整数，指令序列如下：

```
ROUND    AC0, AC0    //将实数转换为32位整数
DTI      AC0, LW0    //转换为16位整数
MOVW     LW0, AQW0   //写入模拟量输出值
```

（7）正作用或反作用回路　如果增益为正，则回路为正作用回路；如果增益为负，则回路为反作用回路。对于增益值为0.0的I或ID控制，如果将积分时间和微分时间指定为正值，则回路将是正作用回路；如果指定为负值，则回路将是反作用回路。

（8）变量和范围　过程变量和设定值是PID计算的输入值。因此，PID指令只能读出这些变量的回路表字段，而不能改写。

输出值通过PID计算得出，每次PID计算完成之后，会更新回路表中的输出值字段。输出值限定在0.0～1.0之间。当输出从手动控制转换为PID指令（自动）控制时，用户可使用输出值字段作为输入来指定初始输出值（请参考下面的“模式”部分中的讨论）。

如果使用积分控制，则偏置值通过PID计算更新，并且更新值将用作下一次PID计算的输入。如果计算出的输出值超出范围（输出小于0.0或大于1.0），则需调整偏置；如果计算出的输出 $M_n > 1.0$，则 $MX = 1.0 - (MP_n + MD_n)$；如果计算出的输出 $M_n < 0.0$，则 $MX = -(MP_n + MD_n)$，式中，MX 为调整的偏置的值，MP_n 为采样时间 n 时回路输出的比例项值，MD_n 为采样时间 n 时回路输出的微分项值，M_n 为采样时间 n 时的回路输出值。

如上所述调整偏置后，如果计算出的输出回到正常范围内，则可提高系统响应性。计算出的偏置也会限制在0.0～1.0之间，然后在每次PID计算完成时写入回路表的偏置字段。存储在回路表中的值用于下一次PID计算。

用户可以在执行PID指令之前修改回路表中的偏置值，在某些应用情况下，这样可以解决偏置值问题。手动调整偏置时必须格外小心，向回路表中写入的任何偏置值都必须是0.0～1.0之间的实数。

过程变量的比较值保留在回路表中，用于PID计算的微分作用部分，不应修改该值。

（9）模式　S7－200 Smart PID回路没有内置模式控制，仅当能流流到PID功能框时才会执行PID计算。因此，循环执行PID计算时存在“自动化”或“自动”模式，不执行PID计算时存在“手动”模式。

与计数器指令相似，PID指令也具有能流历史位。该指令使用此历史位检测0到1的能流转换，如果检测到此能流转换，该指令将执行一系列动作，从而实现从手动控制无扰动地切换到自动控制。要无扰动地切换到自动模式，在切换到自动控制之前，必须提供手动控制设置的输出值作为PID指令的输入（写入 M_n 的回路表条目）。检测到0到1的能流转换时，PID指令将对回路表中的值执行以下操作，以确保无扰动地从手动控制切换到自动控制：设置设定值 SP_n = 过程变量 PV_n；设置旧过程变量 PV_{n-1} = 过程变量 PV_n；设置偏置 MX = 输出值 M_n。

PID历史位的默认状态为“置位”，CPU启动以及控制器每次从STOP切换到RUN模式时设置此状态。如果在进入RUN模式后首次执行PID功能框时，有能流流到该功能框，则检测不到能流转换且不会执行无扰动模式切换操作。

（10）报警检查和特殊操作　PID指令是一种简单但功能强大的指令，可执行PID计算。如果需要进行其他处理，例如报警检查或回路变量的特殊计算，则必须使用CPU支持的基本指令来实现。

如果在指令中指定的回路表起始地址或 PID 回路编号操作数超出范围，则在编译时，CPU 将生成编译错误（范围错误），编译将失败。

PID 指令不检查某些回路表输入值是否超出范围，必须确保过程变量和设定值（以及用作输入的偏置和前一过程变量）是 0.0～1.0 之间的实数。

如果在执行 PID 计算的数学运算时发生任何错误，则将 SM1.1（溢出或非法值）置位，PID 指令将终止执行。回路表中输出值的更新可能不完全，因此，在下一次执行回路的 PID 指令之前应忽略这些值并纠正引起数学运算错误的输入值。

注意，具有 PID 向导组态的项目不直接使用标准 PID 指令。如果使用 PID 向导组态，则程序必须使用“PIDxINIT”来激活 PID 向导子例程。

5.2.2 PID 向导

PID 向导可帮助用户组态 PID 控制和生成 PID 子例程。要打开 PID 向导，可在“工具”（Tools）菜单功能区的“向导”（Wizards）区域单击 PID 按钮；或在项目树中打开“向导”（Wizards）文件夹，然后双击“PID”。

通过 PID 向导组态闭环控制，步骤包括组态回路数、选择回路名称、设置回路参数、设置回路输入和输出、设置回路报警、组态子例程和中断、分配存储器、生成 PID 项目组件。PID 向导创建用于初始化 PID 组态的“PIDx_CTRL”子例程。

（1）组态回路数　在图 5-1 所示的对话框中，选择要组态的回路，最多可组态八个回路。

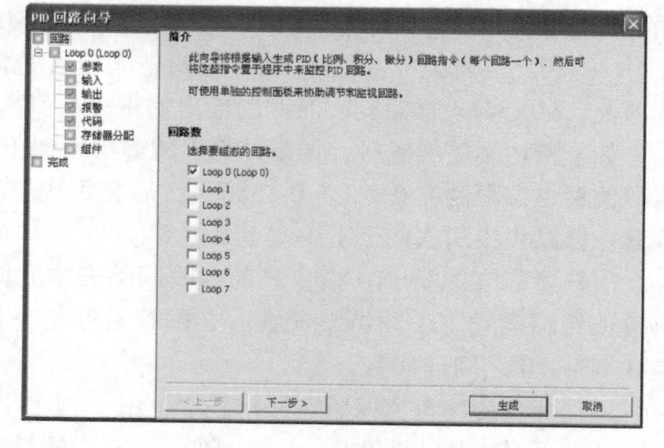

图 5-1　组态回路数选择对话框

（2）选择回路名称　在图 5-1 的对话框中单击“下一步”按钮，或者在 PID 向导的树视图中单击回路的名称，将显示一个回路名称对话框，如图 5-2 所示，可以对回路进行命名。

（3）设置回路参数　在图 5-2 中单击“下一步”按钮，或者在 PID 向导的树视图中单击回路的“参数”（Parameters）节点时，会显示图 5-3 所示的对话框，可以进行回路参数的设置，默认值：增益为 1.00，采样时间为 1.00，积分时间为 10.00，微分时间为 0.00。

参数表地址的符号名已经由向导指定，PID 向导生成的代码使用相对于参数表中的地址的偏移量建立操作数。

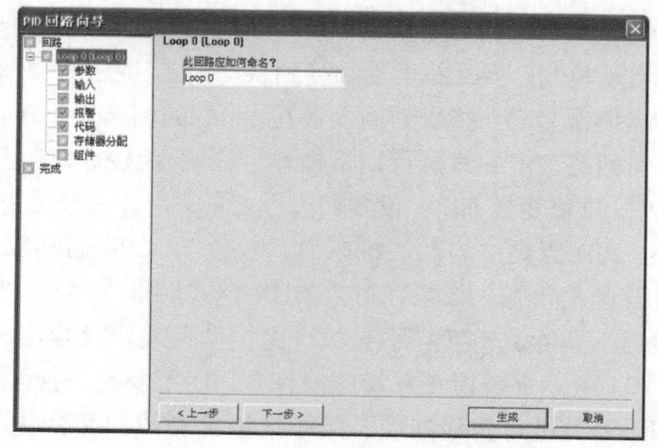

图 5-2　回路名称对话框

如果为参数表地址建立了符号名，然后又改变为该符号指定的地址，由 PID 向导生成的代码则不再能够正确执行。

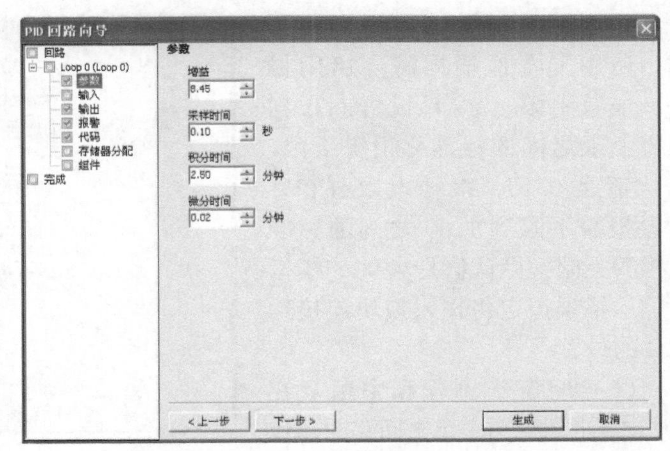

图 5-3　设置回路参数对话框

（4）设置回路输入和输出　在图 5-3 中单击“下一步”按钮，或者在 PID 向导的树视图中单击回路的“输入”（Input）节点时，会弹出图 5-4 所示的对话框，可进行回路过程变量设置。回路过程变量（PV）是为向导生成的子例程指定的一个参数。参数类型设置为单极性时，默认范围为 0 ~ 27648；双极性时，默认范围为 −27648 ~ 27648；设置为 20% 单极性偏移量时，范围为 5530 ~ 27648，且不可变更；设置为温度时，可为 10℃或者 10 ℉。

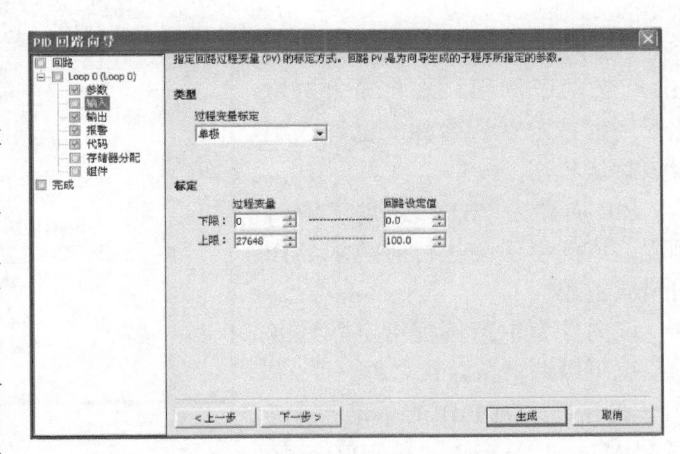

图 5-4　回路输入设置对话框

参数标定是指为向导生成的子例程提供回路设定值参数。在标定参数中，指定回路设定值（SP）的标定方式，这里设定为“单极”。为上限和下限选择任意实数，默认值为 0.0 ~ 100.0 之间的实数。回路设定值（SP）的下限必须对应于过程变量（PV）的下限，回路设定值的上限必须对应于过程变量的上限，以便 PID 算法能正确按比例缩放。

在 PID 向导的树视图中单击回路的“输出”（Output）节点时，会弹出图 5-5 所示的对话框，进行输出变量设置，参数类型可选择为模拟量或者数字量。如果选择组态数字量输出类型，则必须以秒为单位输入“占空比时间”。对于模拟量范围参数，可能的范围为 −27648 ~ 27648，具体取决于选择的标定。

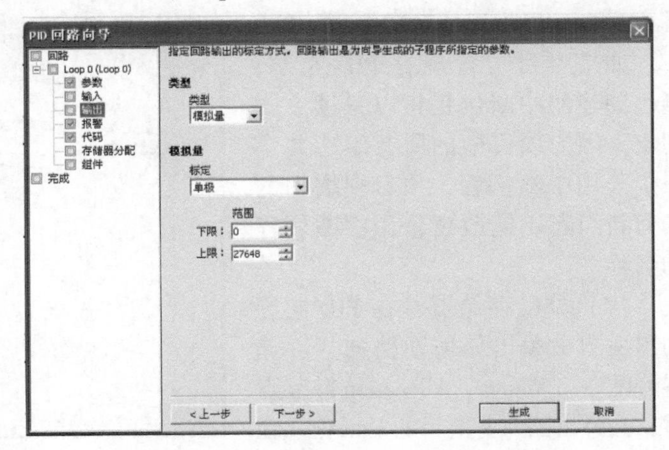

图 5-5　回路输出设置对话框

（5）设置回路报警　在 PID 向导的树视图中单击回路的“报警”（Alarms）节点时，会弹出图 5-6 所示的对话框，进行报警设置。当满足报警条件时，输出被置位，报警可以指定通过报警输入识别的条件。使用复选框根据需要启用报警，报警下限（PV）设置0.0到报警上限之间的标准化报警下限，默认值是0.10；报警上限（PV）设置报警下限到1.00之间的标准化报警上限，默认值是0.90。模拟量输入错误指定将输入模块连接到PLC的位置。

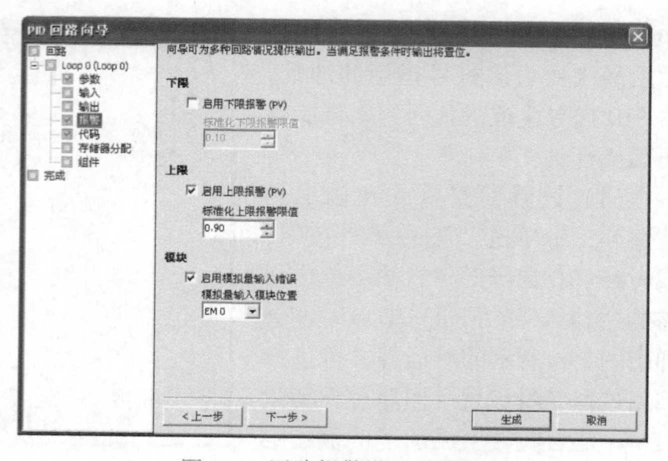

图5-6　回路报警设置对话框

（6）组态子例程和中断　在PID向导的树视图中单击回路的“代码”（Code）节点时，会弹出图5-7所示的对话框。

PID向导创建用于初始化选定PID组态的子例程。该向导为初始化子例程指定默认名称，也可以编辑该默认名称。

PID向导为PID回路创建中断例程。该例程还会执行所请求的任何错误检查。

该向导为中断例程指定默认名称，也可以编辑该默认名称。

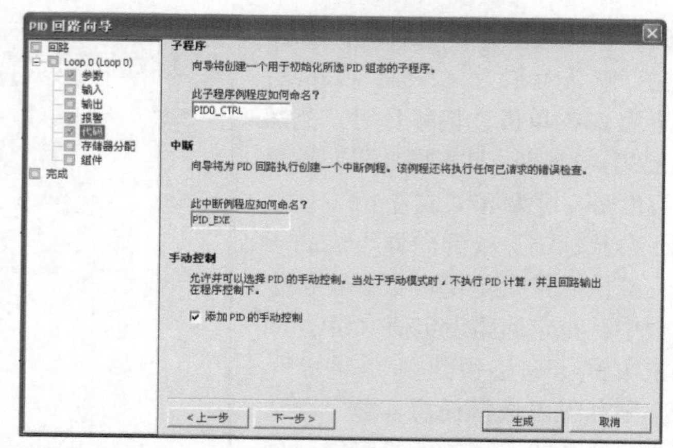

图5-7　子例程和中断组态对话框

使用“添加PID的手动控制”（Add Manual Control of the PID）复选框可对PID回路进行手动控制。在手动模式下，不执行PID计算，回路输出由程序控制。

当PID位于手动模式时，应当通过向“手动输出”参数写入一个标准化数值（0.00～1.00）的方法控制输出，而不是用直接更改输出的方法控制输出，这样会在PID返回自动模式时自动提供无扰动转换。

如果项目包含现有PID组态，则已创建的中断例程将以只读方式列出。因为项目中的所有组态共享一个公用中断例程，项目中增加的任何新组态不能改变公用中断例程的名称。

（7）分配存储器　在PID向导的树视图中单击任何回路的“存储器分配”（Memory Allocation）节点时，会弹出图5-8所示的对话框。在此对话框中，可指定在数据块中放

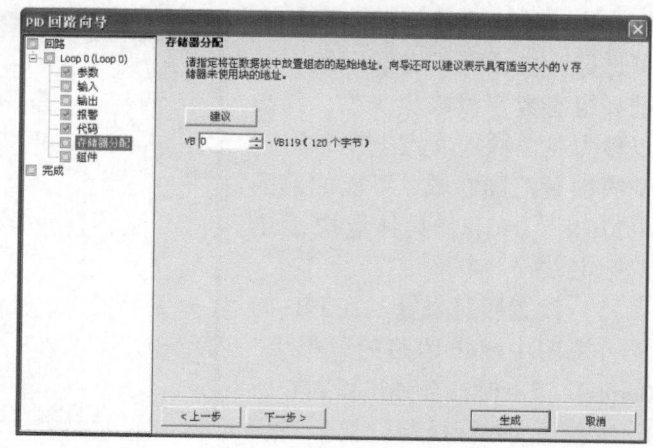

图5-8　存储器分配对话框

置组态的 V 存储器字节的起始地址。

该向导可以建议一个用来表示大小正确且未使用的 V 存储器块的地址。在系统块的安全设置中，可对 V 存储器的指定范围进行写访问限制。如果已组态此类范围，应确保为 PID 回路组态分配的 V 存储器范围位于组态的可写范围内。

（8）生成 PID 项目组件　在 PID 向导的树视图中单击回路的“组件”（Components）节点时，会弹出图 5-9 所示的对话框，该对话框显示 PID 向导生成的子例程和中断例程的列表，并简要介绍了如何将它们集成到用户的程序中。

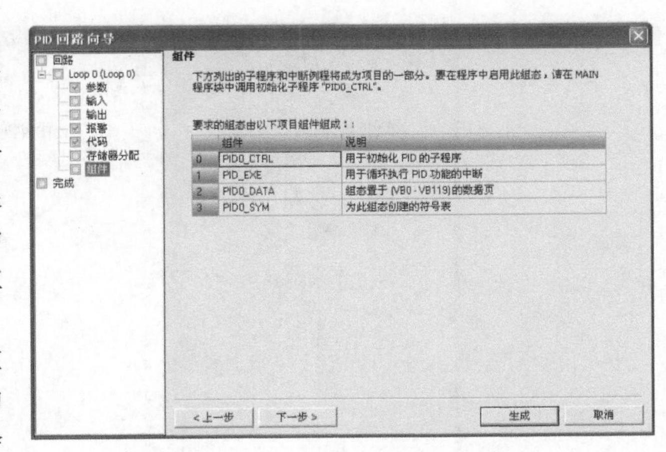

图 5-9　PID 项目组件对话框

在图 5-9 中单击“生成”（Generate）按钮时，PID 向导将为所指定的组态生成程序代码和数据块页面（PIDx_DATA），向导所创建的子例程和中断例程将成为项目的一部分。要在程序中启用该组态，每个扫描周期，使用 SM0.0 从主程序块调用该子例程，该程序代码组态 PID0。该子例程初始化 PID 控制逻辑使用的变量，并启动 PID 中断“PID_EXE”例程。

PID 中断“PID_EXE”例程由 PID 向导生成，实际上会运行 PID 回路。作为用户，不必以任何方式组态或激活“PID_EXE”中断例程，系统会基于 PID 采样时间循环调用“PID_EXE”中断例程。

具有 PID 向导组态的项目不直接使用标准 PID 指令。如果使用 PID 向导组态，则程序必须使用“PIDx_CTRL”来激活 PID 向导子例程。

5.3　编程向导

视频 5-1　编程向导

本项目系统块配置方法同前一项目，首先在图 5-10 所示的编程界面项目树中双击 PID 向导，弹出 PID 回路向导对话框，如图 5-11 所示。向导编程操作视频请扫码观看。

选择需要组态的回路数，在图 5-12 所示的对话框中单击“下一步”按钮，进入图 5-13 所示的对话框对回路进行命名。

在图 5-13 所示的对话框中单击“下一步”按钮，进入图 5-14 所示的对话框进行回路参数设置，图中为默认设置。

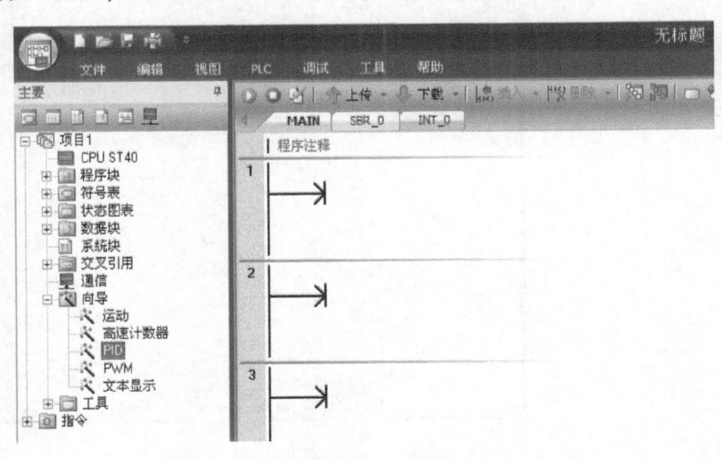

图 5-10　项目编程界面

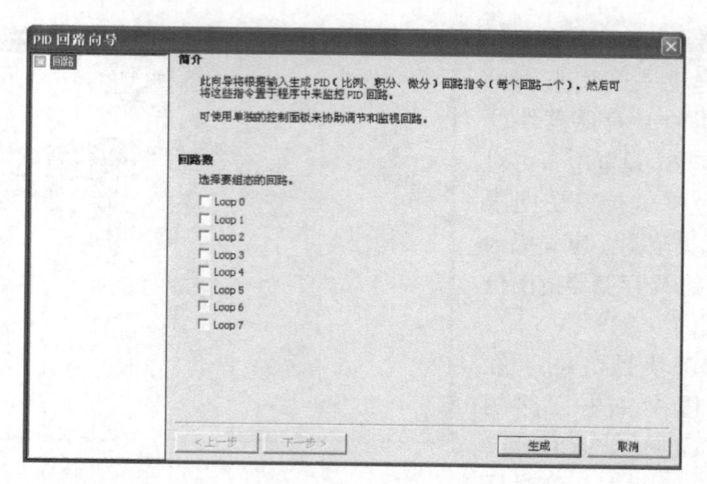

图 5-11　PID 回路向导对话框

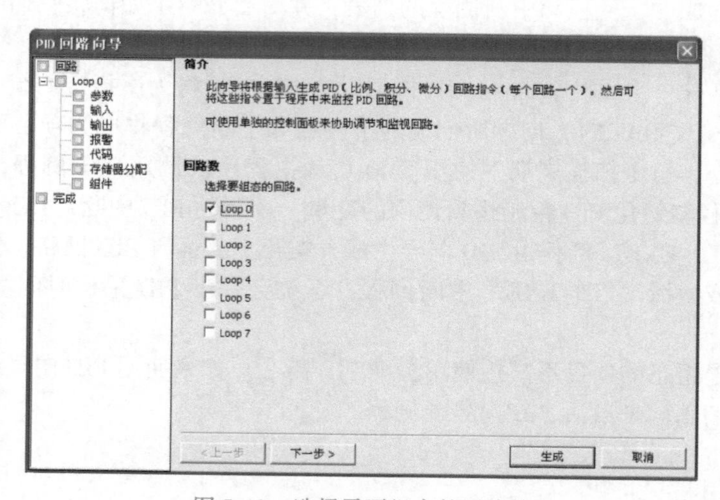

图 5-12　选择需要组态的回路数

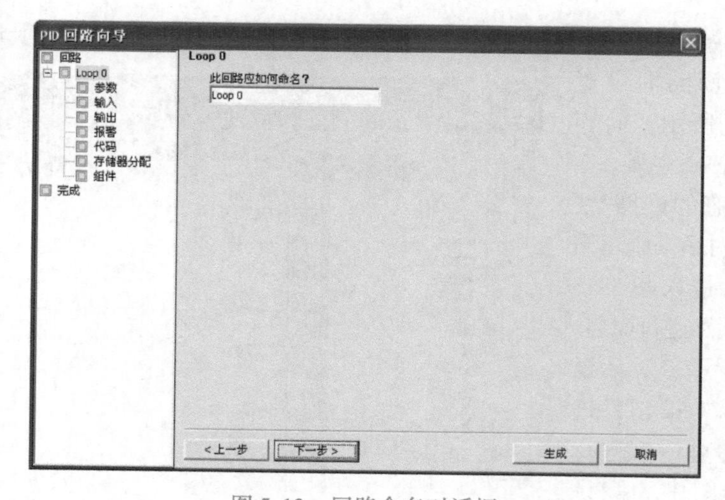

图 5-13　回路命名对话框

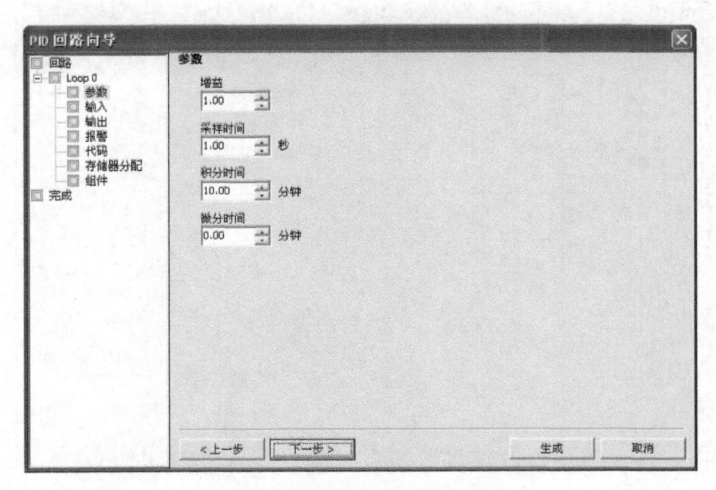

图 5-14　参数设置对话框

在图 5-14 中单击“下一步”按钮，弹出图 5-15 所示的对话框并设置回路输入。

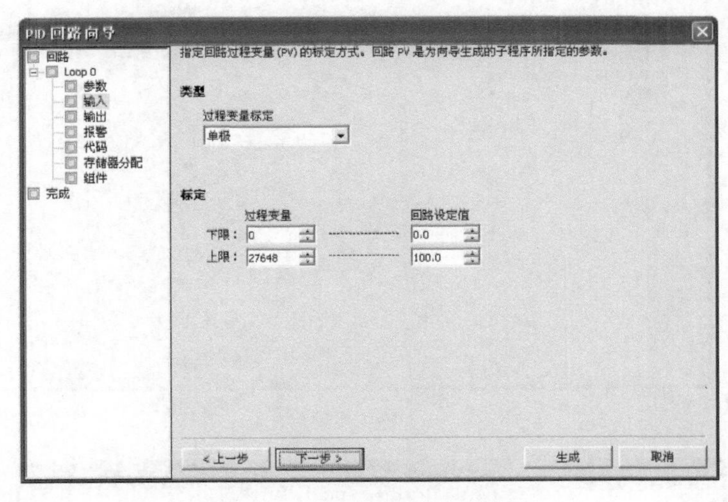

图 5-15　输入变量设置对话框

在图 5-15 中单击“下一步”按钮设置回路输出，变量类型可设置为模拟量或数字量，默认为模拟量，可以根据实际情况进行选择。若为模拟量可以进一步设置标定为单极性或双极性，如图 5-16 所示，单极性最大范围为 0～27648，双极性最大范围为－27648～27648；若为数字量，可设置循环时间，如图 5-17 所示，默认为 0. 1s。

在 PID 向导的树视图中单击回路的“报警”（Alarms）节点时，弹出图 5-18 所示的报警设置对话框。根据需要勾选相应的复选框进行激活即可，如图 5-19 所示。

在图 5-19 中单击“下一步”按钮，或者在 PID 向导的树视图中单击回路的代码节点时，进入组态子例程和中断例程对话框，勾选“添加 PID 的手动控制”复选框进行激活，如图 5-20所示。

在图 5-20 中单击“下一步”按钮，进入存储器分配界面，如图 5-21 所示，指定在数据块中放置组态的起始地址。

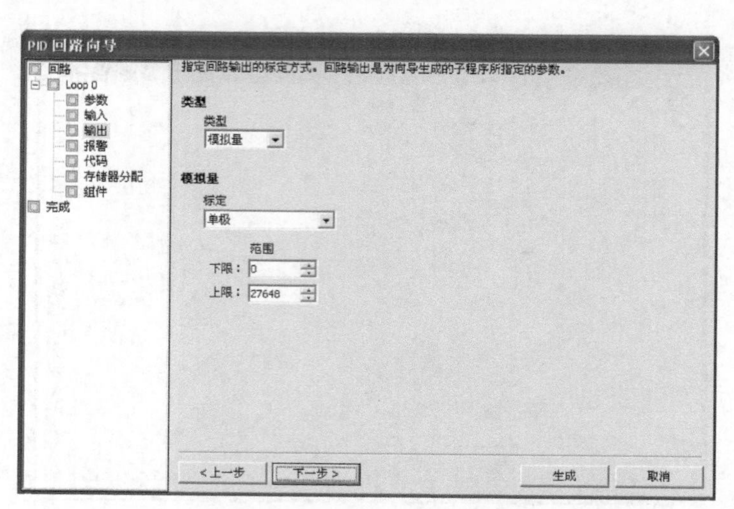

图 5-16　输出变量模拟量

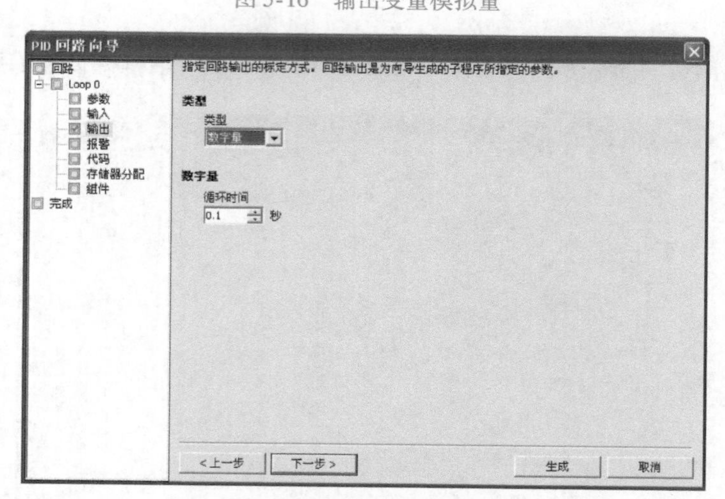

图 5-17　输出变量数字量

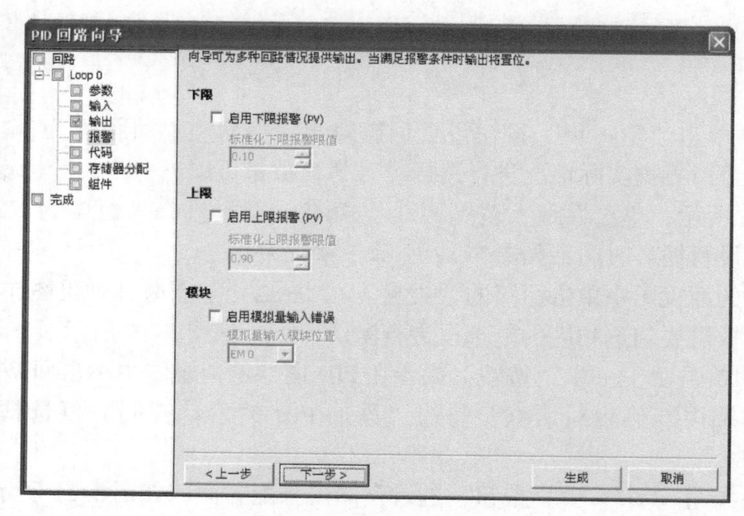

图 5-18　报警设置

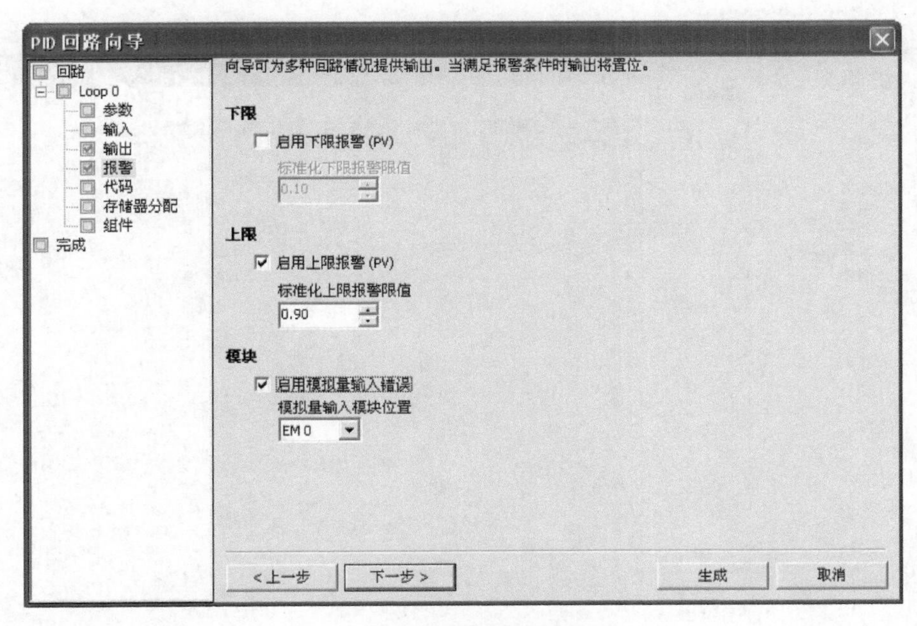

图 5-19　报警勾选激活

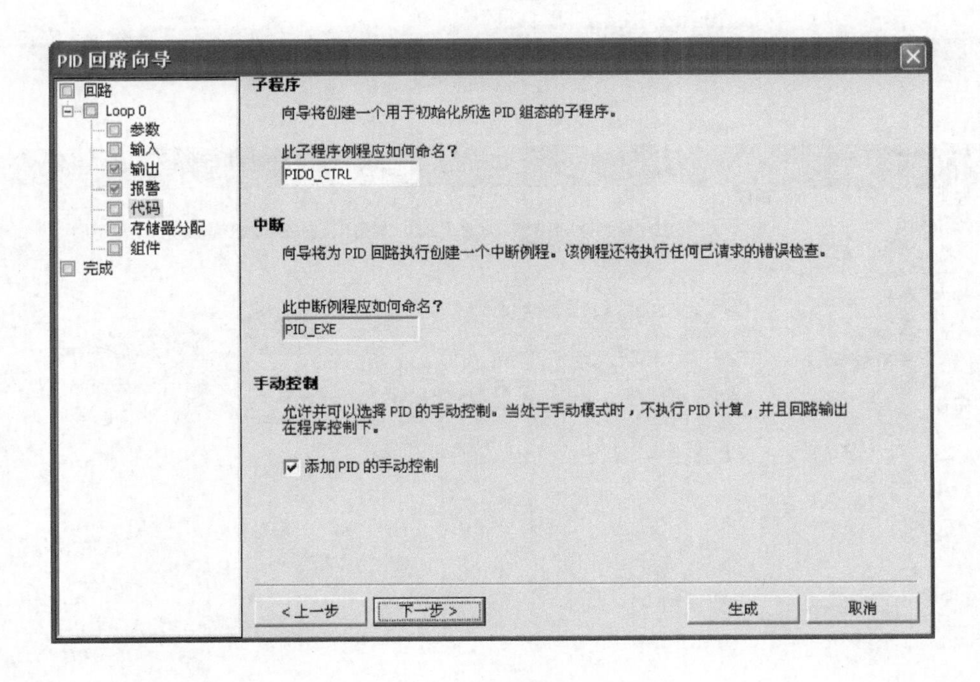

图 5-20　组态子例程和中断例程

在图 5-21 中单击“下一步”按钮，弹出 PID 项目组件对话框，如图 5-22 所示。

在图 5-22 中单击“生成”按钮，将生成图 5-22 中所示的四个组件，其中 PID 组件符号表选项卡如图 5-23 所示。

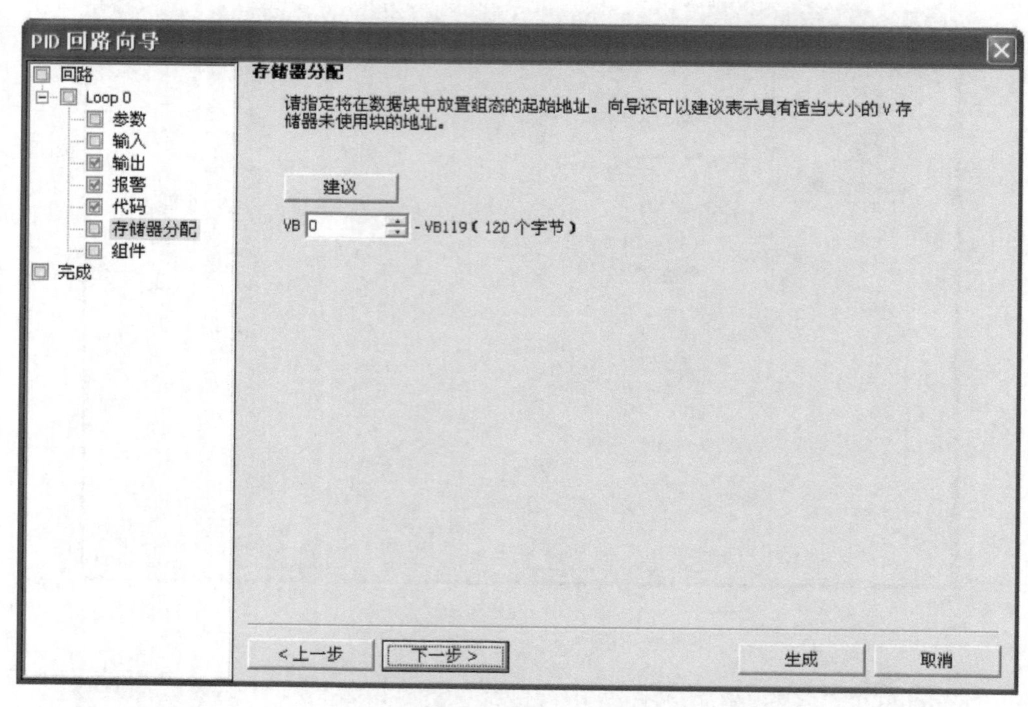

图 5-21　存储器分配界面

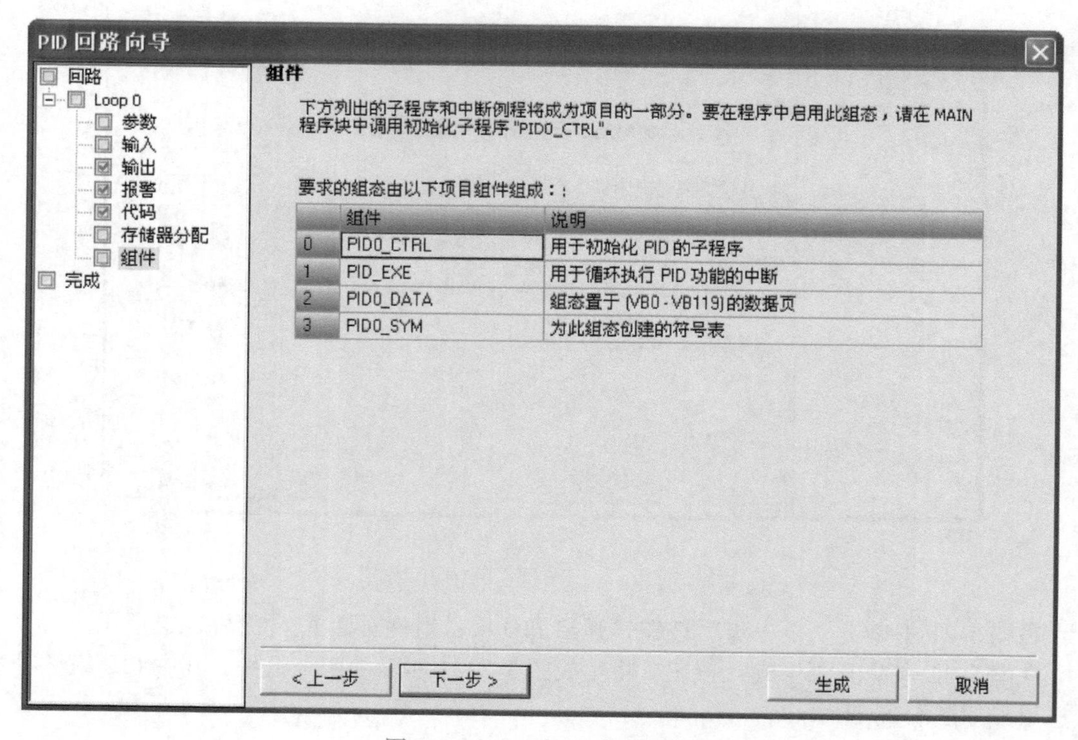

图 5-22　PID 项目组件对话框

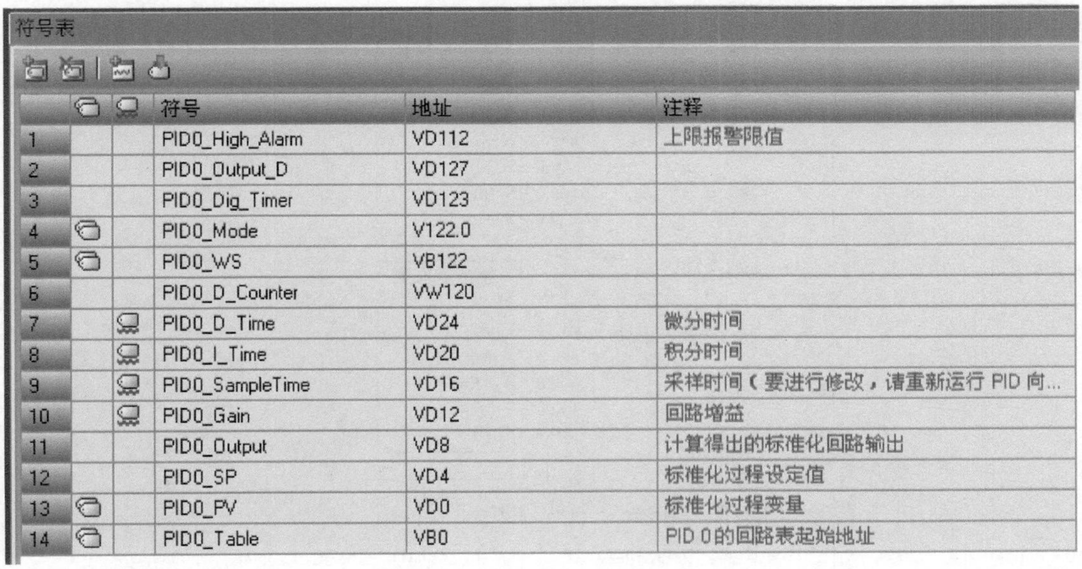

符号表

			符号	地址	注释
1			PID0_High_Alarm	VD112	上限报警限值
2			PID0_Output_D	VD127	
3			PID0_Dig_Timer	VD123	
4			PID0_Mode	V122.0	
5			PID0_WS	VB122	
6			PID0_D_Counter	VW120	
7			PID0_D_Time	VD24	微分时间
8			PID0_I_Time	VD20	积分时间
9			PID0_SampleTime	VD16	采样时间（要进行修改，请重新运行 PID 向...
10			PID0_Gain	VD12	回路增益
11			PID0_Output	VD8	计算得出的标准化回路输出
12			PID0_SP	VD4	标准化过程设定值
13			PID0_PV	VD0	标准化过程变量
14			PID0_Table	VB0	PID 0的回路表起始地址

图 5-23　PID 组件符号表选项卡

5.4　项目实现

5.4.1　I/O 分配

分析项目控制要求（见 5.1.2 节），进行输入/输出分配，其中有 2 个模拟量输入变量，1 个 PID 输出状态变量，分配地址为 Q0.3，其输入/输出分配见表 5-1。

表 5-1　输入/输出分配

输　入			输　出		
序号	符号	地址	序号	符号	地址
1	实际温度	AIW16	1	PID 输出	Q0.3
2	给定温度	AIW18			
3	自动控制	I1.0			

5.4.2　参考程序

主程序如图 5-24 所示，模拟量采集子程序同项目 4，将采集的给定温度送 VD608，实际温度送 VD612。主程序编写视频请扫码观看。

视频 5-2　主程序编写

5.5　项目拓展

启动 WinCC flexible Smart V3，创建一个空项目，设备机型为 Smart 700 IE V3，进入项目设计画面。通信设置方法同前项目，PLC 机型修改为 SIMATIC S7—200 Smart，通信接口

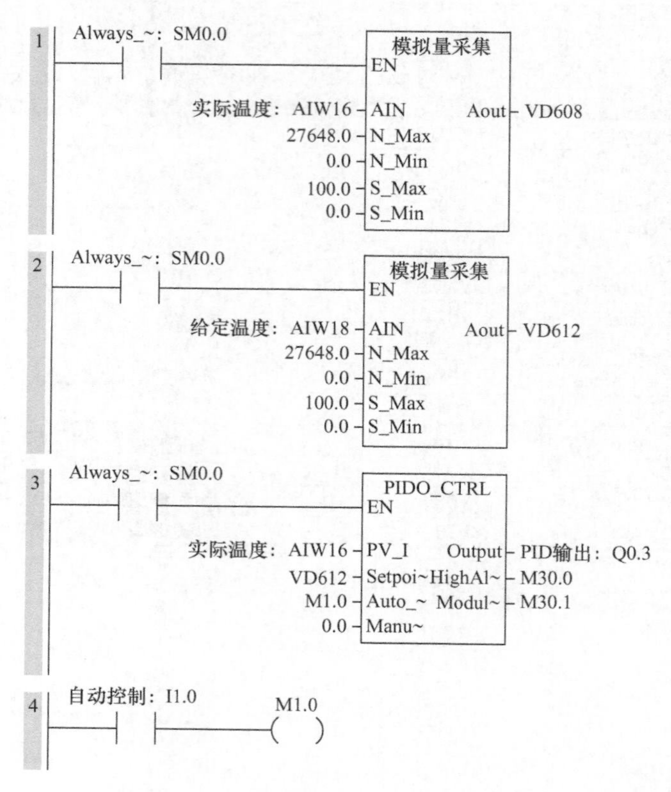

图 5-24　主程序

选择以太网，设置HMI设备及PLC设备的IP地址与实际硬件一致，两个地址在同一网段且不冲突。

视频 5-3
画面设计

温度控制画面设计，如图5-25所示，显示实际温度与给定温度的大小，用棒图和趋势曲线同步显示。画面设计视频请扫码观看。

如图5-26所示，首先建立连接变量，给定温度和实际温度分别连接PLC变量存储器VD612和VD608。

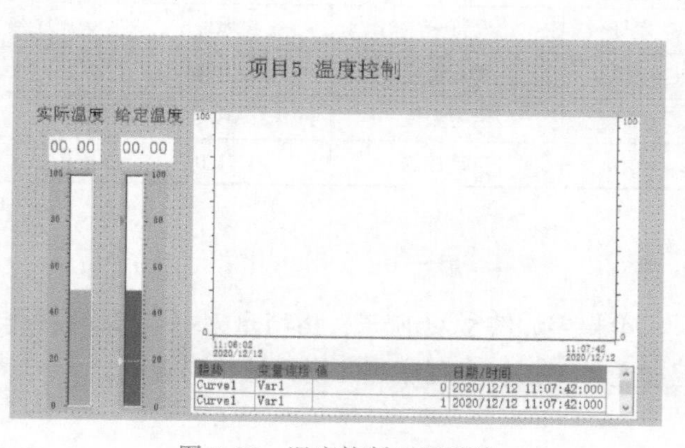

图 5-25　温度控制画面设计

如图5-27所示，在画面添加文本域、IO域及棒图，文本“项目5　温度控制”为黑色20号宋体，文本“实际温度”“给定温度”为黑色16号宋体。两个IO域分别连接相应变量，方法参考前项目，这里重点介绍棒图。

设置棒图的常规属性，如图5-28所示，设置棒图最小值为0，最大值为100，分别关联变量实际温度与给定温度。

设计实际温度棒图的外观属性，如图5-29所示，前景色为绿色，棒图背景色为白色，背景色为灰色，刻度值颜色为黑色，激活边框三维效果。用同样方法，设计给定温度棒图的

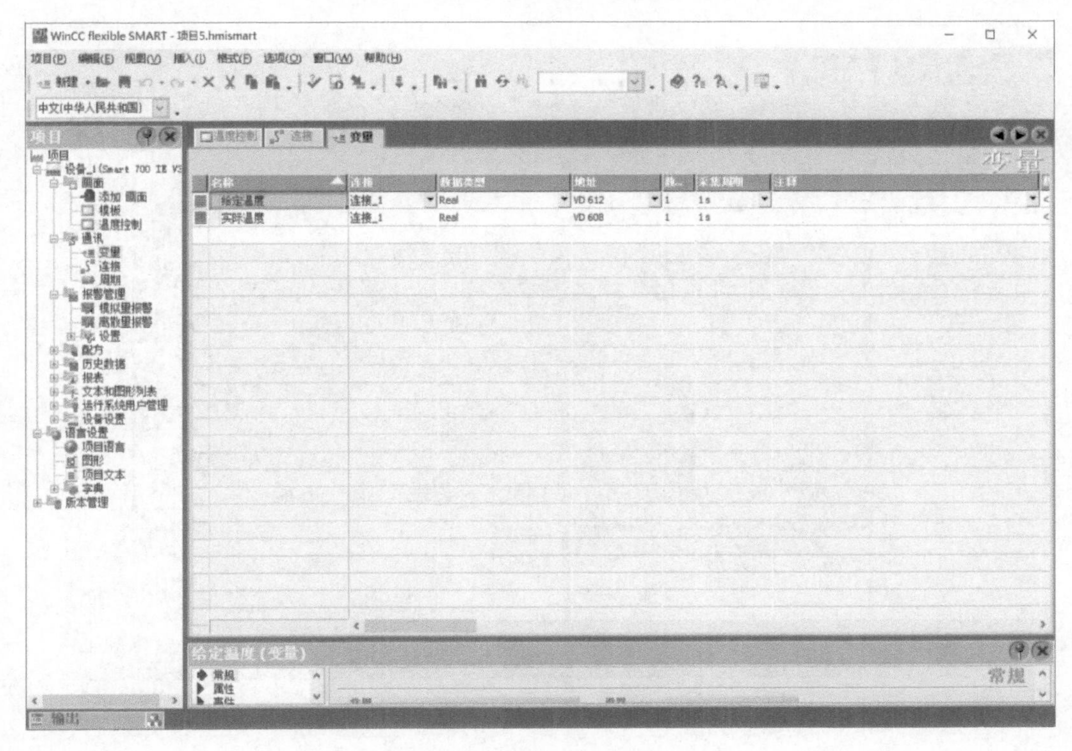

图 5-26　建立连接变量

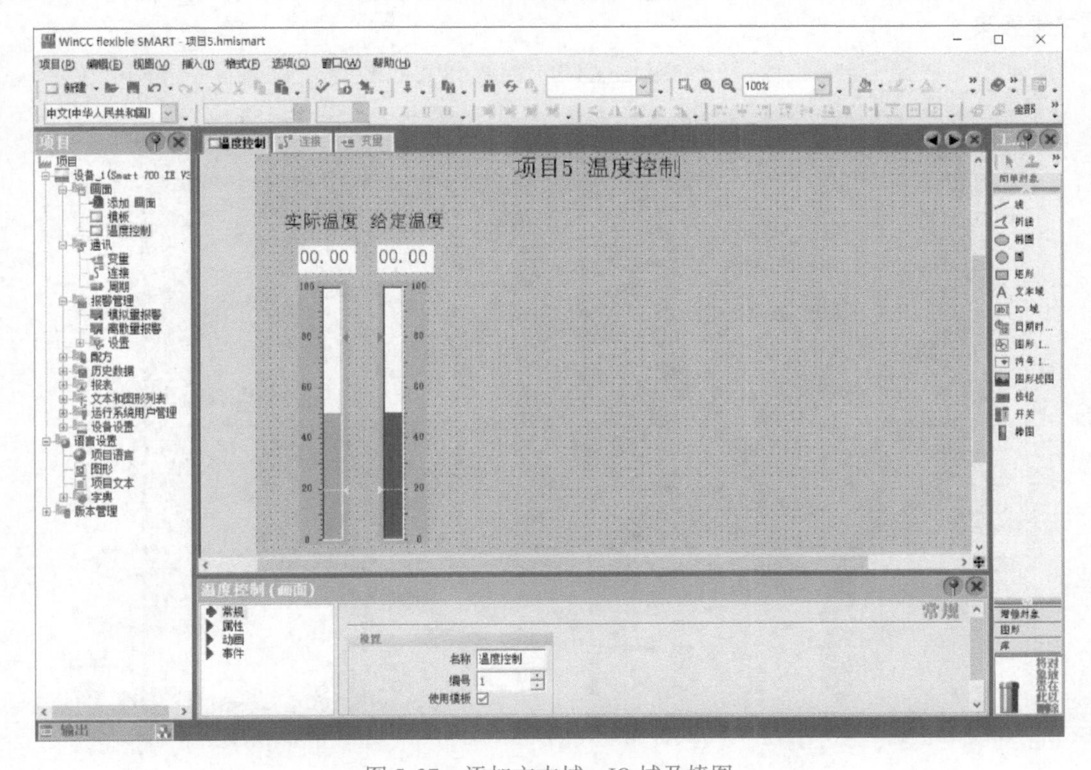

图 5-27　添加文本域、IO 域及棒图

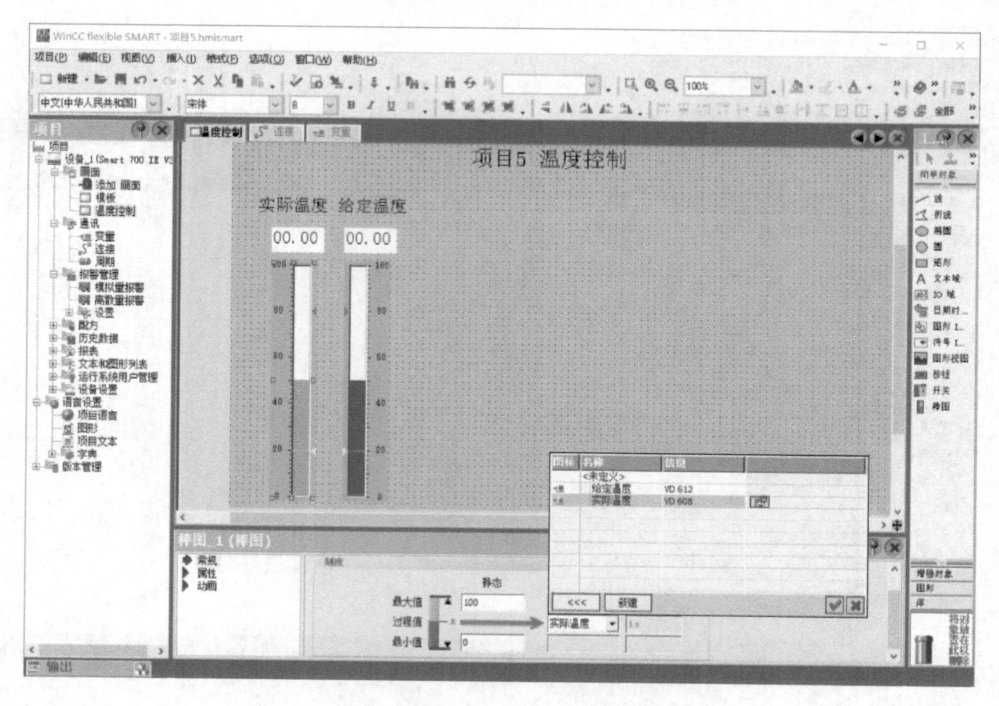

图 5-28　设置棒图的常规属性

外观属性，前景色为蓝色，棒图背景色为白色，背景色为灰色，刻度值颜色为黑色，激活边框三维效果。

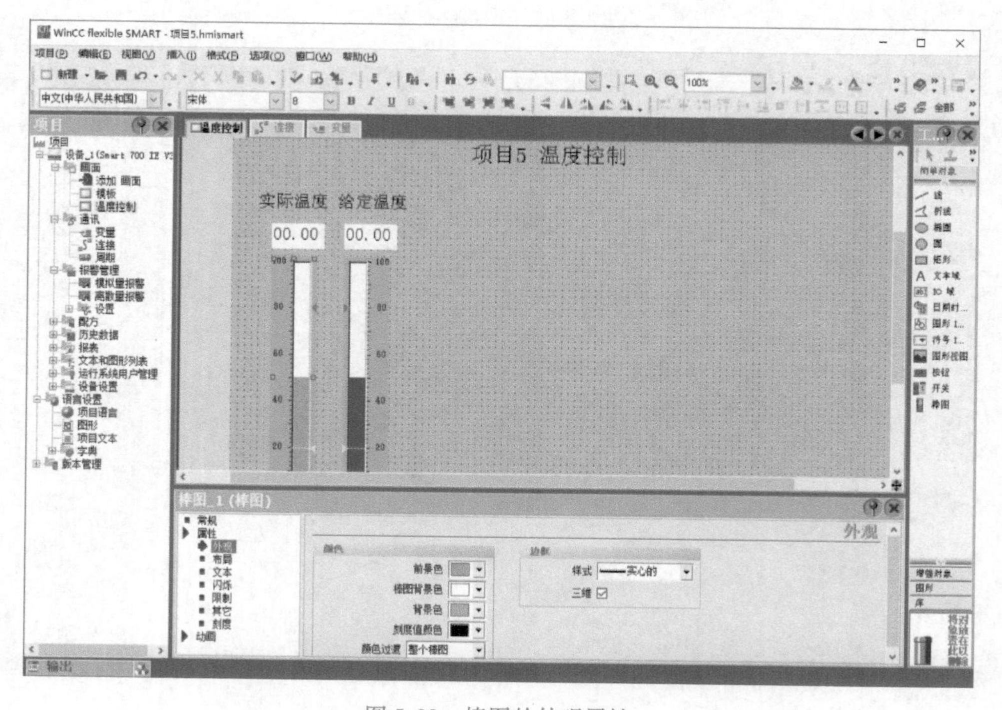

图 5-29　棒图的外观属性

如图 5-30 所示，设计实际温度棒图的布局，位置和大小可以用鼠标拖放，也可以设置参数精确定位。这里刻度位置选择左/上，棒图方向选择向上。同样设计给定温度棒图的布局，刻度位置选择右/下，棒图方向选择向上。

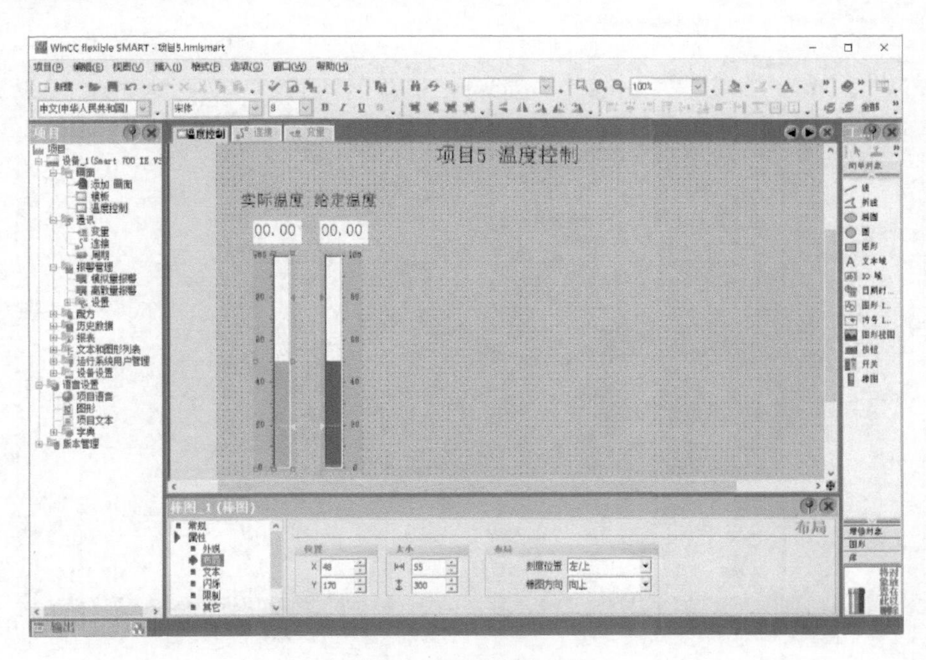

图 5-30 设置棒图布局

如图 5-31 所示，设计两个棒图文本属性，选择 8 号宋体。

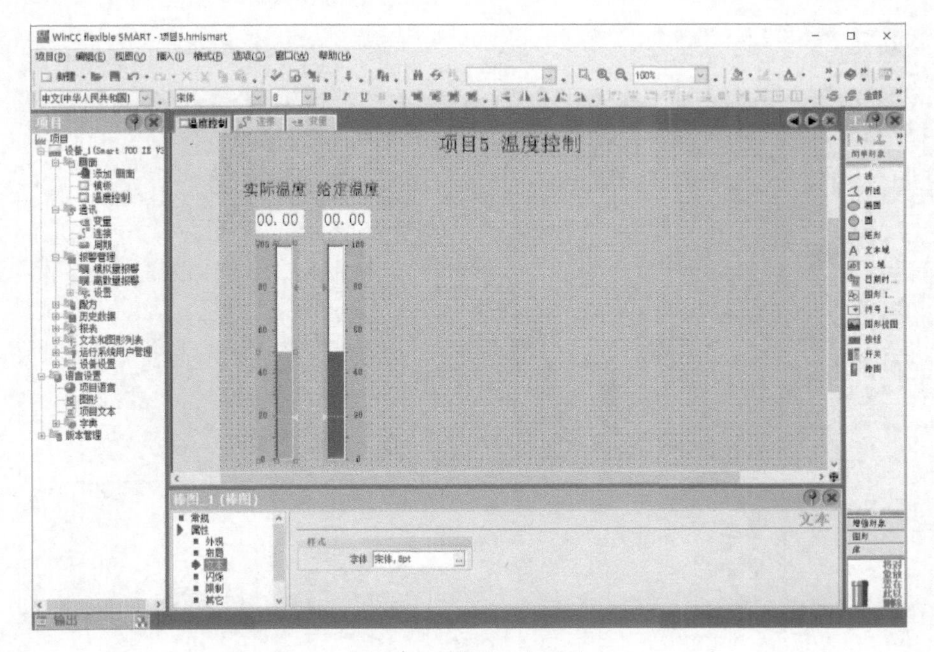

图 5-31 棒图文本属性

如图 5-32 所示，设计棒图限制属性，上限以上为红色，下限以下为黄色，激活显示限制线及限制标记。

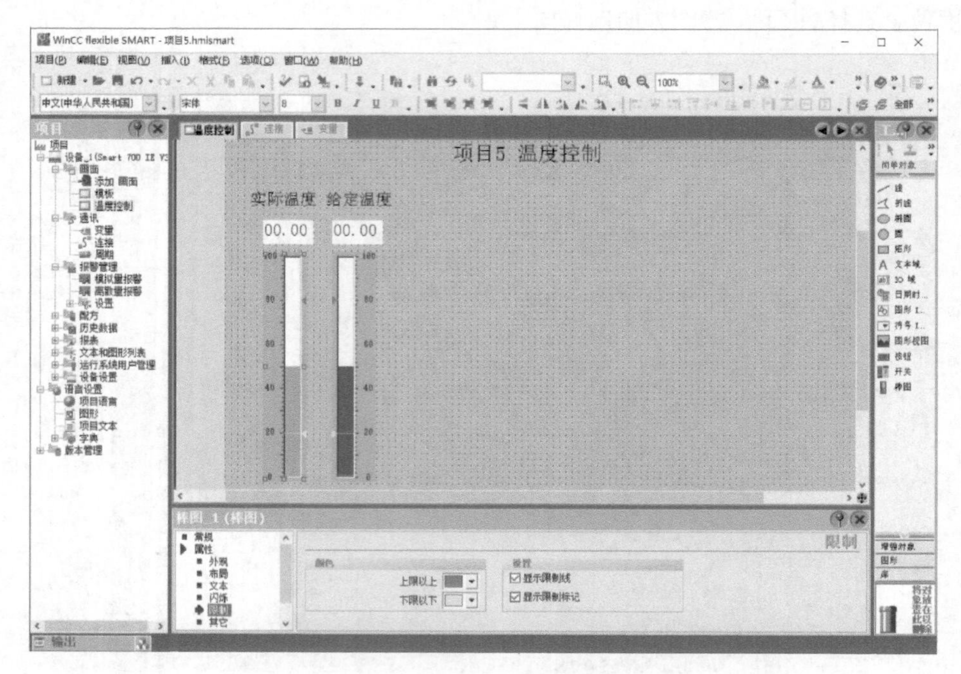

图 5-32　棒图限制属性

如图 5-33 所示，可以在其他属性中修改棒图名称及层级。

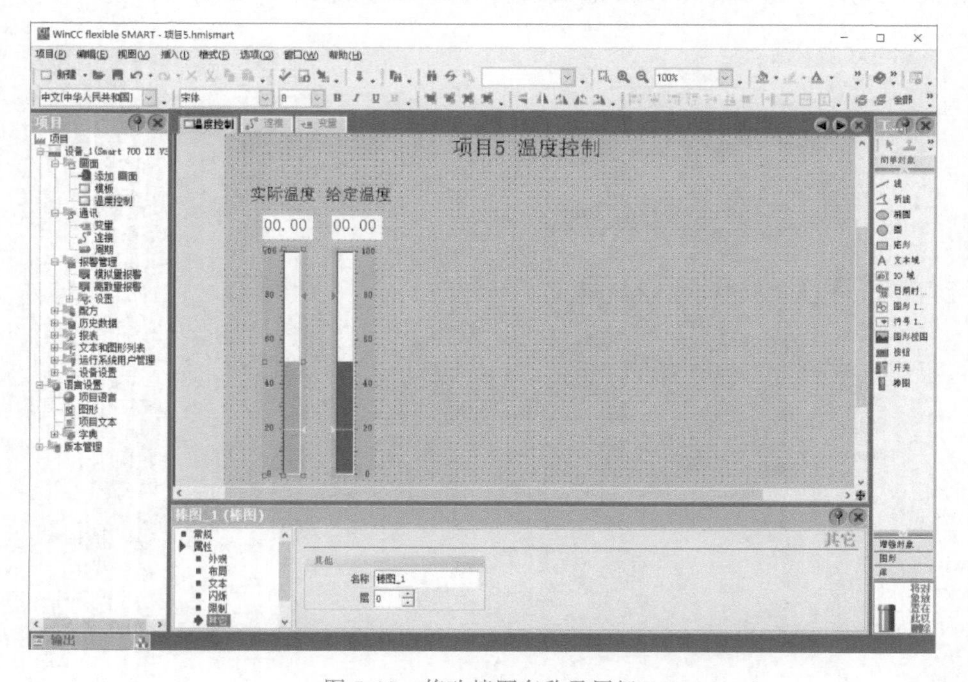

图 5-33　修改棒图名称及层级

设计棒图刻度属性，如图5-34所示，大刻度间距为10，标记增量标签为2，份数为5，激活显示刻度和标记标签，刻度值总长度为3，小数位数为0。

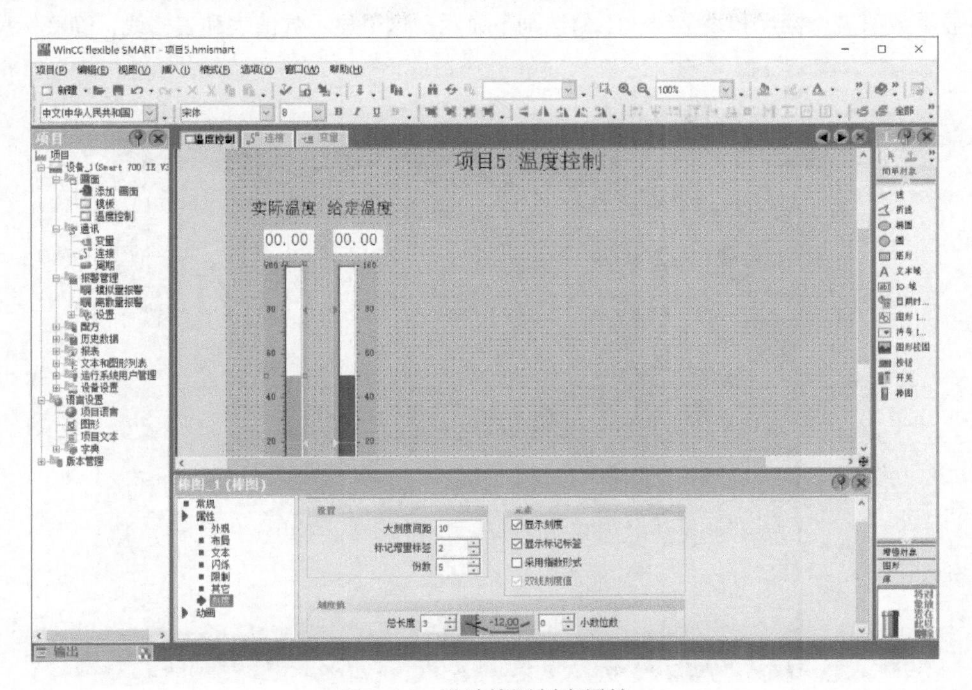

图5-34　设计棒图刻度属性

如图5-35所示，在增强对象中找到趋势视图，拖放到画面合适位置，调整至合适尺寸。

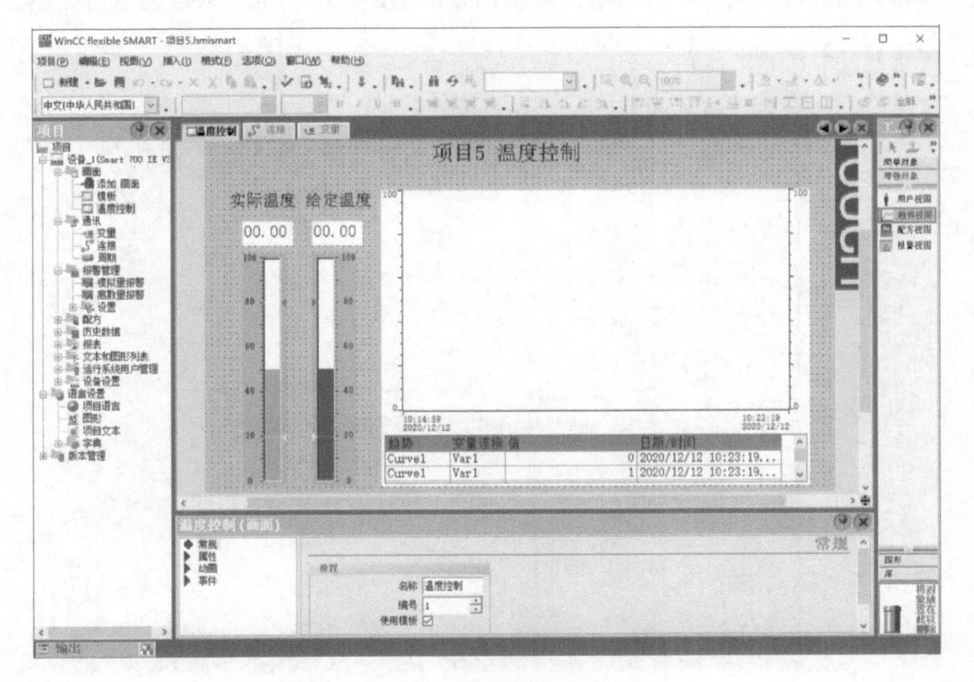

图5-35　添加趋势视图

如图5-36所示，设置趋势视图的常规属性，可以根据需要显示曲线的个数来设置行数，这里需要显示实际温度与给定温度两个变量，故行数为2，字体设计为8号宋体。可以根据需要选择是否显示数值表、标尺和表格线，不勾选则不显示，这里显示数值表和表格线，隐藏标尺。

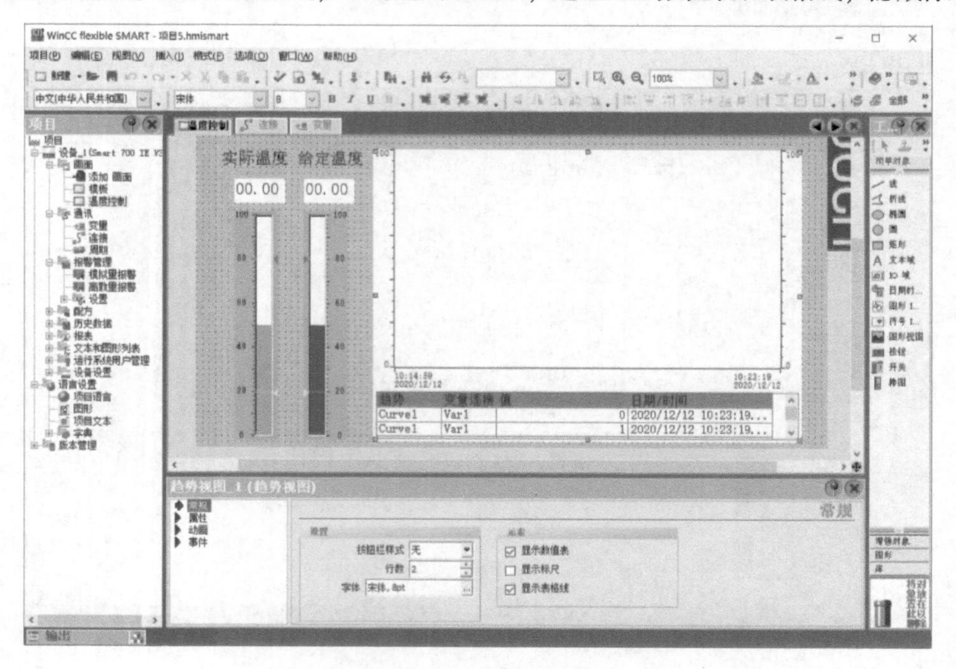

图5-36　趋势视图的常规属性

趋势视图外观属性如图5-37所示，背景色为白色，标尺和坐标轴颜色均为黑色。

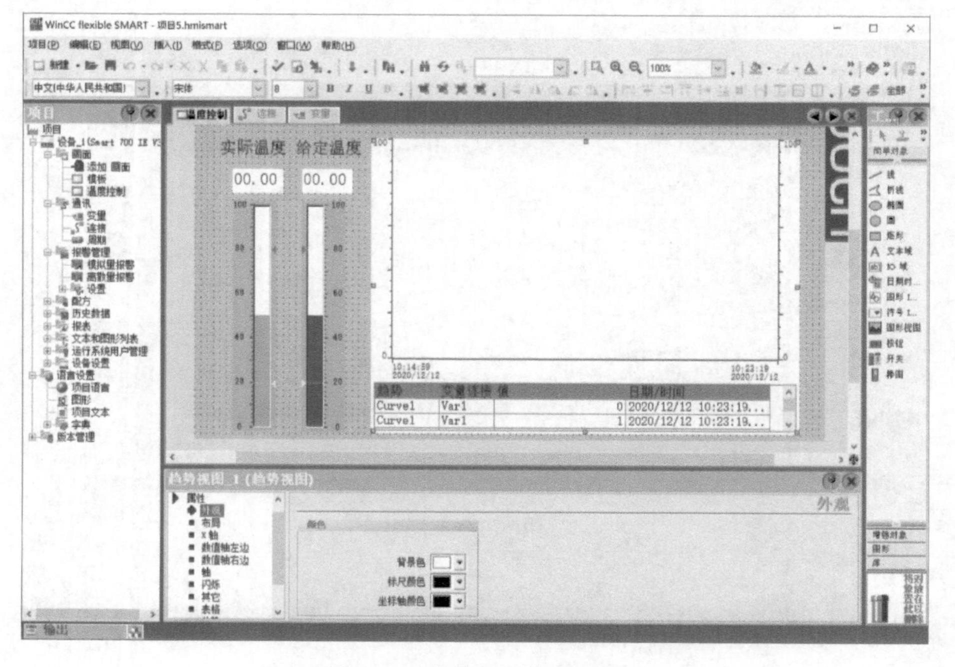

图5-37　趋势视图外观属性

如图 5-38 所示，在趋势视图的布局属性窗口，可以精确设置趋势视图的位置和大小。

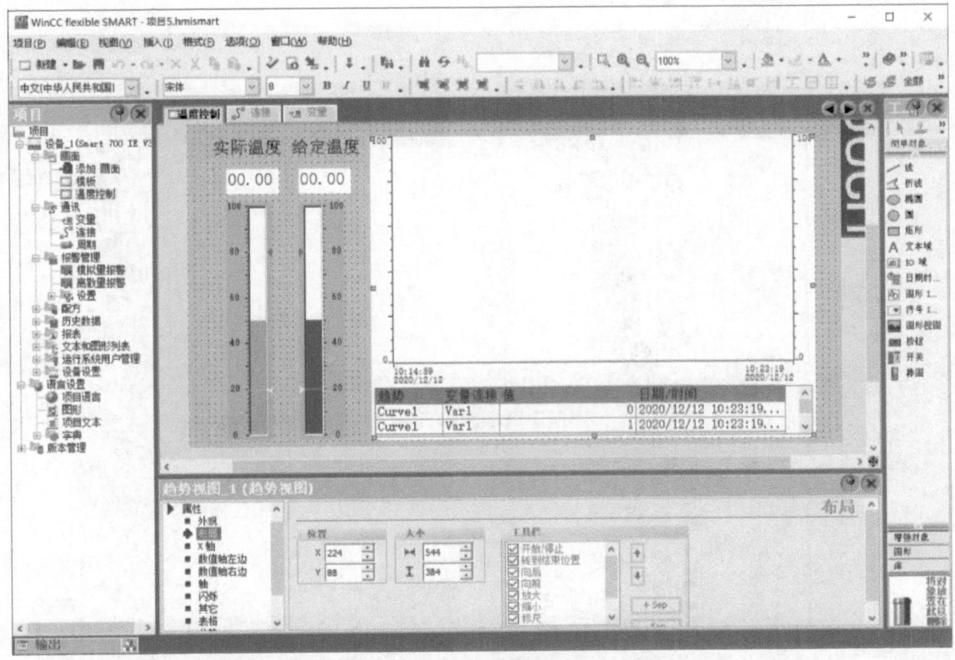

图 5-38　趋势视图的布局属性

如图 5-39 所示，设置趋势视图的 X 轴为时间轴，新值来源于右侧，显示坐标轴与标签，时间间隔为 100s。

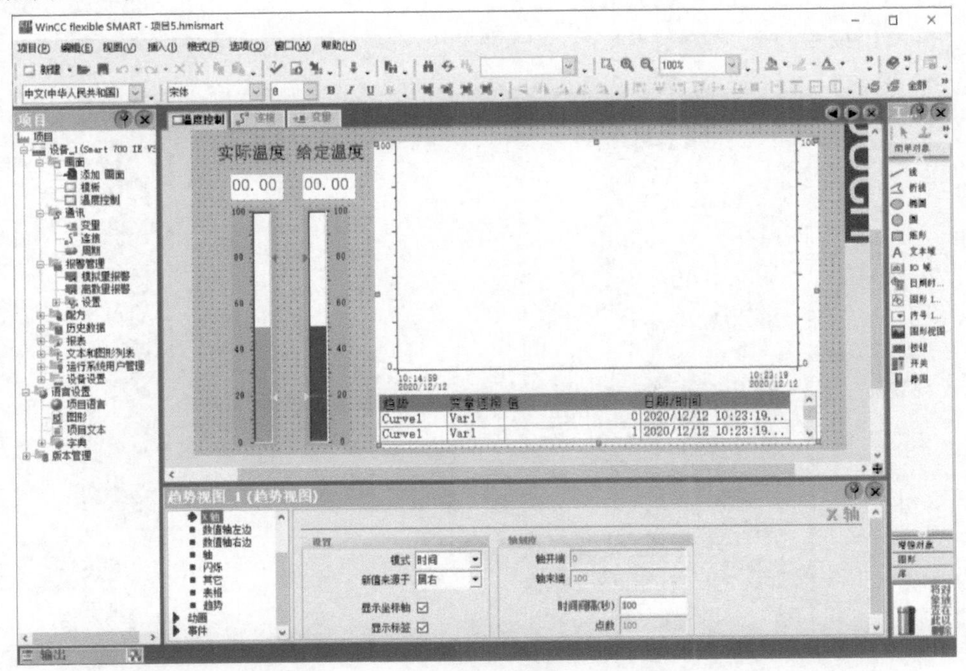

图 5-39　趋势视图的 X 轴属性

如图5-40所示，设置纵轴坐标，数值轴左边显示刻度标签，长度为3，轴刻度数据开端为0，末端为100，数值轴右边与左边相同。

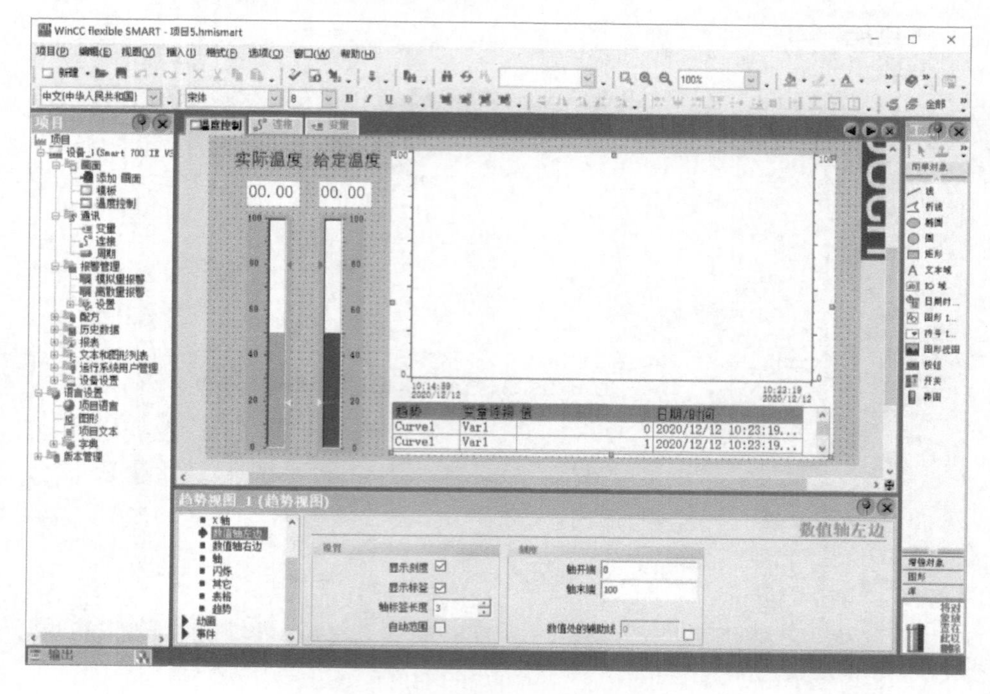

图5-40　趋势视图的纵轴属性

如图5-41所示，可以在其他属性中修改趋势视图的名称及层级。

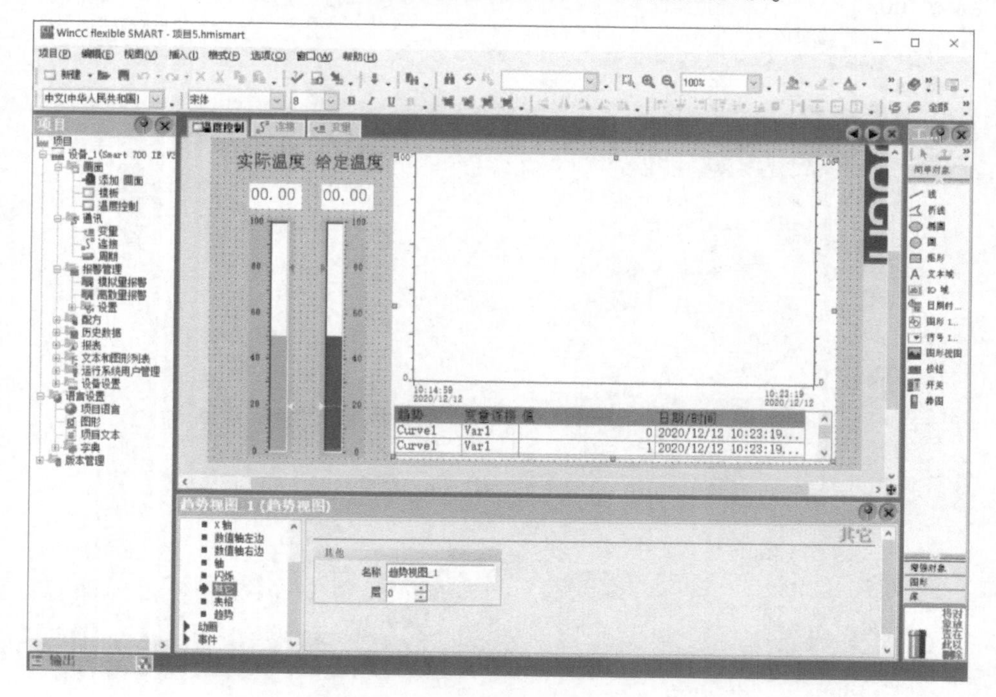

图5-41　趋势视图的名称及层级

如图5-42所示，设置趋势视图的趋势属性，添加两个趋势，名称分别为趋势_ 1和趋势_ 2，两条线类型分别为实线和划线（虚线），分别关联实际温度和给定温度，前景色与棒图一致，实际温度为绿色，给定温度为蓝色。

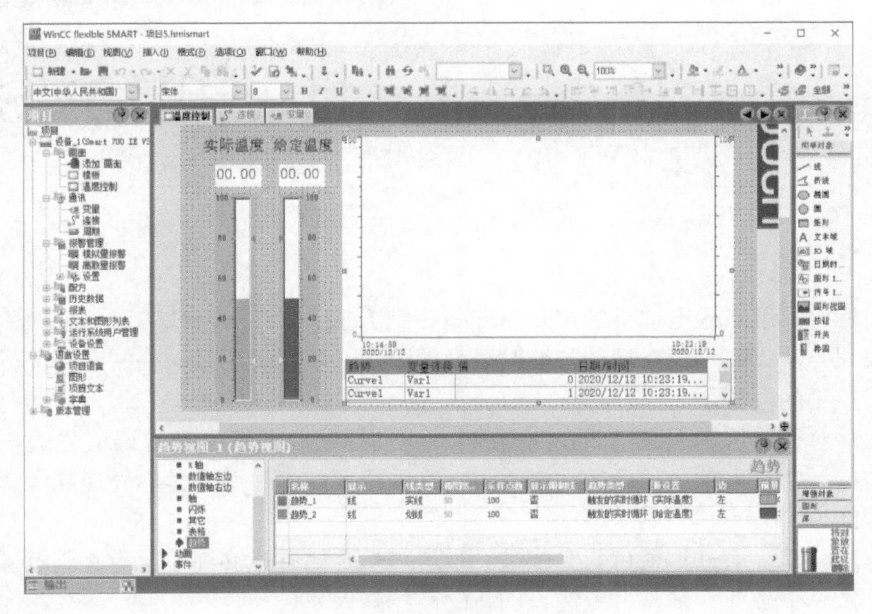

图5-42　趋势视图的趋势属性

温度控制实时监控如图5-43所示，其中图5-43a和图5-43b相差0.5min，IO域显示实时温度值；棒图通过填充色来显示温度值，类似温度计；趋势曲线可以记录温度历史数据变化趋势，蓝色虚线显示给定温度变化曲线，绿色实线显示实际温度变化曲线。从趋势曲线可以看出，开始温度升高较快，在实际温度快接近给定温度时，温度升高很慢，这是PID算法的控制效果，调整PID参数，将影响温度变化曲线的升温速度和稳态温差。PID功能调试视频请扫码观看。

视频5-4
画面调试

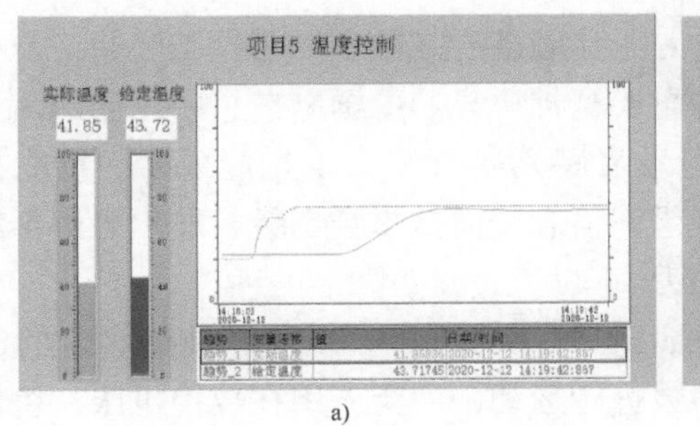

a)

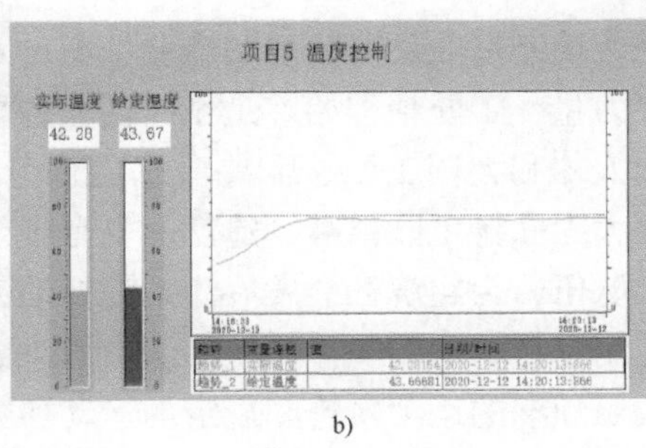

b)

图5-43　温度控制实时监控

思　考　题

PID控制中的参数如何确定？如何进行参数自整定？

项目6

步进电动机控制

项目学习目标：

知识目标：了解步进电动机的控制原理及控制方法；了解 S7-200 Smart PLC 运动控制向导及其编程方法；熟悉相对运动与绝对运动的区别；掌握利用运动控制向导进行编程实现步进电动机控制的方法。

技能目标：能熟练掌握 S7-200 Smart PLC 运动控制向导编程及其调试方法；能进行步进电动机控制，实现点动和长动运动控制、速度和位置控制，锻炼学生处理此类实时性控制系统的工程能力。

职业素养目标：通过本项目的实施进一步培养学生要有足够细心、耐心，锻炼做事的速度与效率，做一个敬业、精益、专注、创新的高技能人才。

课程思政目标：弘扬工匠精神，严谨踏实，精益求精，工作踏实，一步一个脚印赢得用人单位的信赖。

6.1 项目背景及要求

6.1.1 项目背景

不论是传统制造业还是新兴制造业，不论是工业经济还是数字经济，工匠始终是中国制造业的重要力量，工匠精神始终是创新创业的重要精神源泉。中国制造、中国创造需要培养更多高技能人才和大国工匠，需要激励更多劳动者特别是青年人走技能成才、技能报国之路，更需要大力弘扬工匠精神，造就一支有理想守信念、懂技术会创新、敢担当讲奉献的庞大产业工人队伍，为经济社会发展注入充沛动力。

运动控制是自动化的一个分支，是对机械运动部件的位置、速度等进行实时的控制管理，使其按照预期的运动轨迹和规定的运动参数进行运动，广泛应用在数控机床、机器人和工厂自动化，可实现精准运动控制。

步进电动机是一种将电脉冲转化为角位移的执行机构，当驱动器接收到一个脉冲信号时就驱动步进电动机以设定的方向转动一个固定的角度（即称为步进角），以固定的角度旋转。可以通过控制脉冲个数来控制角位移量以达到精准定位的目的，同时也可以通过控制脉冲频率来控制电动机转动的速度和加速度而达到调速的目的。步进电动机作为一种控制用的特种电动机，因其没有积累误差而广泛应用于各种开环控制。为了获得较高的定位速度，同时又要保证定位精度，可以将整个定位过程划分为两个阶段：粗定位阶段和精定位阶段。粗定位阶段，采用较大的脉冲当量。精定位阶段，由于定位行程很短（约占总行程的五分之一），可换用较小的脉冲当量，既保证定位精度，又不影响定位速度。

通过本项目的调试，学生掌握步进电动机的控制方法，能根据控制要求实现精确定位的同时提高定位速度，逐步养成精益求精的工匠精神。

6.1.2　控制要求

实现步进电动机的点动控制、长动控制、正反转控制等。

6.2　知识基础

6.2.1　步进电动机

步进电动机按结构分类，包括反应式步进电动机（VR）、永磁式步进电动机（PM）、混合式步进电动机（HB）等。步进电动机是一种将电脉冲转化为角位移的执行元件。当步进电动机驱动器接收到一个脉冲信号（来自控制器）时，就会驱动步进电动机按设定的方向转动一个固定的角度（称为“步距角”），其旋转是以固定的角度一步一步运行的。

步进电动机不能直接接到直流或交流电源上工作，必须使用专用的驱动电源（步进电动机驱动器）。控制器（脉冲信号发生器）可以通过控制脉冲的个数来控制角位移量，从而达到准确定位的目的；同时可以通过控制脉冲频率来控制电动机转动的速度和加速度，从而达到调速的目的。

步进电动机驱动器由于采用超大规模的硬件集成电路，具有高度的抗干扰性及快速的响应性，不会像单片机控制那样易产生死机及丢步现象。SH-2H057M 是混合式步进电动机驱动器，本款驱动器具有体积小、电流 0.5~4.0A 可调、细分数 4 档可调、振动小、噪声低等特点。独特的说明式面板使操作使用一目了然，方便直观的电流设定方法（由面板的拨位开关设定）可方便快捷地改变电动机的相电流。步进电动机驱动器及其接线图如图 6-1 所示。

1. 输入信号

驱动器是把计算机控制系统提供的弱电信号放大为步进电动机能够接收的强电流信号，控制系统提供给驱动器的信号主要有以下三路：

（1）步进脉冲信号 CP　这是最重要的一路信号，因为步进电动机驱动器的原理就是把控制系统发出的脉冲信号转化为步进电动机的角位移，或者说驱动器每接收一个脉冲信号 CP，就驱动步进电动机旋转一步距角，CP 的频率和步进电动机的转速成正比，CP 的脉冲个数决定了步进电动机旋转的角度。这样，控制系统通过脉冲信号 CP 就可以达到电动机调速和定位的目的。

（2）方向电平信号 DIR　此信号决定电动机的旋转方向，比如说，此信号为高电平时电动机为顺时针旋转，此信号为低电平时电动机则为反方向逆时针旋转。

（3）脱机电平信号 FREE　此信号为选用信号，并不是必须要用，只在一些特殊情况下使用。此信号输入端为低电平有效，这时电动机处于无力矩状态；此信号输入端为高电平或悬空不接时，此功能（指脱机功能，脱机状态是指电动机处于无力矩状态）无效，电动机可正常运行。

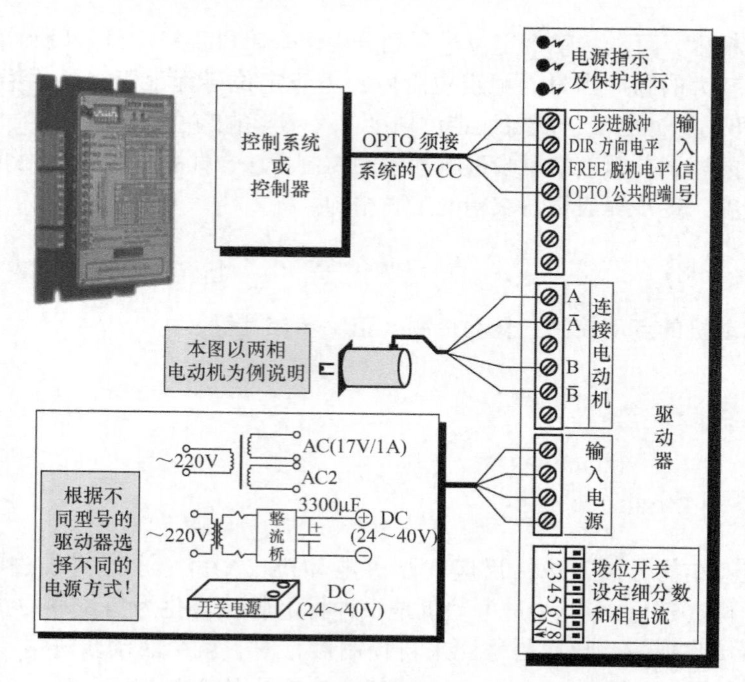

图 6-1 步进电动机驱动器及其接线图

2. CP 信号设定

CP 脉冲的宽度一般要求不小于 2μs。脉冲信号的电平方式是一个很重要的概念，也是设计控制系统时必须考虑的，具体要求是：对于共阳接法的驱动器要求为负脉冲方式，脉冲状态是低电平、无脉冲时为高电平；对于共阴接法的驱动器要求为正脉冲方式，脉冲状态是高电平、无脉冲时为低电平。

3. 细分数设定

SH 系列驱动器是靠驱动器上的拨位开关来设定细分数，只需根据面板上的提示设定即可。在系统频率允许的情况下，必须尽量选用高细分数。细分后电动机的步距角的计算：对于两相和四相电动机，细分后的步距角等于电动机的整步步距角除以细分数。对于三相反应式电动机，细分后的步距角等于电动机的半步步距角除以细分数。每台驱动器的面板上都列出了本台驱动器通常驱动电动机的细分步距角。细分数分为两类：一类是十进制基准，如 2、5、10、20、40 细分；另一类是二进制基准，如 2、4、8 或 2、4、8、16、32 细分。SH-2H057M 采用十进制细分数，采用十进制细分时的细分步距角比较接近整数。

步进电动机的步距角为 1.8°，每转需要 200 个驱动脉冲。为降低噪声改善性能，驱动器设置成 8 细分，所以电动机每转需要 CPU 产生的脉冲数为 200 × 8 个 = 1600 个，程序中运动轴模块组态的每转脉冲数设置为 1600。

6.2.2 运动控制向导

S7－200 Smart PLC 在编程软件中配置了运动控制向导。

1. 运动控制向导为运动轴创建的子例程

除了每次扫描时都必须激活的 AXISx_CTRL 外，每个动作都必须确保一次只有一个运动控制子例程处于激活状态。每个运动子例程都有“AXISx_”前缀，其中“x”代表轴通道编号。共有11个运动控制子例程。

2. 运动控制子例程使用准则

必须确保在同一时间仅有一条运动控制子例程激活。

只要循环调用中断，便可在中断例程中执行AXISx_RUN和AXISx_GOTO。但是，如果运动轴正在处理另一命令时，不要尝试在中断例程中启动子例程。如果在中断例程中启动子例程，则可使用AXISx_CTRL子例程的输出来监视运动轴是否完成移动。

运动控制向导根据所选的度量系统自动组态速度参数（Speed和C_Speed）和位置参数（Pos或C_Pos）的值。对于脉冲，这些参数为DINT值。对于工程单位，这些参数是所选单位类型对应的REAL值。例如：如果选择厘米（cm），则以厘米为单位将位置参数存储为REAL值并以厘米/秒（cm/s）为单位将速度参数存储为REAL值。

有些特定位置控制任务需要以下运动控制子例程：

1）要在每次扫描时执行子例程，应在程序中插入AXISx_CTRL指令并使用SM0.0触点。

2）要指定运动到绝对位置，必须首先使用AXISx_RSEEK或AXISx_LDPOS子例程建立零位置。

3）要根据程序输入移动到特定位置，应使用AXISx_GOTO子例程。

4）要运行通过位置控制向导组态的运动曲线，应使用AXISx_RUN子例程。

除了以上四个子例程外，其他运动控制子例程可根据需要选用。

3. 运动轴子例程

（1）AXISx_CTRL子例程　表6-1中AXISx_CTRL子例程用于启用和初始化运动轴，自动命令运动轴，其参数见表6-2。

表6-1　AXISx_CTRL子例程

LAD/FBD	说　明
AXIS0_CTRL EN MOD_~ Done Error C_Pos C_Spe~ C_Dir	AXISx_CTRL子例程（控制）启用和初始化运动轴，方法是自动命令运动轴，每次CPU更改为RUN模式时加载组态/曲线表 在项目中只对每条运动轴使用此子例程一次，并确保程序会在每次扫描时调用此子例程。使用SM0.0（始终开启）作为EN参数的输入

表6-2　AXISx_CTRL子例程的参数

输入/输出	数据类型	操　作　数
MOD_EN	BOOL	I、Q、V、M、SM、S、T、C、L、能流
Done、C_Dir	BOOL	I、Q、V、M、SM、S、T、C、L
Error	BYTE	IB、QB、VB、MB、SMB、SB、LB、AC、*VD、*AC、*LD
C_Pos、C_Speed	DINT、REAL	ID、QD、VD、MD、SMD、SD、LD、AC、*VD、*AC、*LD

MOD_EN 参数必须开启，才能启用其他运动控制子例程向运动轴发送命令。如果 MOD_EN 参数关闭，运动轴会中止所有正在进行的命令。

AXISx_CTRL 子例程的输出参数提供运动轴的当前状态。当运动轴完成任何一个子例程时，Done 参数会开启。Error 参数包含该子例程的结果。C_Pos 参数表示运动轴的当前位置。根据测量单位，该值是脉冲数（DINT）或工程单位数（REAL）。C_Speed 参数提供运动轴的当前速度。如果针对脉冲组态运动轴的测量系统，C_Speed 是一个 DINT 数值，表示每秒包含的脉冲数。如果针对工程单位组态测量系统，C_Speed 是一个 REAL 数值，表示每秒包含的工程单位数（REAL）。C_Dir 参数表示电动机的当前方向：信号状态 0 为正向，信号状态 1 为反向。

运动轴仅在电源开启或接到指令加载组态时读取组态/曲线表。如果使用运动控制向导修改组态，AXISx_CTRL 子例程会自动命令运动轴在每次 CPU 更改为 RUN 模式时加载组态/曲线表；如果使用运动控制面板修改组态，单击“更新组态”（Update Configuration）按钮，命令运动轴加载新组态/曲线表；如果使用另一种方法修改组态，还必须向运动轴发出一个“重新加载组态”命令，以加载组态/曲线表。否则，运动轴会继续使用旧组态/曲线表。

（2）AXISx_MAN 子例程　AXISx_MAN 子例程将运动轴置为手动模式，见表 6-3。其参数见表 6-4。

表 6-3　AXISx_MAN 子例程

LAD/FBD	说　明
AXIS0_MAN EN RUN JOG_P JOG_N Speed　Error Dir　C_Pos C_Spe~ C_Dir	AXISx_MAN 子例程（手动模式）将运动轴置为手动模式。允许电动机按不同的速度运行，或沿正向或负向慢进 在同一时间仅能启用 RUN、JOG_P 或 JOG_N 输入之一

表 6-4　AXISx_MAN 子例程的参数

输入/输出	数据类型	操　作　数
RUN、JOG_P、JOG_N	BOOL	I、Q、V、M、SM、S、T、C、L、能流
Speed	DINT、REAL	ID、QD、VD、MD、SMD、SD、LD、AC、*VD、*AC、*LD、常数
Dir、C_Dir	BOOL	I、Q、V、M、SM、S、T、C、L
Error	BYTE	IB、QB、VB、MB、SMB、SB、LB、AC、*VD、*AC、*LD
C_Pos、C_Speed	DINT、REAL	ID、QD、VD、MD、SMD、SD、LD、AC、*VD、*AC、*LD

启用 RUN（运行/停止）参数会命令运动轴加速至指定的速度（Speed 参数）和方向（Dir 参数）。可以在电动机运行时更改 Speed 参数，但 Dir 参数必须保持为常数。禁用 RUN

参数会命令运动轴减速，直至电动机停止。

启用 JOG_P（点动正向旋转）或 JOG_N（点动反向旋转）参数会命令运动轴正向或反向点动。如果 JOG_P 或 JOG_N 参数保持启用的时间短于 0.5s，则运动轴将通过脉冲指示移动 JOG_INCREMENT 中指定的距离。如果 JOG_P 或 JOG_N 参数保持启用的时间为 0.5s 或更长，则运动轴将开始加速至指定的 JOG_SPEED。

Speed 参数决定启用 RUN 时的速度。如果针对脉冲组态运动轴的测量系统，则速度为 DINT 值（脉冲数/s）。如果针对工程单位组态运动轴的测量系统，则速度为 REAL 值（单位数/s）。可以在电动机运行时更改该参数，运动轴可能不会对 Speed 参数的小幅更改做出响应，尤其是在组态的加速或减速时间非常短且组态的最大速度与起动/停止速度之间的差值较大时。

Dir 参数确定当 RUN 启用时移动的方向。可以在 RUN 参数启用时更改该数值。Error 参数包含该子例程的结果。C_Pos 参数表示运动轴的当前位置，根据所选的测量单位，该值是脉冲数（DINT）或工程单位数（REAL）。C_Speed 参数表示运动轴的当前速度，该值是脉冲数/s（DINT）或工程单位数/s（REAL）。C_Dir 参数表示电动机的当前方向：信号状态 0 为正向，信号状态 1 为反向。

（3）AXISx_GOTO 子例程　表 6-5 为 AXISx_GOTO 子例程，主要命令运动轴转到所需位置，其参数见表 6-6。

表 6-5　AXISx_GOTO 子例程

LAD/FBD	说　明
AXIS0_GOTO EN START Pos　Done Speed　Error Mode　C_Pos Abort　C_Spe~	AXISx_GOTO 子例程命令运动轴转到所需位置

表 6-6　AXISx_GOTO 子例程的参数

输入/输出	数据类型	操　作　数
START	BOOL	I、Q、V、M、SM、S、T、C、L、能流
Pos、Speed	DINT、REAL	ID、QD、VD、MD、SMD、SD、LD、AC、*VD、*AC、*LD、常数
Mode	BYTE	IB、QB、VB、MB、SMB、SB、LB、AC、*VD、*AC、*LD、常数
Abort、Done	BOOL	I、Q、V、M、SM、S、T、C、L
Error	BYTE	IB、QB、VB、MB、SMB、SB、LB、AC、*VD、*AC、*LD
C_Pos、C_Speed	DINT、REAL	ID、QD、VD、MD、SMD、SD、LD、AC、*VD、*AC、*LD

开启 EN 位会启用此子例程。确保 EN 位保持开启，直至 DONE 位指示子例程执行已经完成。

开启 START 参数会向运动轴发出 GOTO 命令。对于在 START 参数开启且运动轴当前不繁忙时执行的每次扫描，该子例程向运动轴发送一个 GOTO 命令。为了确保仅发送了一个

GOTO 命令，可使用边沿检测指令以脉冲方式开启 START 参数。Pos 参数包含一个数值，指示要移动的位置（绝对移动）或要移动的距离（相对移动），该值是脉冲数（DINT）或工程单位数（REAL）。Speed 参数确定该移动的最高速度，该值是脉冲数/s（DINT）或工程单位数/s（REAL）。Mode 参数选择移动的类型：0 为绝对位置；1 为相对位置；2 为连续正向旋转；3 为连续反向旋转。

当运动轴完成此子例程时，Done 参数会开启。开启 Abort 参数会命令运动轴停止当前曲线并减速，直至电动机停止。Error 参数表示该子例程的结果。C_Pos 参数表示运动轴的当前位置。C_Speed 参数表示运动轴的当前速度。

（4）AXISx_RUN 子例程　表 6-7 给出的 AXISx_RUN 子例程可以定义运行曲线，命令运动轴按照存储在组态/曲线表的特定曲线执行运动操作，其参数见表 6-8。

表 6-7　AXISx_RUN 子例程

LAD/FBD	说　明
AXIS0_RUN EN START Profile　Done Abort　Error C_Profile C_Step C_Pos C_Spe~	AXISx_RUN 子例程（运行曲线）命令运动轴按照存储在组态/曲线表的特定曲线执行运动操作

表 6-8　AXISx_RUN 子例程的参数

输入/输出	数据类型	操　作　数
START	BOOL	I、Q、V、M、SM、S、T、C、L、能流
Profile	BYTE	IB、QB、VB、MB、SMB、SB、LB、AC、*VD、*AC、*LD、常数
Abort、Done	BOOL	I、Q、V、M、SM、S、T、C、L
Error、C_Profile、C_Step	BYTE	IB、QB、VB、MB、SMB、SB、LB、AC、*VD、*AC、*LD
C_Pos、C_Speed	DINT、REAL	ID、QD、VD、MD、SMD、SD、LD、AC、*VD、*AC、*LD

开启 EN 位会启用此子例程。确保 EN 位保持开启，直至 Done 位指示子例程执行已经完成。

开启 START 参数将向运动轴发出 RUN 命令。在运动轴当前状态不繁忙时执行扫描，并向运动轴发送一个 RUN 命令。为了确保仅发送了一个命令，可使用边沿检测指令以脉冲方式开启 START 参数。Profile 参数表示运动曲线的编号或符号名称。“Profile” 输入必须介于 0~31 之间，否则子例程将返回错误。开启 Abort 参数会命令运动轴停止当前曲线并减速，直至电动机停止。

当运动轴完成此子例程时，Done 参数会开启。Error 参数表示该子例程的结果。C_Profile 参数表示运动轴当前执行的曲线。C_Step 参数表示目前正在执行的曲线步。C_Pos 参数表示运动轴的当前位置。C_Speed 参数表示运动轴的当前速度。

（5）AXISx_RSEEK 子例程　表6-9 给出的 AXISx_RSEEK 子例程用于搜索参考点位置，使用组态/曲线表中的搜索方法启动参考点搜索操作。运动轴找到参考点且运动停止后，运动轴将 RP_OFFSET 参数值载入当前位置，其参数见表6-10。RP_OFFSET 的默认值为0，可使用运动控制向导、运动控制面板或 AXISx_LDOFF（加载偏移量）子例程来更改 RP_OFF-SET 值。

表6-9　AXISx_RSEEK 子例程

LAD/FBD	说　明
AXIS0_RSEEK EN START Done Error	AXISx_RSEEK 子例程（搜索参考点位置）使用组态/曲线表中的搜索方法启动参考点搜索操作。运动轴找到参考点且运动停止后，运动轴将 RP_OFFSET 参数值载入当前位置

表6-10　AXISx_RSEEK 子例程的参数

输入/输出	数据类型	操　作　数
START	BOOL	I、Q、V、M、SM、S、T、C、L、能流
Done	BOOL	I、Q、V、M、SM、S、T、C、L
Error	BYTE	IB、QB、VB、MB、SMB、SB、LB、AC、*VD、*AC、*LD

开启 EN 位会启用此子例程。确保 EN 位保持开启，直至 Done 位指示子例程执行已经完成。

开启 START 参数将向运动轴发出 RSEEK 命令。在运动轴当前状态不繁忙时执行扫描，并向运动轴发送一个 RSEEK 命令。为了确保仅发送了一个命令，可使用边沿检测指令以脉冲方式开启 START 参数。

当运动轴完成此子例程时，Done 参数会开启。Error 参数表示该子例程的结果。

（6）AXISx_LDOFF 子例程　表6-11 给出的 AXISx_LDOFF 子例程用于加载参考点偏移量，建立一个与参考点处于不同位置的新的零位置，其参数见表6-12。

表6-11　AXISx_LDOFF 子例程

LAD/FBD	说　明
AXIS0_LDOFF EN START Done Error	AXISx_LDOFF 子例程（加载参考点偏移量）建立一个与参考点处于不同位置的新的零位置 在执行该子例程之前，必须首先确定参考点的位置，还必须将机器移至起始位置。当子例程发送 LDOFF 命令时，运动轴计算起始位置（当前位置）与参考点位置之间的偏移量 然后运动轴将算出的偏移量存储到 RP_OFFSET 参数并将当前位置设为0，这样就将起始位置建立为零位置 如果电动机失去对位置的追踪（如断电或手动更换电动机的位置），可以使用 AXISx_RSEEK 子例程自动重新建立零位置

表 6-12 AXISx_LDOFF 子例程的参数

输入/输出	数据类型	操 作 数
START	BOOL	I、Q、V、M、SM、S、T、C、L、能流
Done	BOOL	I、Q、V、M、SM、S、T、C、L
Error	BYTE	IB、QB、VB、MB、SMB、SB、LB、AC、*VD、*AC、*LD

开启 EN 位会启用此子例程。确保 EN 位保持开启，直至 Done 位指示子例程执行已经完成。

开启 START 参数将向运动轴发出 LDOFF 命令。在运动轴当前状态不繁忙时执行扫描，并向运动轴发送一个 LDOFF 命令。为了确保仅发送了一个命令，可使用边沿检测指令以脉冲方式开启 START 参数。

当运动轴完成此子例程时，Done 参数会开启。Error 参数包含该子例程的结果。

（7）AXISx_LDPOS 子例程　表 6-13 给出的 AXISx_LDPOS 子例程用于加载位置，将运动轴中的当前位置值更改为新值，还可以使用本子例程为绝对移动命令建立一个新的零位置，其参数见表 6-14。

表 6-13 AXISx_LDPOS 子例程

LAD/FBD	说 明
AXIS0_LDPOS EN START New_P~ Done Error C_Pos	AXISx_LDPOS 子例程（加载位置）将运动轴中的当前位置值更改为新值。还可以使用本子例程为任何绝对移动命令建立一个新的零位置

表 6-14 AXISx_LDPOS 子例程的参数

输入/输出	数据类型	操 作 数
START	BOOL	I、Q、V、M、SM、S、T、C、L、能流
New_Pos、C_Pos	DINT、REAL	ID、QD、VD、MD、SMD、SD、LD、AC、*VD、*AC、*LD
Done	BOOL	I、Q、V、M、SM、S、T、C、L
Error	BYTE	IB、QB、VB、MB、SMB、SB、LB、AC、*VD、*AC、*LD

开启 EN 位会启用此子例程。确保 EN 位保持开启，直至 Done 位指示子例程执行已经完成。

开启 START 参数将向运动轴发出 LDPOS 命令。在运动轴当前状态不繁忙时执行的每次扫描，并向运动轴发送一个 LDPOS 命令。为了确保仅发送了一个命令，可使用边沿检测指令以脉冲方式开启 START 参数。New_Pos 参数提供新值，用于取代运动轴报告和用于绝对移动的当前位置值。根据测量单位，该值是脉冲数（DINT）或工程单位数（REAL）。

当运动轴完成此子例程时，Done 参数会开启。Error 参数表示该子例程的结果。C_Pos 参数表示运动轴的当前位置。

（8）AXISx_SRATE 子例程　表 6-15 给出的 AXISx_SRATE 子例程用于设置速率，命令运动轴更改加速、减速和急停时间，其参数见表 6-16。

表 6-15　AXISx_SRATE 子例程

LAD/FBD	说　明
AXIS0_SRATE EN START ACCEL~　Done DECEL~　Error JERK~	AXISx_SRATE 子例程（设置速率）命令运动轴更改加速、减速和急停时间

说明：

最初版本的 S7－200 Smart CPU 不支持急停时间，为 JERK（急停）输入的任何值都会被此类 CPU 忽略，而且不会使用任何急停时间。应将 JERK 值设置为 0 以兼容将来的 CPU 版本。

表 6-16　AXISx_SRATE 子例程的参数

输入/输出	数据类型	操　作　数
START	BOOL	I、Q、V、M、SM、S、T、C、L、
ACCEL_Time、DECEL_Time	DINT	ID、QD、VD、MD、SMD、SD、LD、AC、*VD、*AC、*LD、常数
Done	BOOL	I、Q、V、M、SM、S、T、C、L
Error	BYTE	IB、QB、VB、MB、SMB、SB、LB、AC、*VD、*AC、*LD

开启 EN 位会启用此子例程。确保 EN 位保持开启，直至 Done 位指示子例程执行已经完成。

开启 START 参数会将新时间值复制到组态/曲线表中，并向运动轴发出一个 SRATE 命令。在运动轴当前状态不繁忙时执行扫描，并向运动轴发送一个 SRATE 命令。为了确保仅发送了一个命令，可使用边沿检测指令以脉冲方式开启 START 参数。ACCEL_Time 和 DECEL_Time 参数以毫秒（ms）为单位确定新加速时间和减速时间。

当运动轴完成此子例程时，Done 参数会开启。Error 参数包含该子例程的结果。

（9）AXISx_DIS 子例程　表 6-17 给出的 AXISx_DIS 子例程将运动轴的 DIS 输出打开或关闭，其参数见表 6-18。

表 6-17　AXISx_DIS 子例程

LAD/FBD	说　明
AXIS0_DIS EN DIS_ON Error	AXISx_DIS 子例程将运动轴的 DIS 输出打开或关闭。这允许将 DIS 输出用于禁用或启用电动机控制器，如果在运动轴中使用 DIS 输出，可以在每次扫描时调用该子例程，或者仅在需要更改 DIS 输出值时进行调用

表6-18 AXISx_DIS 子例程的参数

输入/输出	数据类型	操 作 数
DIS_ON	BYTE	IB、QB、VB、MB、SMB、SB、LB、AC、*VD、*AC、*LD、常数
Error	BYTE	IB、QB、VB、MB、SMB、SB、LB、AC、*VD、*AC、*LD

当EN位打开以启用子例程时，DIS_ON参数控制运动轴的DIS输出。如果未在运动控制向导中定义“DIS”输出，AXISx_DIS子例程将返回错误。Error参数包含该子例程的结果。

（10）AXISx_CFG子例程　表6-19给出的AXISx_CFG子例程用于重新加载组态，命令运动轴从组态/曲线表指针指定的位置读取组态块，其参数见表6-20。

表6-19 AXISx_CFG 子例程

LAD/FBD	说 明
AXIS0_CFG EN START Done Error	AXISx_CFG子例程（重新加载组态）命令运动轴从组态/曲线表指针指定的位置读取组态块，然后运动轴将新组态与现有组态进行比较，并执行任何所需的设置更改或重新计算

表6-20 AXISx_CFG 子例程的参数

输入/输出	数据类型	操 作 数
START	BOOL	I、Q、V、M、SM、S、T、C、L、能流
Done	BOOL	I、Q、V、M、SM、S、T、C、L
Error	BYTE	IB、QB、VB、MB、SMB、SB、LB、AC、*VD、*AC、*LD

开启EN位会启用此子例程。确保EN位保持开启，直至Done位指示子例程执行已经完成。

开启START参数将向运动轴发出CFG命令。在运动轴当前状态不繁忙时执行扫描，并向运动轴发送一个CFG命令。为了确保仅发送了一个命令，可使用边沿检测方式以脉冲方式开启START参数。

当运动轴完成此子例程时，Done参数会开启。Error参数包含该子例程的结果。

（11）AXISx_CACHE子例程　表6-21给出的AXISx_CACHE子例程为缓冲曲线，命令运动曲线在执行前先缓冲，其参数见表6-22。

表6-21 AXISx_CACHE 子例程

LAD/FBD	说 明
AXIS0_CACHE EN START Profile　Done Error	AXISx_CACHE子例程（缓冲曲线）命令运动曲线在执行前先缓冲。可在执行前预先缓冲所需命令，预先缓冲可缩短从执行运动指令到开始运动的时间，并可带来一致性

表 6-22　AXISx_CACHE 子例程的参数

输入/输出	数据类型	操　作　数
START	BOOL	I、Q、V、M、SM、S、T、C、L、能流
Profile	BYTE	IB、QB、VB、MB、SMB、SB、LB、AC、*VD、*AC、*LD、常数
Done	BOOL	I、Q、V、M、SM、S、T、C、L
Error	BYTE	IB、QB、VB、MB、SMB、SB、LB、AC、*VD、*AC、*LD

开启 EN 位会启用此子例程。确保 EN 位保持开启，直至 Done 位指示子例程执行已经完成。

开启 START 参数将向运动轴发出 CACHE 命令。在运动轴当前状态不繁忙时执行扫描，并向运动轴发送一个 CACHE 命令。为了确保仅发送了一个命令，可使用边沿检测指令以脉冲方式开启 START 参数。Profile 参数包含运动曲线的编号或符号名称。“Profile”输入必须介于 0～31 之间，否则子例程将返回错误。

当运动轴完成此子例程时，Done 参数会开启。Error 参数包含该子例程的结果。

6.3　运动控制向导实例

视频 6-1
运动控制向导

运动控制向导用于引导用户逐步定义运动轴的各项控制参数，方便初学者学习，其操作视频请扫码观看。

1）打开“运动控制”向导，如图 6-2 所示，单击“工具”→“向导”→“运动控制”命令。

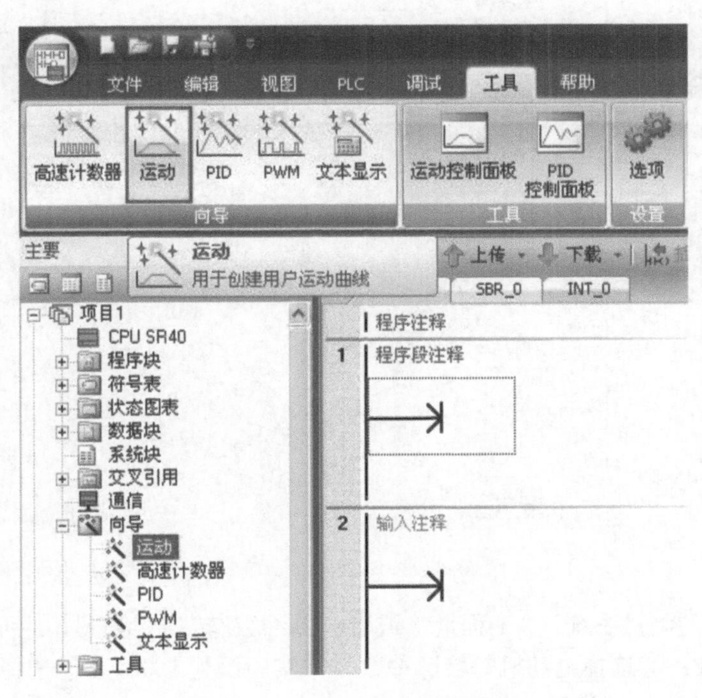

图 6-2　打开“运动控制”向导

2）选择需要组态的轴，如图6-3所示。

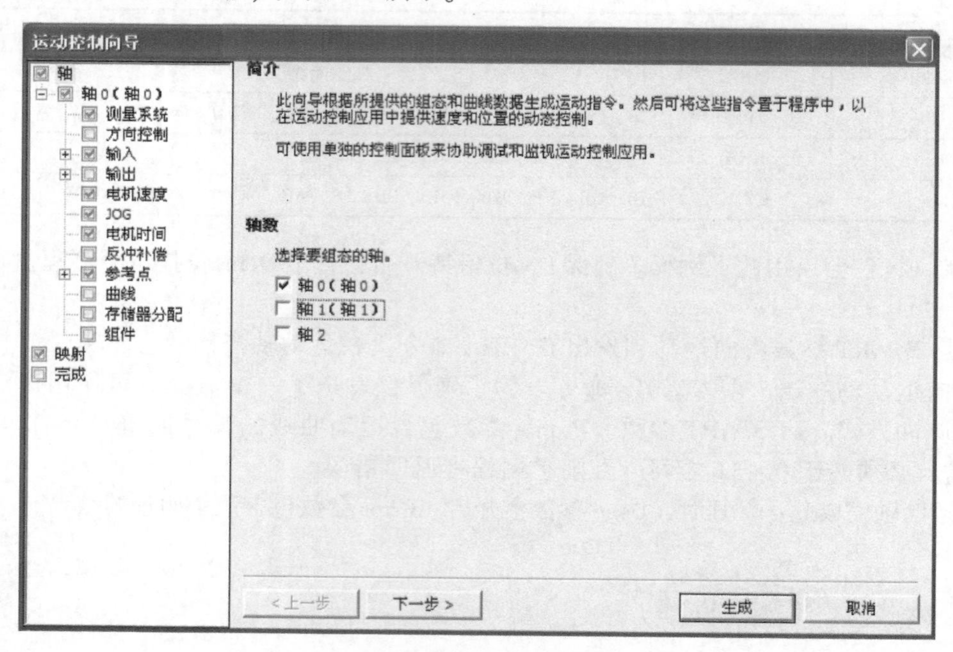

图6-3 选择需要组态的轴

3）为所选择的轴命名，如图6-4所示。

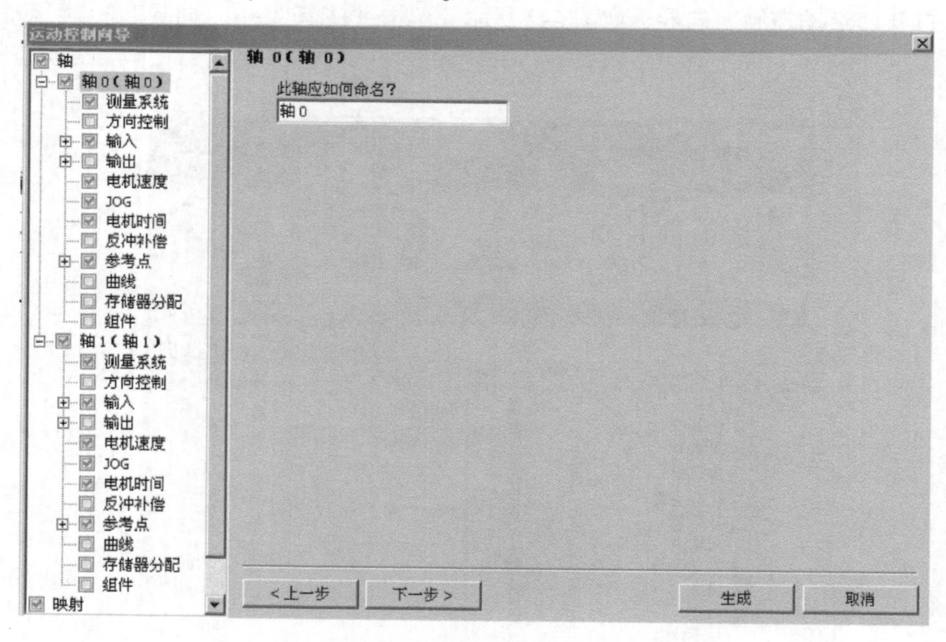

图6-4 为所选择的轴命名

4）输入系统的测量系统（“工程量”或者“脉冲数/转”），如图6-5所示：①选择工程单位或者是脉冲数；②选择电动机每转脉冲数（本实验设为1600）；③选择基本单位（本实验设为mm）；④输入电动机每转运行距离。

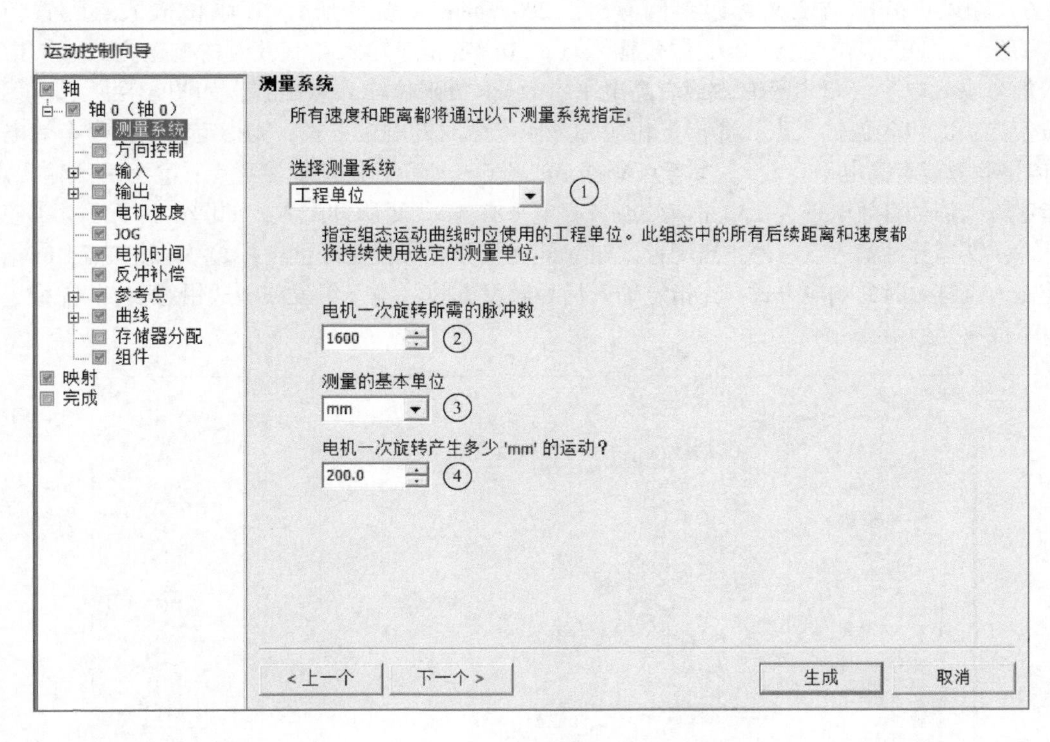

图 6-5　选择测量系统

5）设置脉冲方向输出，如图 6-6 所示：①设置有几路脉冲输出（单相：1 路；双向：2 路；正交：2 路）；②设置脉冲输出极性和控制方向。

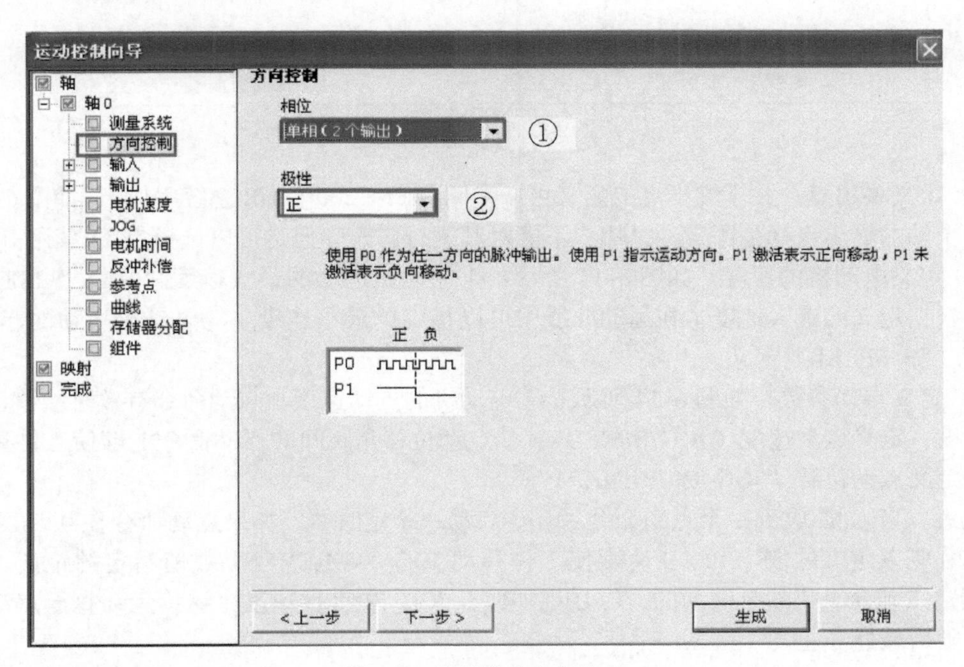

图 6-6　设置脉冲方向输出

6）输入点分配与定义可以参阅《S7－200 Smart 系统手册》。正限位输入点配置，如图6-7所示：①正限位使能；②正限位输入点；③指定相应输入点有效时的响应方式；④指定输入信号有效电平（低电平有效或者高电平有效）。负限位输入点配置，如图6-8所示：①负限位使能；②负限位输入点；③指定相应输入点有效时的响应方式；④指定输入信号有效电平（低电平有效或者高电平有效）。参考点配置，如图6-9所示：①使能参考点；②参考点输入点；③指定输入信号有效电平（低电平有效或者高电平有效）。零脉冲配置，如图6-10所示：①使能零脉冲；②零脉冲输入点。停止点配置，如图6-11所示：①使能停止点；②停止输入点；③指定相应输入点有效时的响应方式；④指定输入信号触发方式（电平触发或者边沿触发）。⑤指定有效电平或有效边沿。

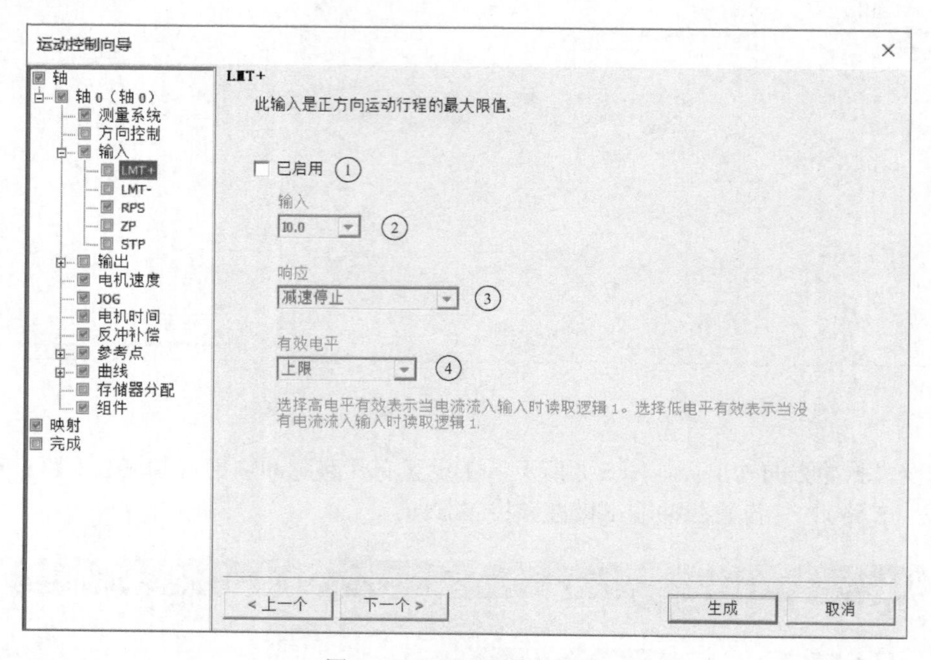

图6-7 配置正限位输入点

7）定义输出点。关于输出点的定义可以参阅《S7－200 Smart 系统手册》，如图6-12所示，每个轴的输出点都是固定的，用户不能对其进行修改，但是可以选择启用/禁用 DIS。

8）定义电动机的速度，如图6-13所示：①电动机运动的最大速度“MAX_SPEED”定义；②根据定义的最大速度，在运动曲线中可以指定的最小速度；③电动机运动的起动/停止速度“SS_SPEED”定义。

9）定义点动参数，如图6-14所示：①电动机的点动速度是点动命令有效时能够得到的最大速度，定义点动速度“JOG_SPEED”；②点动位移是瞬间的点动命令能够使工件运动的距离，定义点动位移“JOG_INCREMENT”。

注意：当 CPU 收到一个点动命令后，会启动一个定时器。如果点动命令在0.5s之内结束，CPU 则以定义的 SS_SPEED 速度使工件移动 JOG_INCREMENT 数值指定的距离。如果0.5s到时点动命令仍然是激活的，CPU 则加速至 JOG_SPEED 速度，继续运动直至点动命令结束，随后减速停止。

10）加/减速时间设置，如图6-15所示：①设置从起动/停止速度“SS_SPEED”到最大

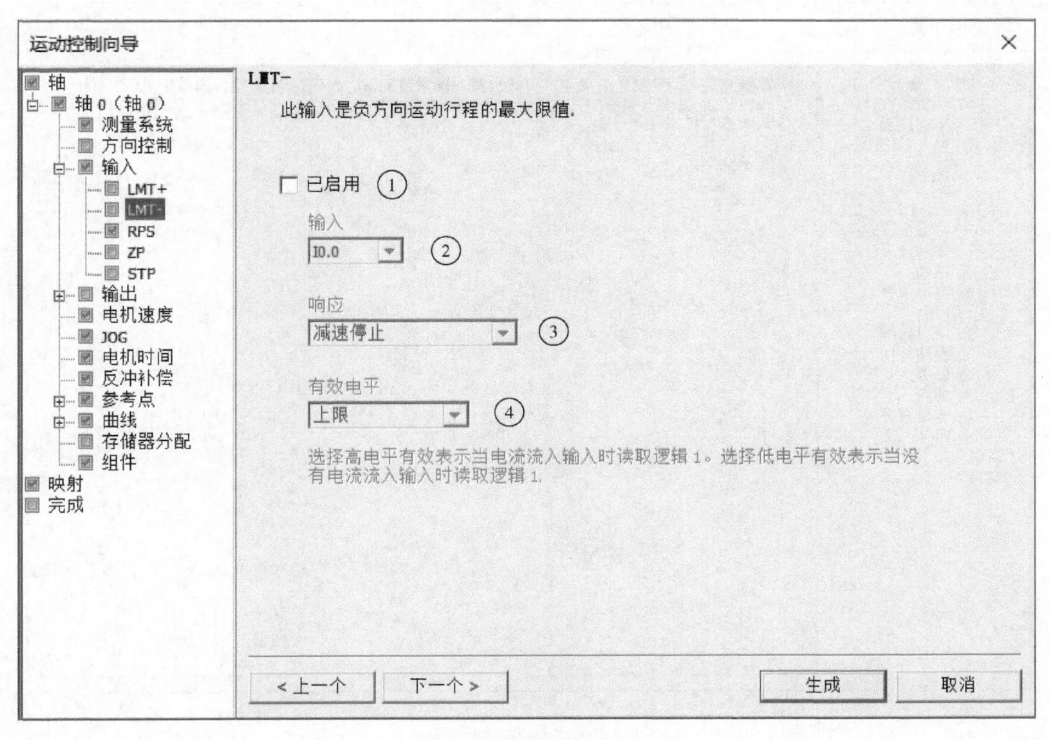

图 6-8　配置负限位输入点

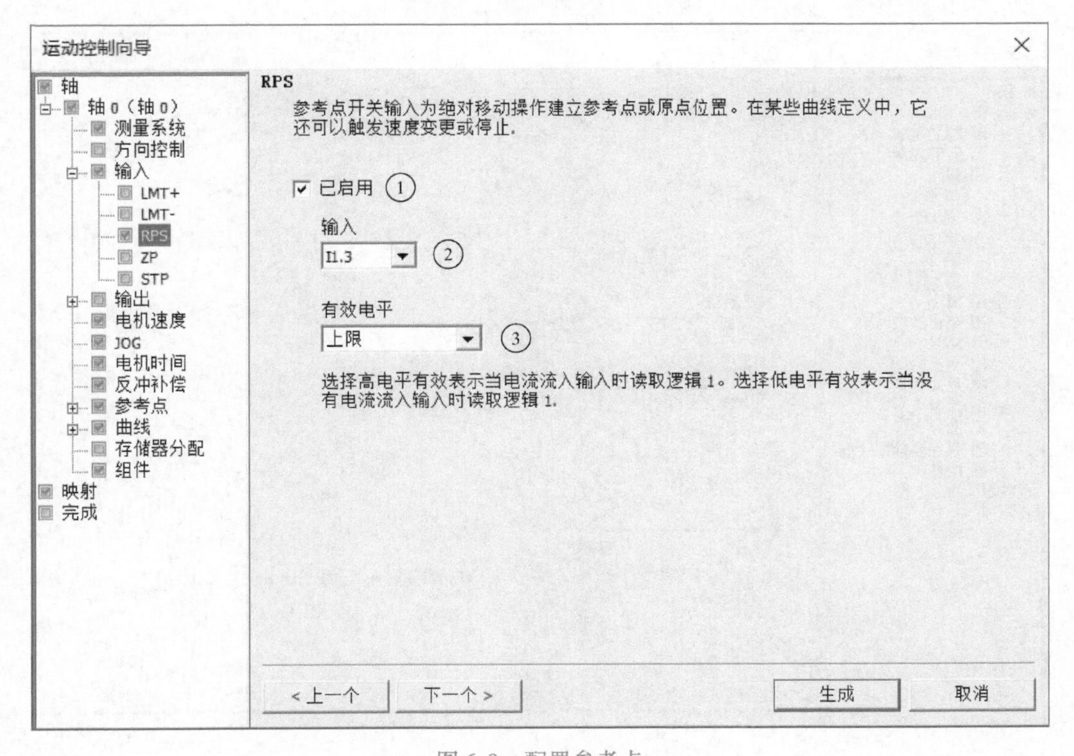

图 6-9　配置参考点

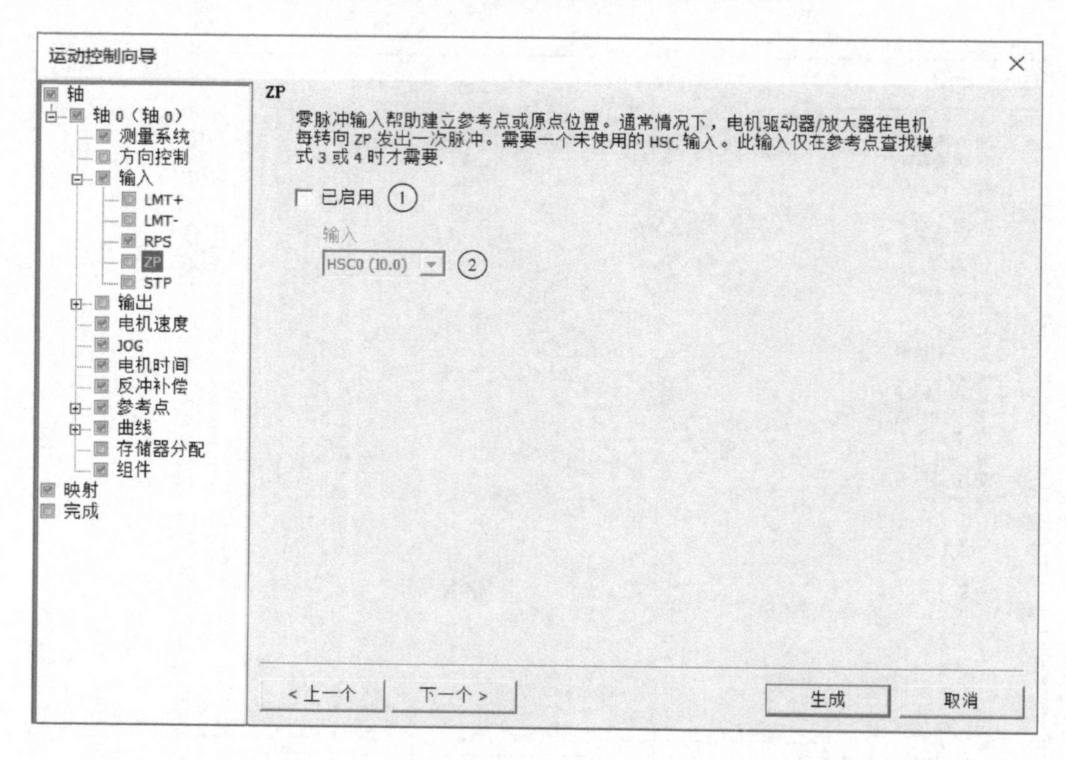

图 6-10　配置零脉冲

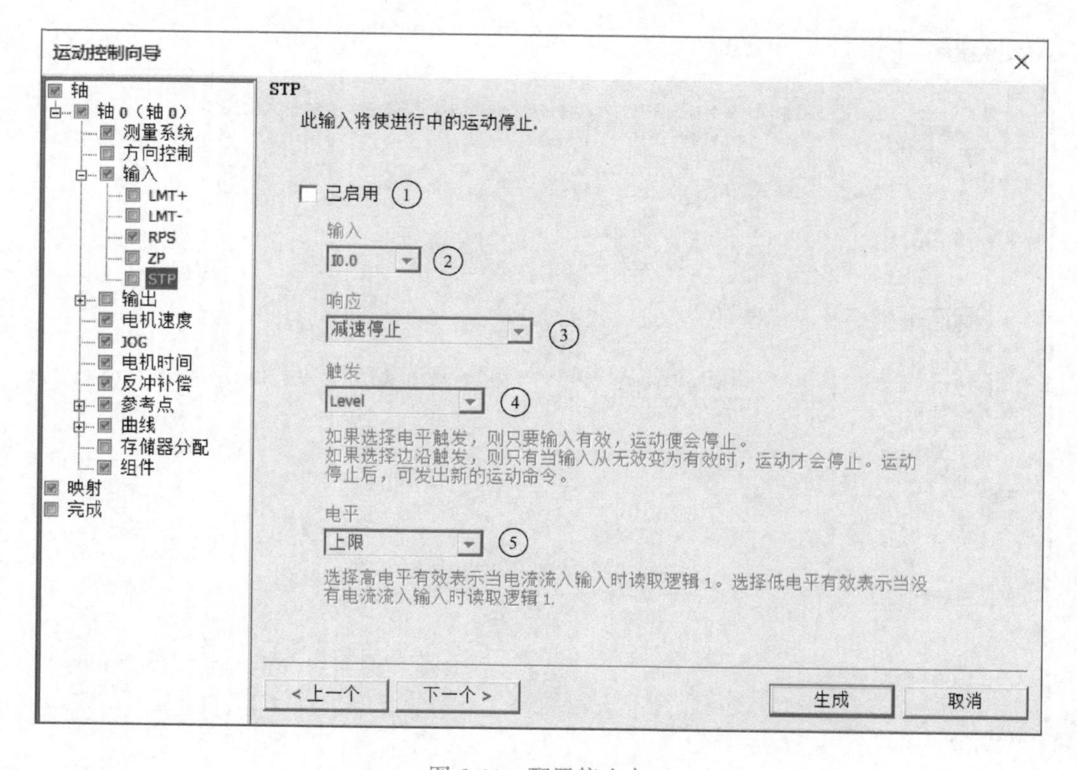

图 6-11　配置停止点

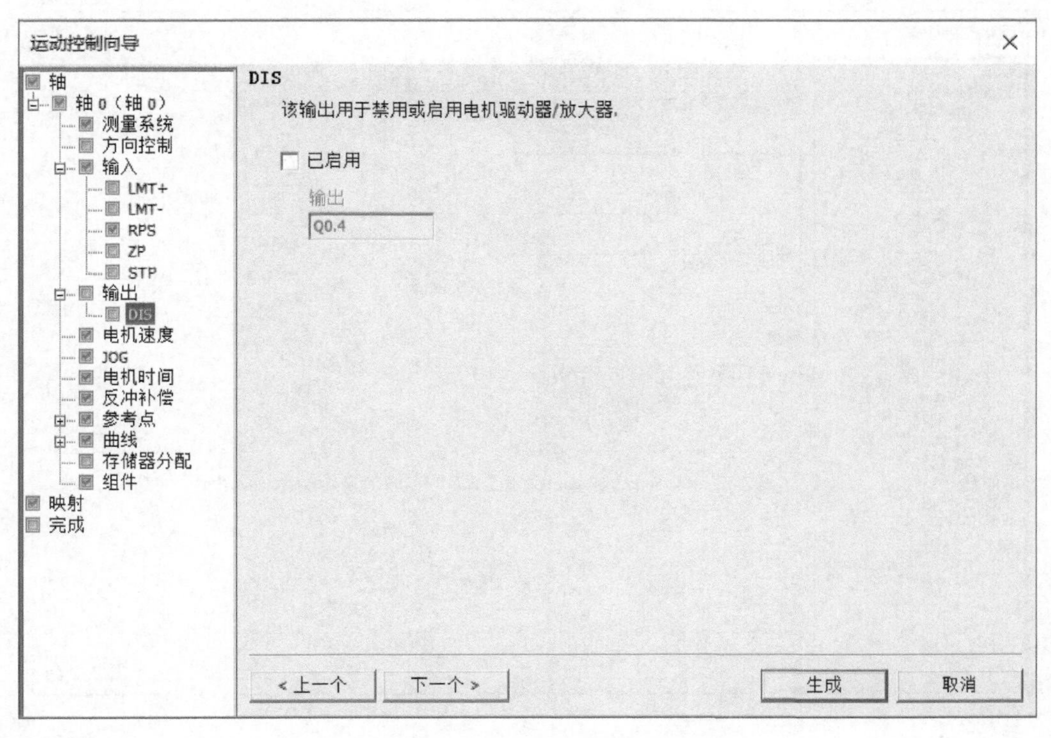

图 6-12　定义输出点

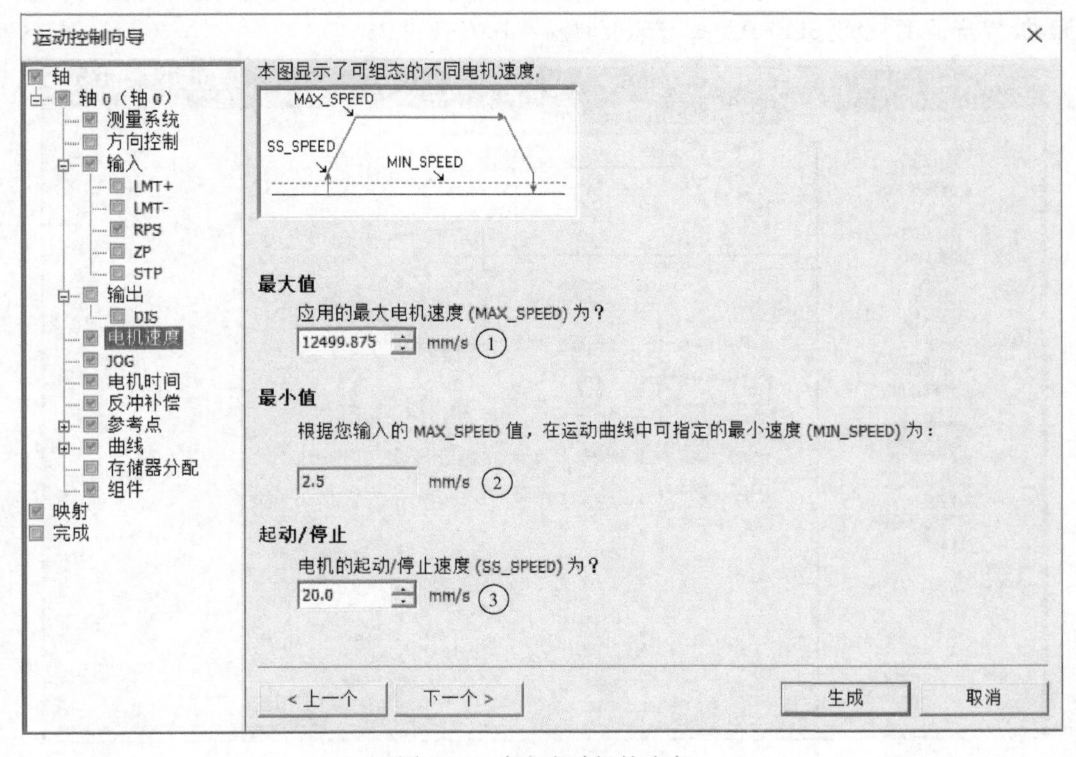

图 6-13　定义电动机的速度

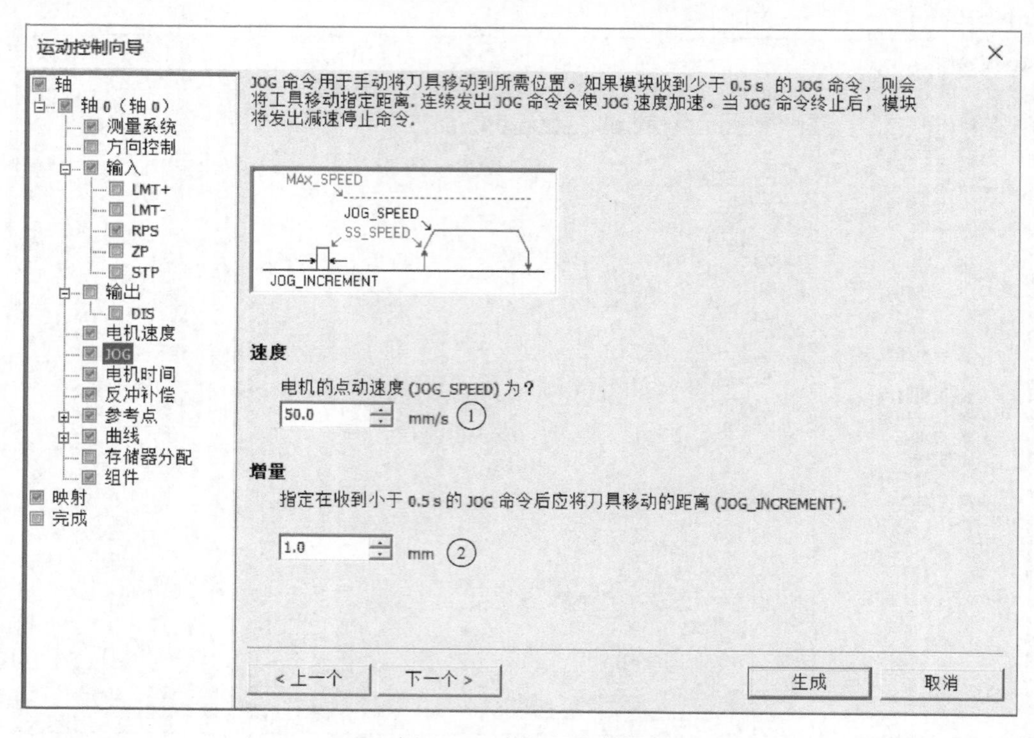

图 6-14　定义点动参数

速度“MAX_SPEED"的加速度时间“ACCEL_TIME”；②设置从最大速度“MAX_SPEED”到起动/停止速度“SS_SPEED”的减速度时间“DECEL_TIME ”。

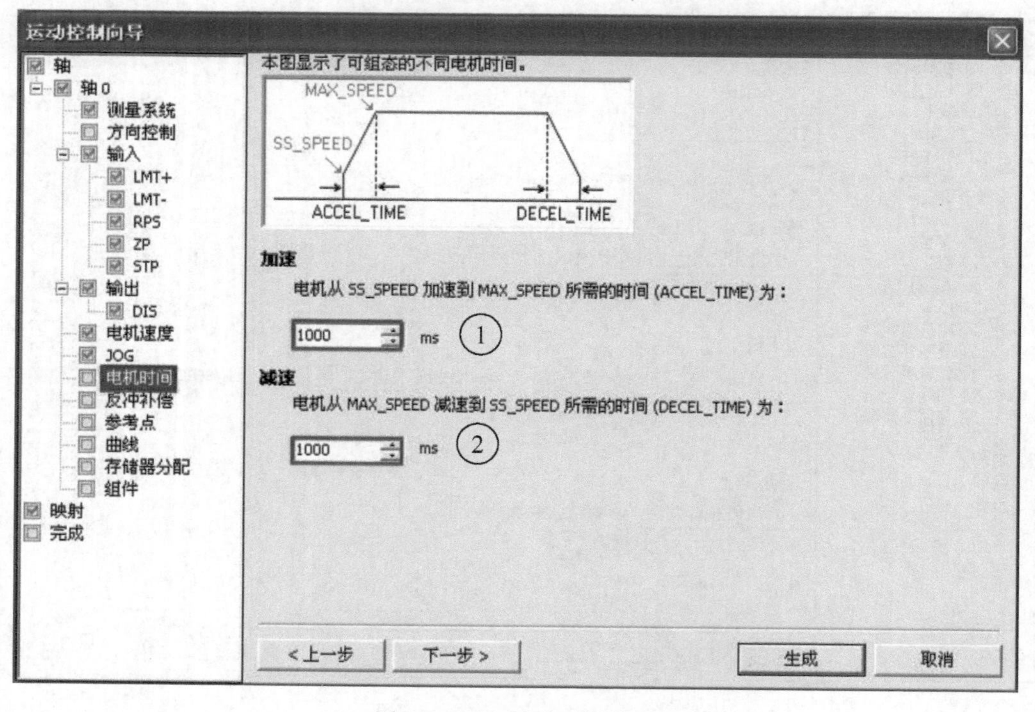

图 6-15　加/减速时间设置

11）定义反冲补偿，如图6-16所示。反冲补偿为当方向发生变化时，为消除系统中因机械磨损而产生的误差，电动机必须运动的距离。反冲补偿总是正值（默认为0）。

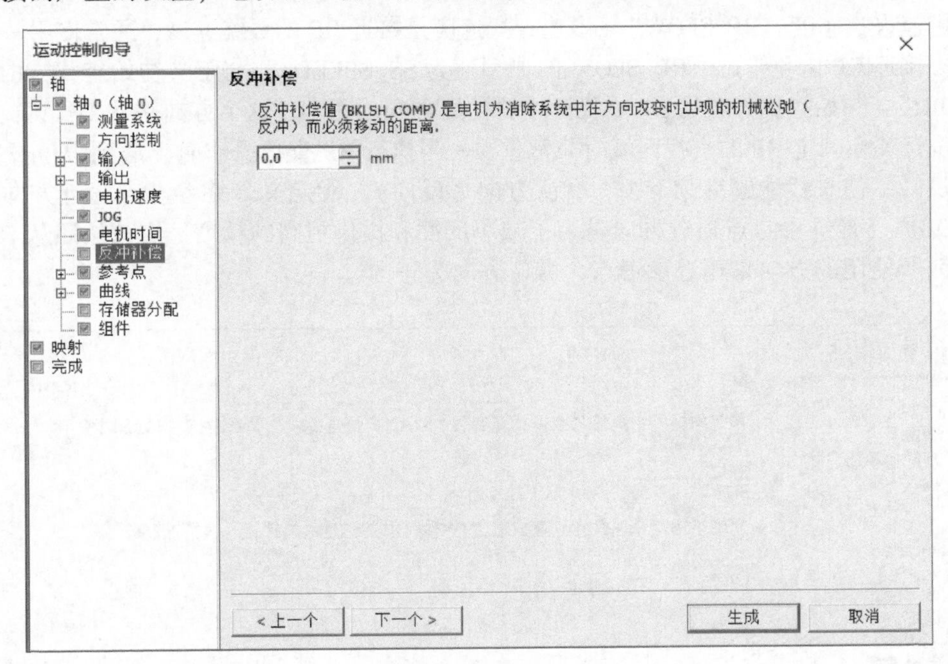

图6-16　定义反冲补偿

12）使能寻找参考点位置，如图6-17所示。若需要从一个绝对位置处开始运动或以绝对位置作为参考，必须建立一个参考点（RP）或零点位置，该点将位置测量固定到物理系统的一个已知点上。

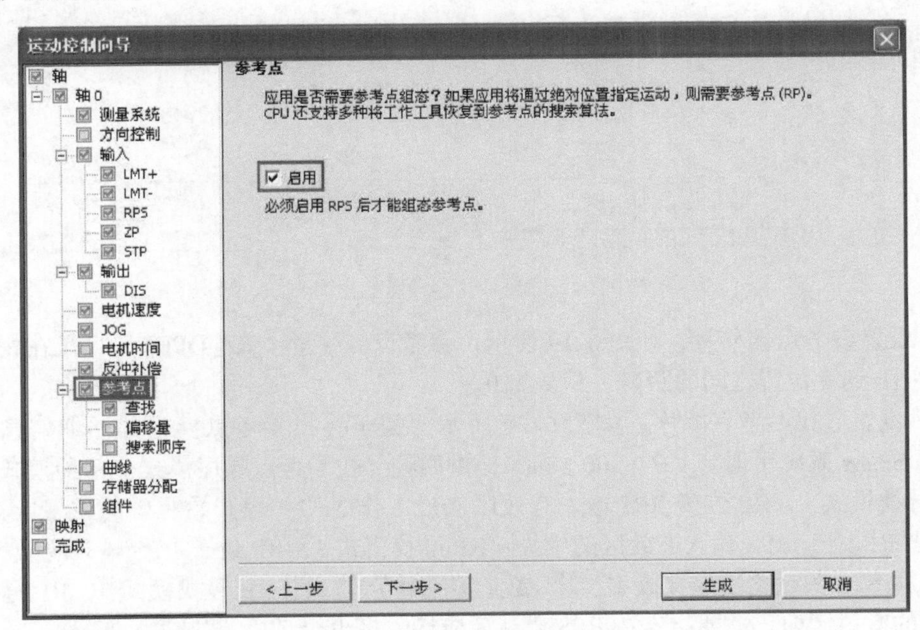

图6-17　使能寻找参考点位置

13）设置查找参考点位置参数，如图6-18所示：①定义快速查找速度“RP_FAST”（快速查找速度是模块执行RP查找命令的初始速度，通常RP_FAST是MAX_SPEED的2/3左右）；②定义慢速查找速度“RP_SLOW”（慢速查找速度是接近RP的最终速度，通常使用一个较慢的速度去接近RP以免错过，RP_SLOW的典型值为SS_SPEED）；③定义初始查找方向“RP_SEEK_DIR”（初始查找方向是RP查找操作的初始方向。通常，这个方向是从工作区到RP附近。限位开关在确定RP的查找区域时非常重要。当执行RP查找操作时，遇到限位开关会引起方向反转，使查找能够继续下去，默认方向为反向）；④定义最终参考点逼近方向“RP_APPR_DIR”（最终参考点逼近方向是为了减小反冲和提供更高的精度，应该按照从RP移动到工作区所使用的方向来逼近参考点，默认方向为正向）。

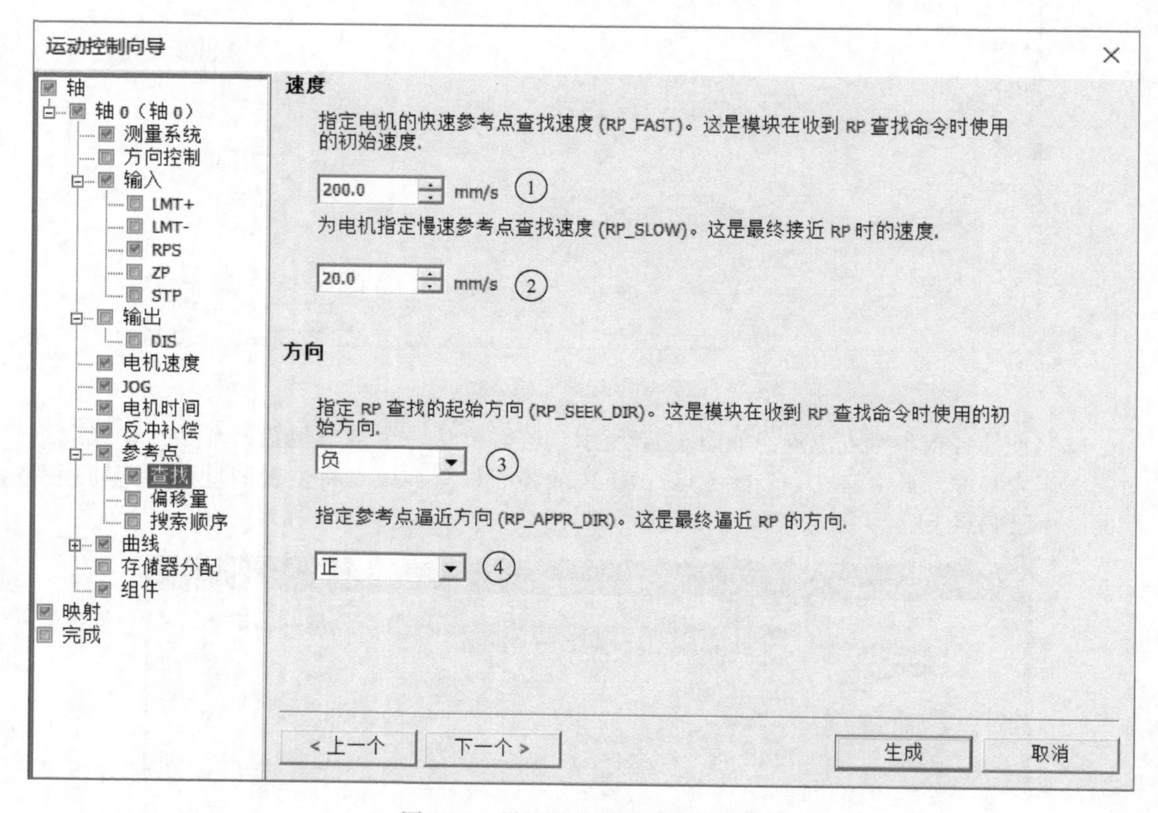

图6-18　设置寻找参考点位置参数

14）设置参考点偏移量，如图6-19所示。参考点偏移量“RP_OFFSET”是在物理的测量系统中RP到零位置之间的距离，默认为0。

15）设置寻找参考点顺序，如图6-20所示，关于寻找参考点模式的详细信息请参考《S7－200 Smart系统手册》。S7－200 Smart提供四种寻找参考点顺序模式，每种模式定义如下：RP寻找模式1，RP位于RPS输入有效区接近工作区的一边开始有效的位置上；RP寻找模式2，RP位于RPS输入有效区的中央；RP寻找模式3，RP位于RPS输入有效区之外，需要指定在RPS失效之后应接收多少个ZP（零脉冲）输入；RP寻找模式4，RP通常位于RPS输入的有效区内，需要指定在RPS激活后应接收多少个ZP（零脉冲）输入。

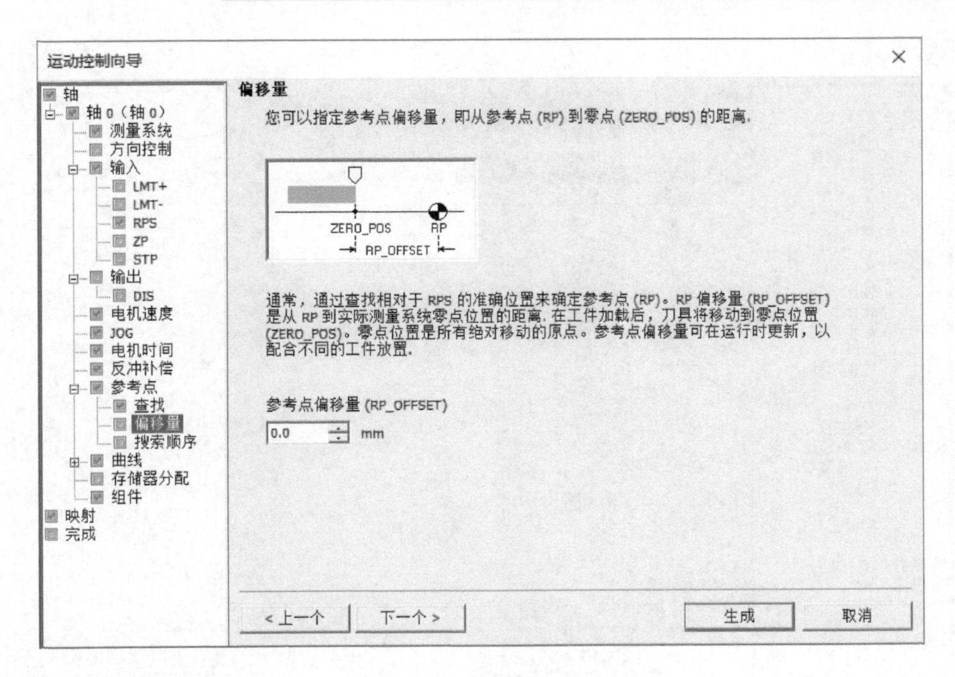

图 6-19　设置参考点偏移量

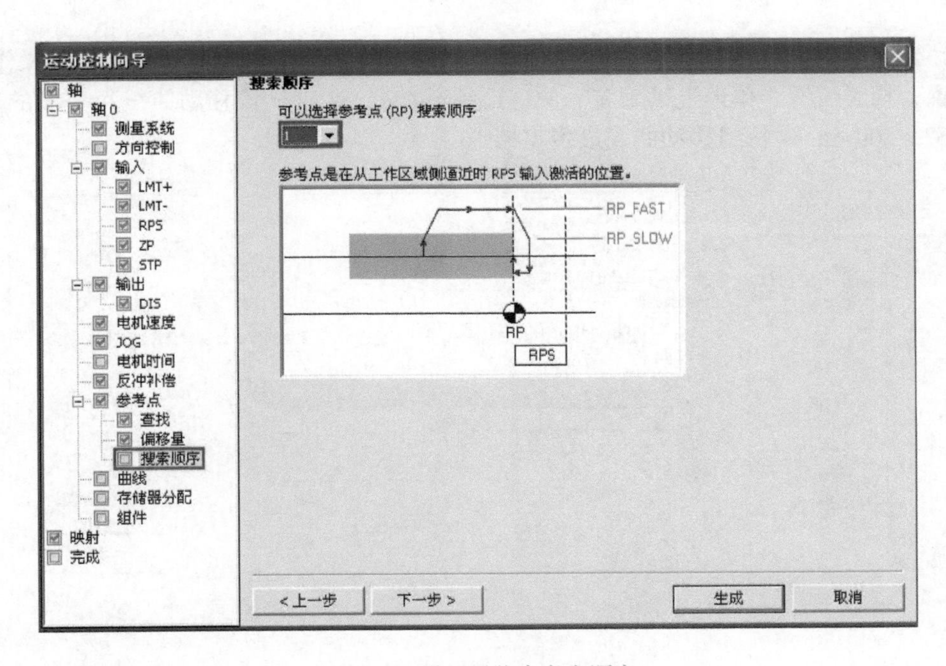

图 6-20　设置寻找参考点顺序

16）新建运动曲线并命名，如图 6-21 所示，通过单击“添加”（Add）按钮添加移动曲线并命名。注意：S7－200 Smart 支持最多 32 组移动曲线。运动控制向导提供移动曲线定义，这里可以为应用程序定义每一个移动曲线。运动控制向导中可以为每个移动曲线定义一个符号名，在定义曲线时输入一个符号名即可。

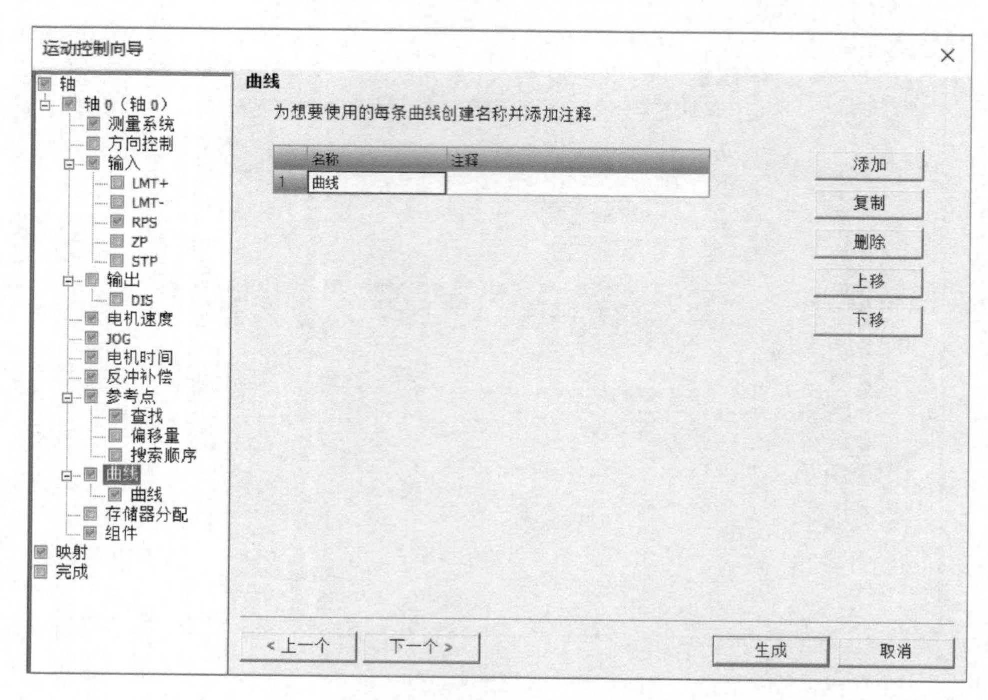

图 6-21　新建运动曲线并命名

17）定义运动曲线，如图 6-22 所示：①选择移动曲线的操作模式（支持四种操作模式：绝对位置、相对位置、单速连续旋转、两速连续转动）；②定义该移动曲线每一段的速度和位置（S7－200 Smart 每组移动曲线最多支持 16 步）。

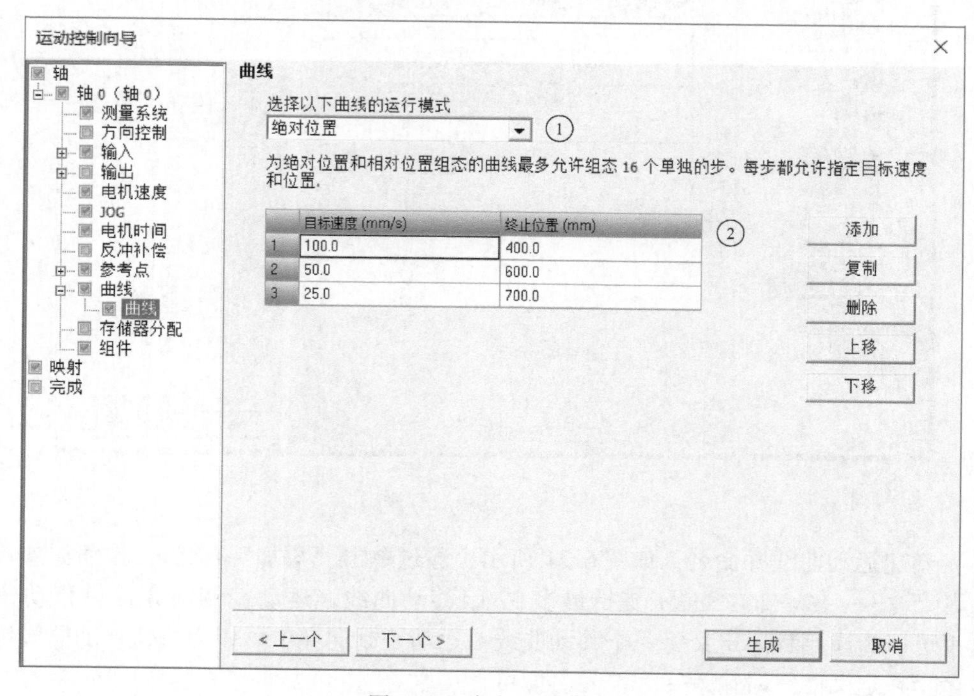

图 6-22　定义运动曲线

18）为配置分配存储区，可以通过单击“建议（Suggest）”按钮分配存储区，如图6-23所示。注意：程序中其他部分不能占用该向导分配的存储区。

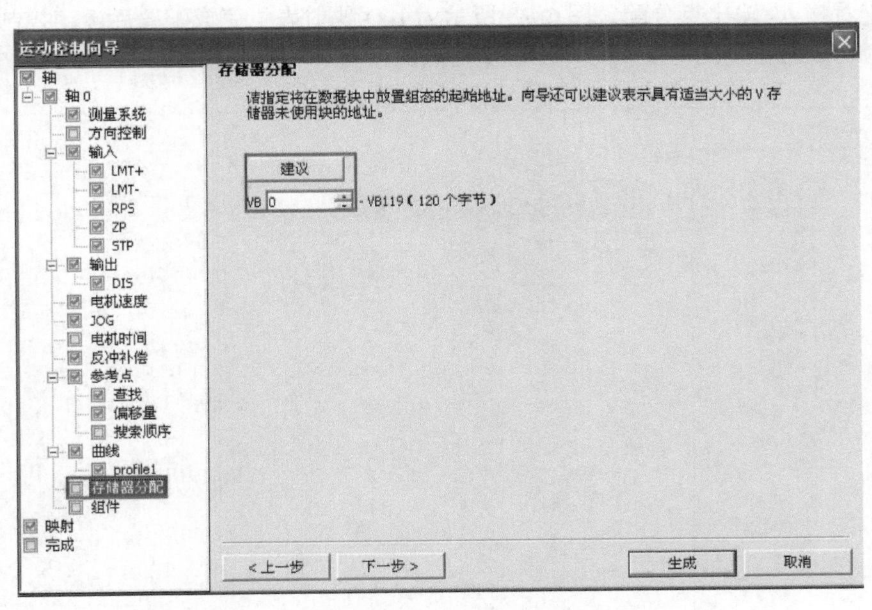

图6-23　配置分配存储区

19）完成组态，完成对运动控制向导的组态时，只需单击“生成”（Generate）按钮，运动控制向导会生成如图6-24所示的组件：①将组态和曲线表插入到S7-200 Smart CPU的数据块（AXISx_DATA）中；②为运动控制参数生成一个全局符号表（AXISx_SYM）；③在项目的程序块中增加运动控制指令子程序，可在应用中使用这些指令；要修改组态或曲线信息，可以再次运行运动控制向导。

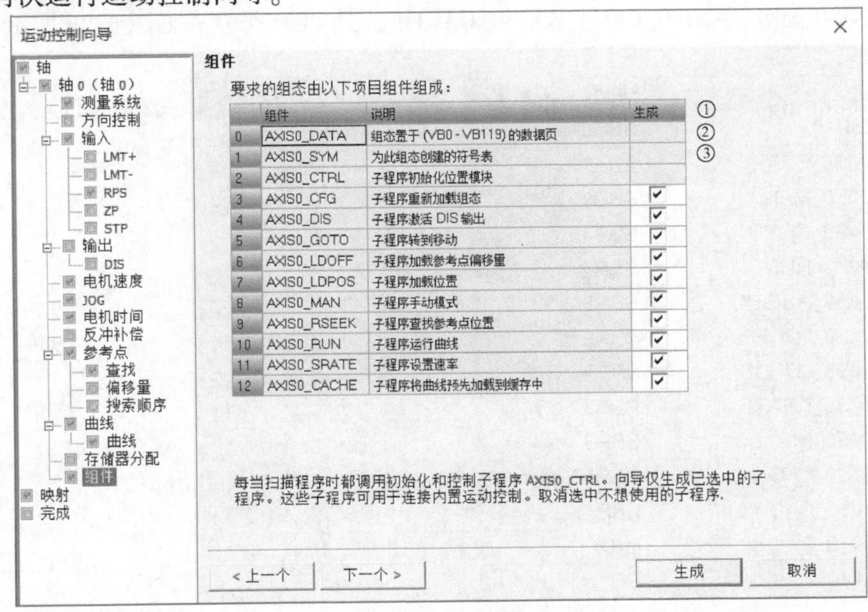

	组件	说明	生成
0	AXIS0_DATA	组态置于（VB0-VB119）的数据页	
1	AXIS0_SYM	为此组态创建的符号表	
2	AXIS0_CTRL	子程序初始化位置模块	
3	AXIS0_CFG	子程序重新加载组态	✓
4	AXIS0_DIS	子程序激活 DIS 输出	✓
5	AXIS0_GOTO	子程序转到移动	✓
6	AXIS0_LDOFF	子程序加载参考点偏移量	✓
7	AXIS0_LDPOS	子程序加载位置	✓
8	AXIS0_MAN	子程序手动模式	✓
9	AXIS0_RSEEK	子程序查找参考点位置	✓
10	AXIS0_RUN	子程序运行曲线	✓
11	AXIS0_SRATE	子程序设置速率	✓
12	AXIS0_CACHE	子程序将曲线预先加载到缓存中	✓

图6-24　向导生成的组件

注意：由于运动控制向导修改了程序块、数据块和系统块，要确保这三种块都下载到S7－200 Smart CPU 中。否则，CPU 可能会无法得到操作所需的所有程序组件。

20）查看输入/输出点分配，图 6-25 所示为 I/O 映射表，完成配置后运动控制向导会显示运动控制功能所占用的 CPU 本体输入/输出点的情况。

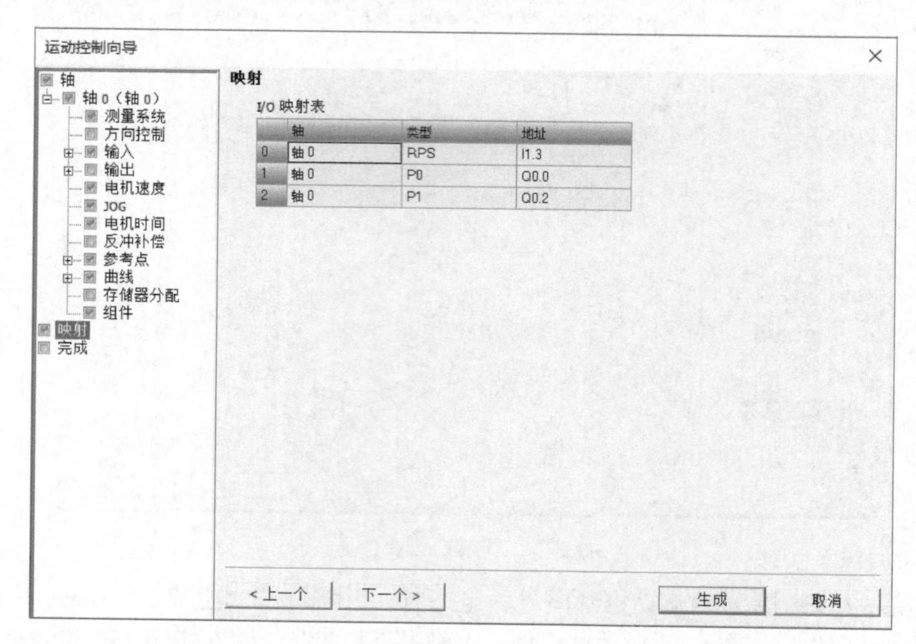

图 6-25　I/O 映射表

21）在图 6-25 中单击“生成”按钮，会生成 11 个子程序：AXIS0_CTRL、AXIS0_MAN、AXIS0_GOTO、AXIS0_RUN、AXIS0_RSEEK、AXIS0_LDOFF、AXIS0_LDPOS、AXIS0_SRATE、AXIS0_DIS、AXIS0_CFG、AXIS0_CACHE。其 POU 符号表如图 6-26 所示。

符号	地址	注释
SBR_0	SBR0	子程序注释
AXIS0_CTRL	SBR1	此 POU 由运动向导生成，旨在与位置 0 处...
AXIS0_MAN	SBR2	此 POU 由运动向导生成，旨在与位置 0 处...
AXIS0_GOTO	SBR3	此 POU 由运动向导生成，旨在与位置 0 处...
AXIS0_RUN	SBR4	此 POU 由运动向导生成，旨在与位置 0 处...
AXIS0_RSEEK	SBR5	此 POU 由运动向导生成，旨在与位置 0 处...
AXIS0_LDOFF	SBR6	此 POU 由运动向导生成，旨在与位置 0 处...
AXIS0_LDPOS	SBR7	此 POU 由运动向导生成，旨在与位置 0 处...
AXIS0_SRATE	SBR8	此 POU 由运动向导生成，旨在与位置 0 处...
AXIS0_DIS	SBR9	此 POU 由运动向导生成，旨在与位置 0 处...
AXIS0_CFG	SBR10	此 POU 由运动向导生成，旨在与位置 0 处...
AXIS0_CACHE	SBR11	此 POU 由运动向导生成，旨在与位置 0 处...
INT_0	INT0	中断例程注释
MAIN	OB1	程序注释

图 6-26　POU 符号表

6.4　项目实现

步进电动机控制界面如图 6-27 所示，实现了步进电动机的点动控制、长动控制、正反转控制，驱动使能按钮使电动机处于就绪状态，即使能状态；正反转长动运行时，由停止按钮使电动机停止运行；急停按钮用于紧急停车。画面设计视频请扫码观看。

视频 6-2
画面设计

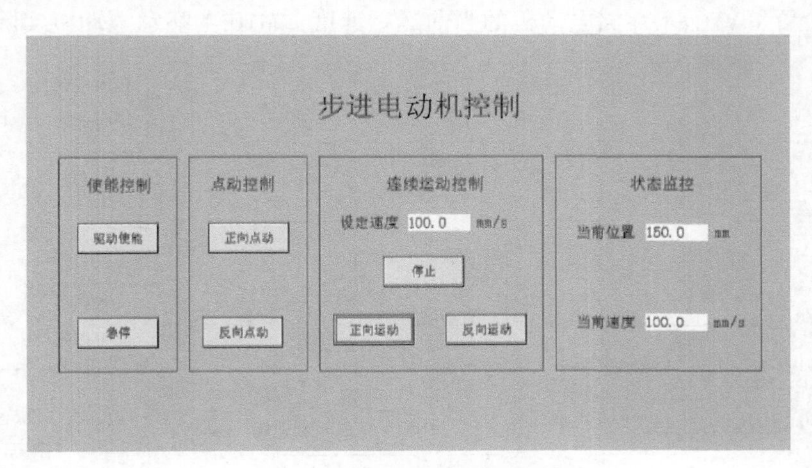

图 6-27　步进电动机控制界面

6.4.1　I/O 分配

根据步进电动机控制界面分析控制要求，并进行 I/O 分配，详细分配见表 6-23。

表 6-23　I/O 分配表

输　入			输　出		
序号	符号	地址	序号	符号	地址
1	急停	I1.0	1	轴使能	Q0.5
2	正向起动	I1.1			
3	反向起动	I1.2			
4	正向点动	I1.4			
5	反向点动	I1.5			
6	驱动使能	I1.6			
7	停止	I1.7			

6.4.2　参考程序

视频 6-3
程序编写

程序编写视频请扫码观看。

参考程序：图 6-28 所示为初始化程序，在第一个扫描周期定义 X 轴运行速度并存储于 VD224 存储器中；图 6-29 所示为驱动使能程序，M10.3 状态为 1，使X轴准备就绪，Q0.5状态为1；图6-30所示为正反转点动控制程序；图6-31所示为正反转长动控制程序；图6-32所示为正反向运动互锁控制程序；图6-33所示为急停控制程序；图6-34所示为起停控制程序；图6-35所示为X轴运动方向选择控制程序；图6-36所示为电动机上电控制程序，使电动机处于就绪状态，M1.3常闭触点断开，可使电动机紧急停车；图6-37所示为电动机长动和点动控制程序，M2.0控制电动机运行和停止，M2.1控制电动机运行方向，M2.2和M2.3分别控制电动机正反转点动运行，VD180存储电动机的当前运行位置，VD184存储电动机的当前运行速度；M10.1显示电动机实际运行方向。

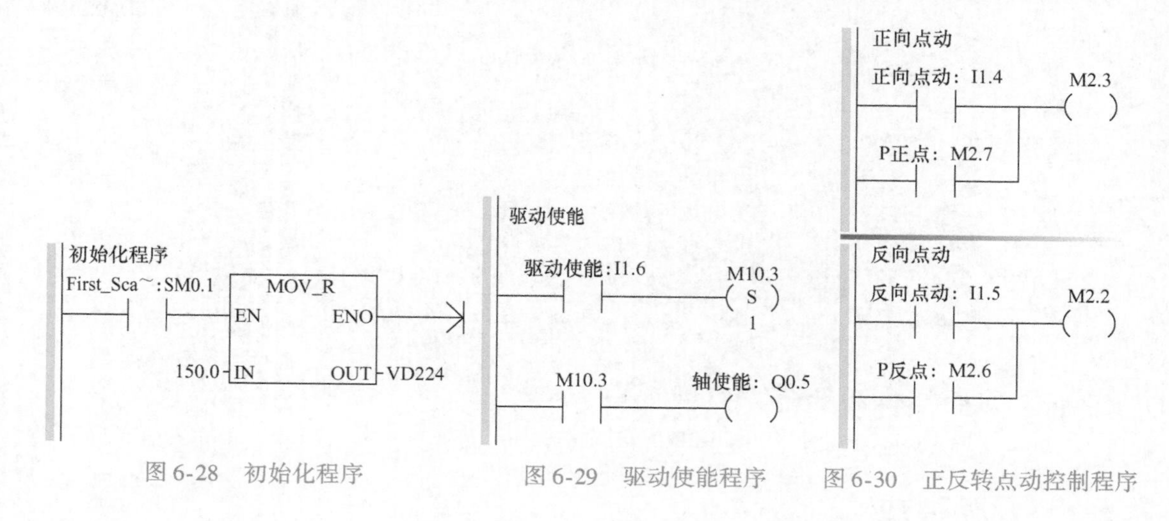

图6-28　初始化程序　　图6-29　驱动使能程序　　图6-30　正反转点动控制程序

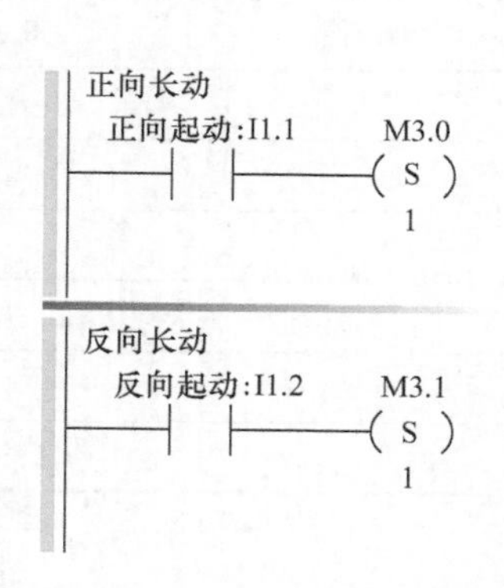

图6-31　正反转长动控制程序

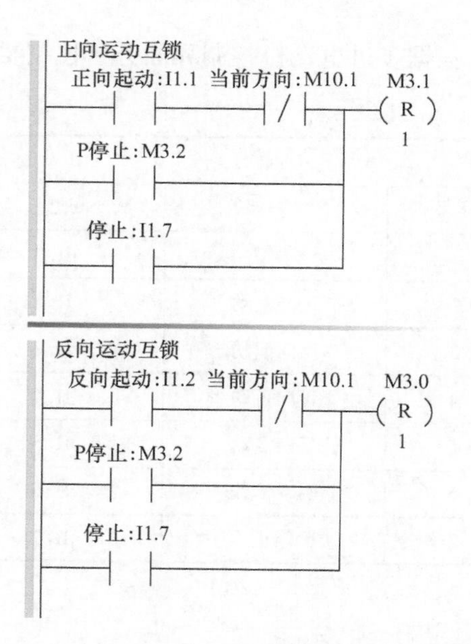

图6-32　正反向运动互锁控制程序

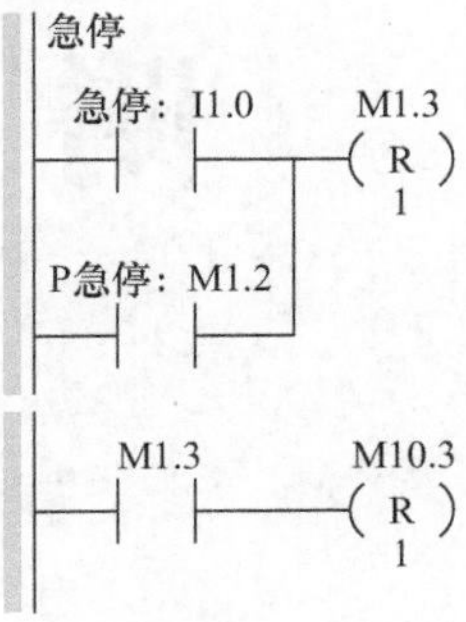

图 6-33　急停控制程序

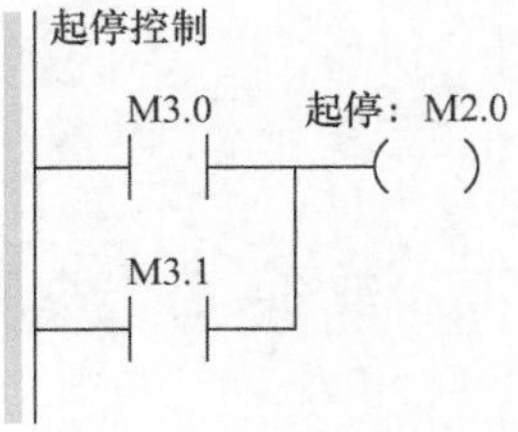

图 6-34　起停控制程序

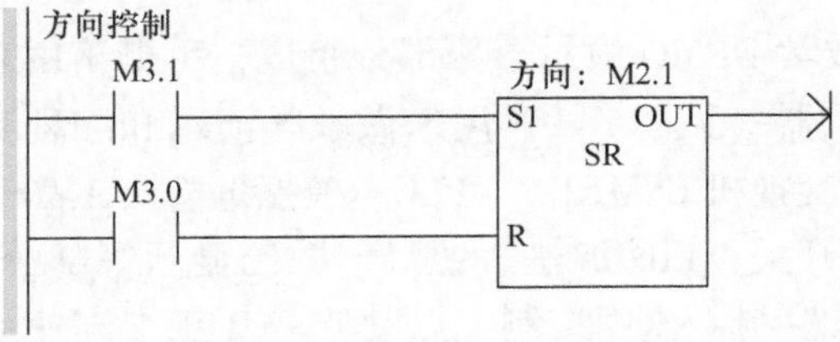

图 6-35　方向控制程序

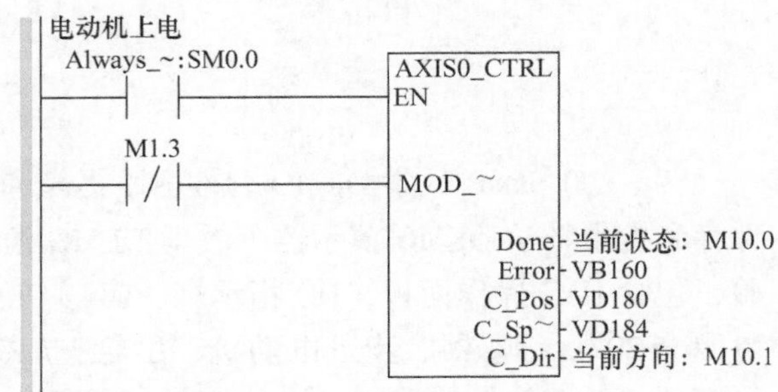

图 6-36　电动机上电控制程序

本参考程序可用按键和触摸屏同时实现步进电动机的控制。触摸屏连接变量如图 6-38 所示。步进电动机画面设计见图 6-27。画面设计完成，进行功能调试，其操作视频请扫码观看。

视频 6-4
程序调试

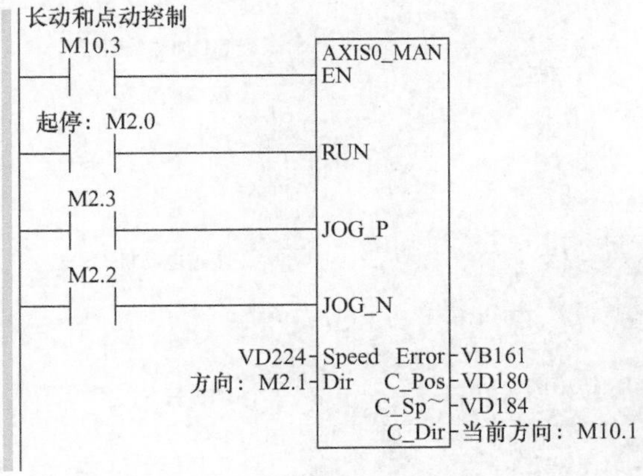

图 6-37　电动机长动和点动控制程序

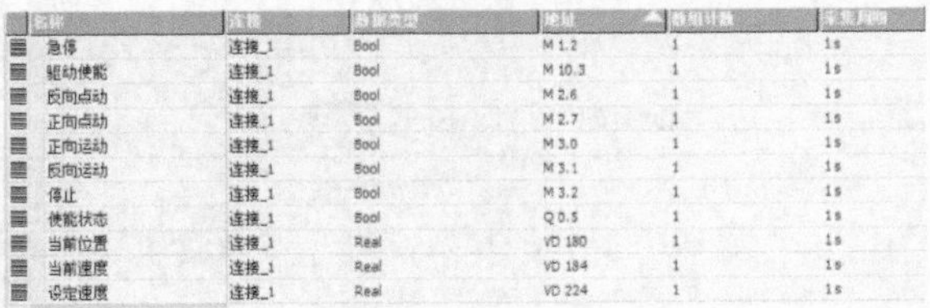

名称	连接	数据类型	地址	数组计数	采集周期
急停	连接_1	Bool	M 1.2	1	1s
驱动使能	连接_1	Bool	M 10.3	1	1s
反向点动	连接_1	Bool	M 2.6	1	1s
正向点动	连接_1	Bool	M 2.7	1	1s
正向运动	连接_1	Bool	M 3.0	1	1s
反向运动	连接_1	Bool	M 3.1	1	1s
停止	连接_1	Bool	M 3.2	1	1s
使能状态	连接_1	Bool	Q 0.5	1	1s
当前位置	连接_1	Real	VD 180	1	1s
当前速度	连接_1	Real	VD 184	1	1s
设定速度	连接_1	Real	VD 224	1	1s

图 6-38　触摸屏连接变量

思　考　题

如何修改步进电动机的运行速度？

附　录

附录 A　DEMO 实验箱操作手册

1. 简介

S7－200 Smart 教学 DEMO 套件由手提箱和教学 DEMO 演示器两部分组成，手提箱用来保存和携带教学 DEMO 演示器。教学 DEMO 演示器（见图 A-1）用来做教学演示和编程实验，包含 HMI 操作面板、DO 指示灯、DI 按钮、交换机 CSM1277、PLC、模拟量模块 AM06、电源 PS207、编码器、步进电动机、手轮、旋钮开关、PID 加热按钮灯、数码显示等部分，可实现包括 PID 加热控制、运动控制（包括位置控制、速度控制、点动）、AB 正交高速计数等功能。PID 加热开关在不做加热控制时，可将加热信号断开。

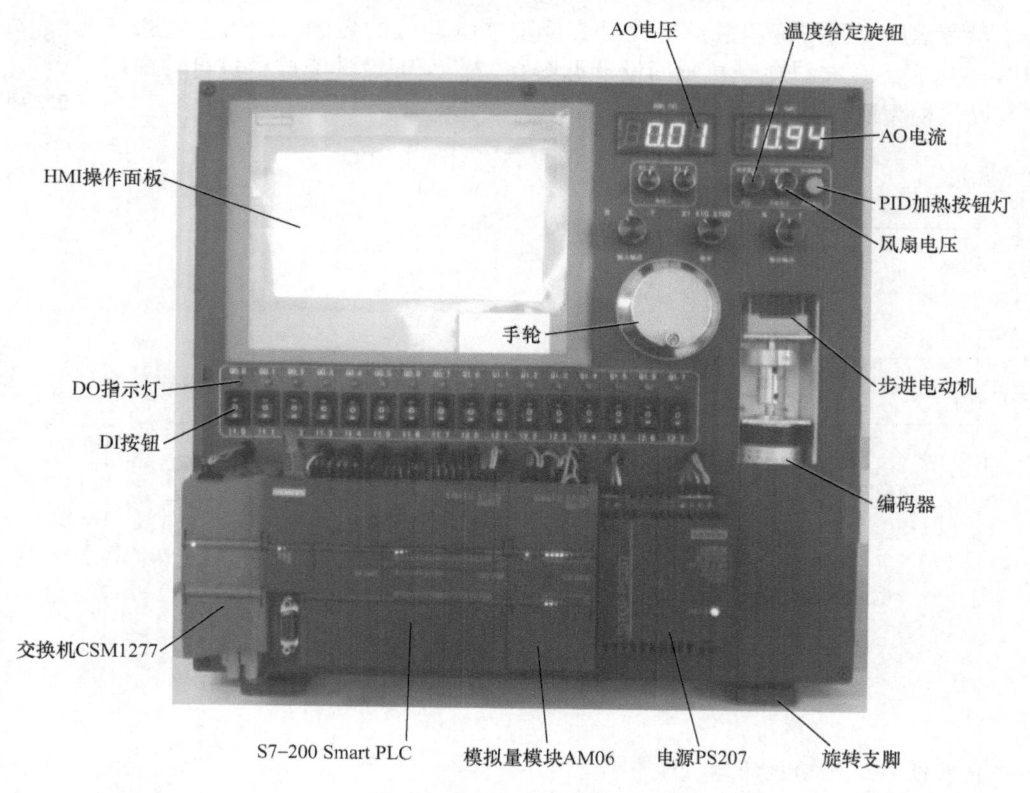

图 A-1　教学 DEMO 演示器

2. 主要硬件配置

HMI：西门子 Smart Line 700 IE V3 触摸屏。
CPU：S7 - 200 Smart ST40，包括 24DI 与 16DO。
模拟板：AM06，包括 4AI 与 2AO。
通信板：CM01。
交换机：CSM1277，4 口。
主电源：PS207，DC24V/2.5A。
编码器：200 脉冲/r，A、B、Z 电压输出，DC24V 供电。
电动机：步进电动机，步距角 1.8°（200 个脉冲/r）。
驱动器：两相，最大电流 3A，输入全隔离。
辅助电源：AC220V、DC12V/1A、DC - 12V/1A。
手轮：100 脉冲/r，15 ~ 30V 供电。
电压表：±20V，3 位半显示，5V 供电。
电流表：0 ~ 20mA，3 位半显示，5V 供电。
PID 组件：加热器（12V/0.48A），变送输出 0 ~ 10V。

3. I/O 定义表

I/O 地址	定义/描述	备　注
I0.0	编码器 A 相	
I0.1	编码器 B 相	
I0.2	手轮 A 相	
I0.3	手轮 B 相	
I0.4	手轮输入轴选 X	输入轴选 N 时，手轮对轴微动无效
I0.5	手轮输入轴选 Y	
I0.6	倍率 ×10	此两地址均为 0 时，倍率为 ×1
I0.7	倍率 ×100	
I1.0	3 位单复面板开关	X 轴参考点（RPS）
I1.1	3 位单复面板开关	Y 轴参考点（RPS）
I1.2	3 位单复面板开关	
I1.3	3 位单复面板开关	
I1.4	3 位单复面板开关	
I1.5	3 位单复面板开关	
I1.6	3 位单复面板开关	
I1.7	3 位单复面板开关	
I2.0	3 位单复面板开关	
I2.1	3 位单复面板开关	
I2.2	3 位单复面板开关	

（续）

I/O 地址	定义/描述	备　注
I2. 3	3 位单复面板开关	
I2. 4	3 位单复面板开关	
I2. 5	3 位单复面板开关	
I2. 6	3 位单复面板开关	
I2. 7	3 位单复面板开关	
Q0. 0	X 轴脉冲	
Q0. 1	Y 轴脉冲	
Q0. 2	X 轴步进方向	0 为正向，1 为反向
Q0. 3	PID 加热	
Q0. 4	无定义	
Q0. 5	X 轴使能	1 为使能
Q0. 6	Y 轴使能	1 为使能
Q0. 7	Y 轴步进方向	0 为正向，1 为反向
Q1. 0	LED 灯	面板指示灯
Q1. 1 ~ Q2. 7	LED 灯	面板指示灯
AIW16	PID 实际温度	PID 组件输出 0 ~ 10V
AIW18	PID 给定温度	电位器中心头 0 ~ 10V
AIW20	AI 0	面板电位器 +/ - 10V
AIW22	AI 1	面板电位器 +/ - 10V
AQW16	AQ0 电压输出	+/ - 10V（表头）
AQW18	AQ1 电流输出	0 ~ 20mA（表头）

4. 其他注意事项

教学 DEMO 演示器的电源插座和电源开关在 DEMO 的右侧背面，装箱时请注意将电源线放在模块的下面，以防擦伤触摸屏。

电源开关的右边有熔丝管座，里面有 2 枚 2A 熔丝管，一用一备。当发生供电故障时，请检查熔丝管是否完好或更换备用件。

步进电动机使能后会有一定的热量产生，它可在 85℃ 以下正常工作。运动控制演示结束后请退出运动控制画面，或将输出轴选开关选择 N，使步进电动机处于非使能状态或断电状态。

模拟量输入电位器“AI0”和“AI1”在旋到最左或最右端时，由于分压电阻的误差可能超过模拟量模块的输入范围，引起模块红灯闪烁报警，但不会损坏模块。PID 加热调试失控，也会引起相同的现象，请及时断开加热开关。

5. 模块接线图

DEMO 实验箱内部模块接线图如图 A-2 所示。

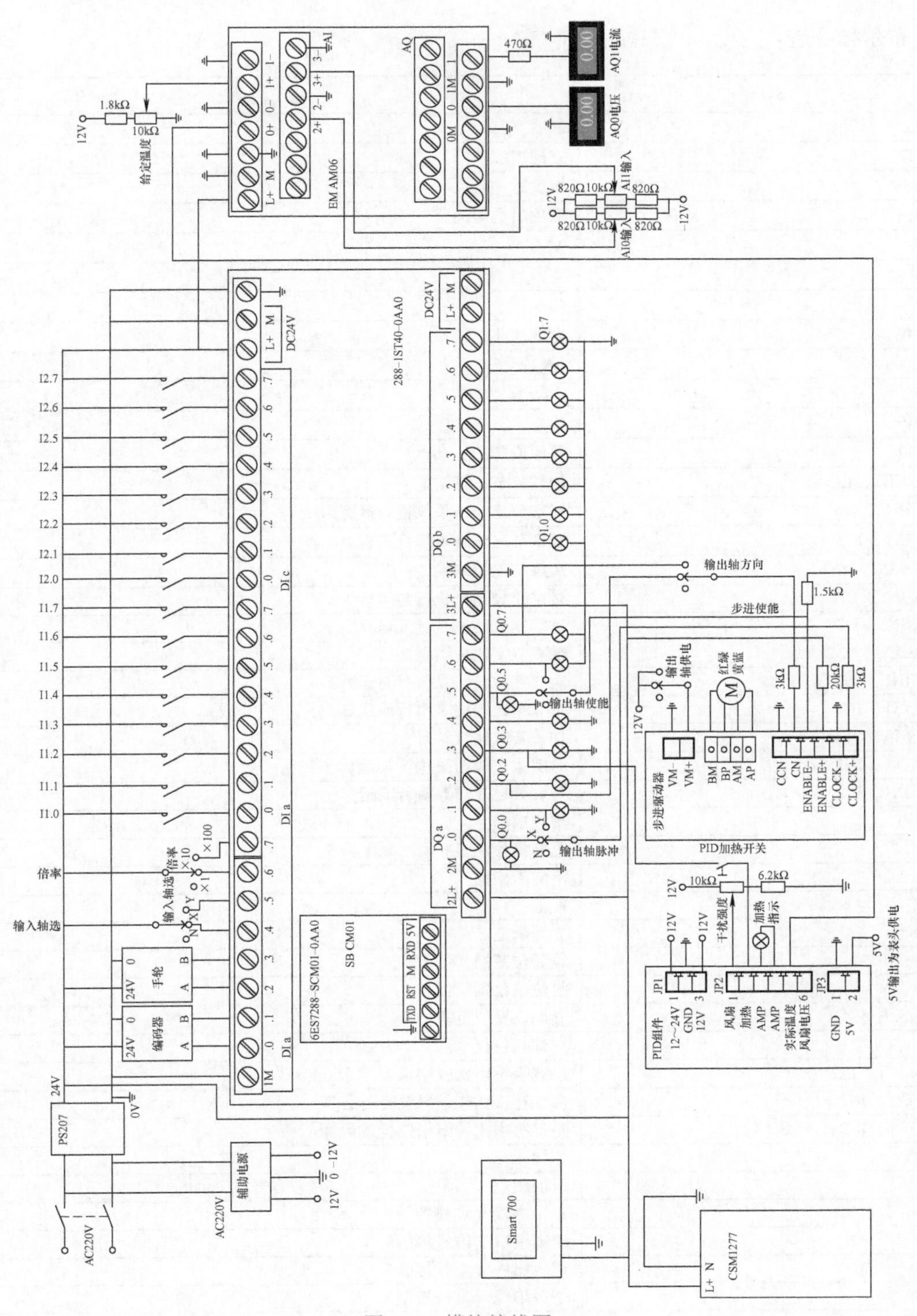

图 A-2　模块接线图

附录B 常用指令表

布尔指令表：

STL	说明
LD 位	加载
LDI 位	立即加载
LDN 位	取反后加载
LDNI 位	取反后立即加载
A 位	AND 与
AI 位	立即与
AN 位	与非
ANI 位	立即与非
O 位	OR 或
OI 位	立即或
ON 位	或非
ONI 位	立即或非
LDBx IN1，IN2	加载字节比较结果
ABx IN1，IN2	对字节比较结果执行与运算
OBx IN1，IN2	对字节比较结果执行或运算
LDWx IN1，IN2	加载字比较结果
AWx IN1，IN2	对字比较结果执行与运算
OWx IN1，IN2	对字比较结果执行或运算
LDDx IN1，IN2	装载双字比较结果
ADx IN1，IN2	对双字比较结果执行与运算
ODx IN1，IN2	对双字比较结果执行或运算
LDRx IN1，IN2	加载实数比较结果
ARx IN1，IN2	对实数比较结果执行与运算
ORx IN1，IN2	对实数比较结果执行或运算
NOT	堆栈求非
EU	上升沿检测
ED	下降沿检测
= 位	赋值
= I bit	立即赋值
S bit，N	设置位范围
R bit，N	复位位范围
SI bit，N	立即设置位范围
RI bit，N	立即复位位范围
LDSx IN1，IN2	加载字符串比较结果
ASx IN1，IN2	对字符串比较结果执行与运算
OSx IN1，IN2	对字符串比较结果执行或运算
ALD	与加载
OLD	或加载
LPS	逻辑进栈（堆栈控制）
LRD	逻辑读取（堆栈控制）
LPP	逻辑出栈（堆栈控制）
LDSN	加载堆栈（堆栈控制）
AENO	AND（与）ENO

算术运算、递增和递减指令：

STL	说　明
+I IN1，OUT +D IN1，OUT +R IN1，OUT	整数、双整数或实数加法 IN1 + OUT = OUT
-I IN1，OUT -D IN1，OUT -R IN1，OUT	整数、双整数或实数减法 OUT - IN1 = OUT
MUL IN1，OUT	整数乘法（16 * 16 - > 32）
* I IN1，OUT * D IN1，OUT * R IN1，IN2	整数、双整数或实数乘法 IN1 * OUT = OUT
DIV IN1，OUT	整数除法（16/16 - > 32）
/I IN1，OUT /D IN1，OUT /R IN1，OUT	整数、双整数或实数除法 OUT / IN1 = OUT
SQRT IN，OUT	二次方根
LN IN，OUT	自然对数
EXP IN，OUT	自然指数
SIN IN，OUT	正弦
COS IN，OUT	余弦
TAN IN，OUT	正切
INCB OUT INCW OUT INCD OUT	字节、字或双字递增
DECB OUT DECW OUT DECD OUT	字节、字或双字递减
PID TBL，LOOP	PID 回路

定时器和计数器指令：

STL	说　明
TON Txxx，PT	接通延时定时器
TOF Txxx，PT	断开延时定时器
TONR Txxx，PT	保持型接通延时定时器
BITIM OUT	启动间隔定时器
CITIM IN，OUT	计算间隔定时器
CTU Cxxx，PV	向上计数
CTD Cxxx，PV	向下计数
CTUD Cxxx，PV	向上/向下计数

实时时钟指令：

STL	说　明
TODR T	读取日时钟
TODW T	写入日时钟
TODRX T	读取扩展实时时钟
TODWX T	设置扩展实时时钟

程序控制指令：

STL	说　明
END	程序有条件结束
STOP	转入 STOP（停止）模式
WDR	看门狗复位（500ms）
JMP N	跳转至定义的标签
LBL N	定义标签
CALL N [N1，...]	调用子例程 [N1，...，最多 16 个可选参数]
CRET	从 SBR 有条件返回
FOR INDX，INIT，FINAL NEXT	For/Next 循环
LSCR N SCRT N CSCRE SCRE	顺序控制继电器段的装载、转换、有条件结束和结束
GERR ECODE	获取错误代码

传送、移位和循环指令：

STL	说　明
MOVB IN，OUT MOVW IN，OUT MOVD IN，OUT MOVR IN，OUT	传送字节、字、双字和实数
BIR IN，OUT	传送字节立即读取
BIW IN，OUT	传送字节立即写入
BMB IN，OUT，N BMW IN，OUT，N BMD IN，OUT，N	字节、字和双字块传送
SWAP IN	字节交换
SHRB DATA，S_BIT，N	移位寄存器位

（续）

STL	说　明
SRB OUT，N SRW OUT，N SRD OUT，N	右移字节、字和双字
SLB OUT，N SLW OUT，N SLD OUT，N	左移字节、字和双字
RRB OUT，N RRW OUT，N RRD OUT，N	循环右移字节、字和双字
RLB OUT，N RLW OUT，N RLD OUT，N	循环左移字节、字和双字

逻辑指令：

STL	说　明
ANDB IN1，OUT ANDW IN1，OUT ANDD IN1，OUT	对字节、字和双字执行逻辑与运算
ORB IN1，OUT ORW IN1，OUT ORD IN1，OUT	对字节、字和双字执行逻辑或运算
XORB IN1，OUT XORW IN1，OUT XORD IN1，OUT	对字节、字和双字执行逻辑异或运算
INVB OUT INVW OUT INVD OUT	对字节、字和双字取反 （1 的补码）

字符串指令：

STL	说　明
SLEN IN，OUT	字符串长度
SCAT N，OUT	连接字符串
SCPY IN，OUT	复制字符串
SSCPY IN，INDX，N，OUT	从字符串复制子字符串
CFND IN1，IN2，OUT	在字符串中查找第一个字符
SFND IN1，IN2，OUT	在字符串中查找字符串

表格、查找和转换指令：

STL	说　明
ATT DATA，TBL	将数据添加到表格
LIFO TBL，DATA FIFO TBL，DATA	从表格中获取数据
FND = TBL，PTN，INDX FND < > TBL，PTN，INDX FND < TBL，PTN，INDX FND > TBL，PTN，INDX	在表格中查找与比较相符的数据值
FILL IN，OUT，N	用格式填充存储器空间
BCDI OUT	将 BCD 转换为整数
IBCD OUT	将整数转换为 BCD
BTI IN，OUT	将字节转换为整数
ITB IN，OUT	将整数转换为字节
ITD IN，OUT	将整数转换为双整数
DTI IN，OUT	将双整数转换为整数
DTR IN，OUT	将双字转换为实数
TRUNC IN，OUT	将实数转换为双整数
ROUND IN，OUT	将实数转换为双整数
ATH IN，OUT，LEN	将 ASCII 转换为十六进制
HTA IN，OUT，LEN	将十六进制转换为 ASCII
ITA IN，OUT，FMT	将整数转换为 ASCII
DTA IN，OUT，FM	将双整数转换为 ASCII
RTA IN，OUT，FM	将实数转换为 ASCII
DECO IN，OUT	解码
ENCO IN，OUT	编码
SEG IN，OUT	生成 7 段码显示格式
ITS IN，FMT，OUT	将整数转换为字符串
DTS IN，FMT，OUT	将双整数转换为字符串
RTS IN，FMT，OUT	将实数转换为字符串
STI STR，INDX，OUT	将子字符串转换为整数
STD STR，INDX，OUT	将子字符串转换为双整数
STR STR，INDX，OUT	将子字符串转换为实数

中断指令：

STL	说　明
CRETI	从中断有条件返回
ENI	启用中断
DISI	禁用中断
ATCH INT，EVNT	连接中断程序到事件
DTCH EVNT	分离事件
CEVENT EVNT	清除所有类型为 EVNT 的中断事件

通信指令：

STL	LAD/FBD
XMT TBL，PORT	自由端口发送
RCV TBL，PORT	自由端口接收
GIP ADDR，MASK，GATE	获取 CPU 地址、子网掩码及网关
SIP ADDR，MASK，GATE	设置 CPU 地址、子网掩码及网关
GPA ADDR，PORT	获得端口地址
SPA ADDR，PORT	设置端口地址

高速指令：

STL	说　明
HDEF HSC，MODE	定义高速计数器模式
HSC N	激活高速计数器
PLS N	脉冲输出

附录 C　常用特殊专用继电器位表

SM 地址	系统符号名称	说　明
SM0.0	Always_On	始终接通
SM0.1	First_Scan_On	仅在首次扫描周期接通
SM0.2	Retentive_Lost	如果保持数据丢失，接通一个扫描周期
SM0.3	RUN_Power_Up	从上电进入 RUN 模式时，接通一个扫描周期
SM0.4	Clock_60s	针对 1min 的周期时间，时钟脉冲接通 30s，断开 30s
SM0.5	Clock_1s	针对 1s 的周期时间，时钟脉冲接通 0.5s，断开 0.5s
SM0.6	Clock_Scan	扫描周期时钟，一个扫描周期接通，下一个扫描周期关断
SM0.7	RTC_Lost	如果实时时钟设备的时间被重置或在上电时丢失（导致系统时间丢失），则该位将接通一个扫描周期。该位可用作错误存储器位或用来调用特殊启动顺序
SM1.0	Result_0	特定指令的操作结果 =0 时，置位为 1
SM1.1	Overflow_Illegal	特定指令执行结果溢出或数值非法时，置位为 1
SM1.2	Neg_Result	当数学运算产生负数结果时，置位为 1
SM1.3	Divide_By_0	尝试除以零时，置位为 1
SM1.4	Table_Overflow	当填表指令尝试过度填充表格时，置位为 1
SM1.5	Table_Empty	当 LIFO 或 FIFO 指令尝试从空表读取时，置位为 1
SM1.6	Not_BCD	尝试将非 BCD 数值转换为二进制数值时，置位为 1
SM1.7	Not_Hex	当 ASCII 数值无法被转换为有效十六进制数值时，置位为 1

附录D 存储器地址范围表

按以下单位访问	存储器类型	CPU CR40	CPU SR20	CPU SR40/ST40	CPU SR60/ST60
位（字节.位）	V	0.0～8191.7	0.0～8191.7	0.0～16383.7	0.0～20479.7
	I	0.0～31.7	0.0～31.7	0.0～31.7	0.0～31.7
	Q	0.0～31.7	0.0～31.7	0.0～31.7	0.0～31.7
	M	0.0～31.7	0.0～31.7	0.0～31.7	0.0～31.7
	SM	0.0～1535.7	0.0～1535.7	0.0～1535.7	0.0～1535.7
	S	0.0～31.7	0.0～31.7	0.0～31.7	0.0～31.7
	T	0～255	0～255	0～255	0～255
	C	0～255	0～255	0～255	0～255
	L	0.0～63.7	0.0～63.7	0.0～63.7	0.0～63.7
字节	VB	0～8191	0～8191	0～16383	0～20479
	IB	0～31	0～31	0～31	0～31
	QB	0～31	0～31	0～31	0～31
	MB	0～31	0～31	0～31	0～31
	SMB	0～1535	0～1535	0～1535	0～1535
	SB	0～31	0～31	0～31	0～31
	LB	0～63	0～63	0～63	0～63
	AC	0～3	0～3	0～3	0～3
字	VW	0～8190	0～8190	0～16382	0～20478
	IW	0～30	0～30	0～30	0～30
	QW	0～30	0～30	0～30	0～30
	MW	0～30	0～30	0～30	0～30
	SMW	0～1534	0～1534	0～1534	0～1534
	SW	0～30	0～30	0～30	0～30
	T	0～255	0～255	0～255	0～255
	C	0～255	0～255	0～255	0～255
	LW	0～62	0～62	0～62	0～62
	AC	0～3	0～3	0～3	0～3
	AIW	不适用	0～110	0～110	0～110
	AQW	不适用	0～110	0～110	0～110
双字	VD	0～8188	0～8188	0～16380	0～20476
	ID	0～28	0～28	0～28	0～28
	QD	0～28	0～28	0～28	0～28
	MD	0～28	0～28	0～28	0～28
	SMD	0～1532	0～1532	0～1532	0～1532
	SD	0～28	0～28	0～28	0～28
	LD	0～60	0～60	0～60	0～60
	AC	0～3	0～3	0～3	0～3
	HC	0～3	0～3	0～3	0～3

有效常数范围如下：

类型	不带符号的整数范围		带符号的整数范围	
数据大小	十进制	十六进制	十进制	十六进制
B（字节）	0~255	16#0~16#FF	-128~127	16#80~16#7F
W（字）	0~65535	16#0~16#FFFF	-32768~32767	16#8000~16#7FFF
D（双字）	0~4294967295	16#0~16#FFFF FFFF	-2147483648~2147483647	16#8000 0000~16#7FFF FFFF

数据大小	十进制实数（正数范围）	十进制实数（负数范围）
D（双字）	1.175495E-38~3.402823E+38	-1.175495E-38~-3.402823E+38

参考文献

[1] 廖常初．PLC编程及应用［M］．5版．北京：机械工业出版社，2019.

[2] 廖常初．西门子人机界面（触摸屏）组态与应用技术［M］．3版．北京：机械工业出版社，2018.

[3] 王建，时永贵，李利军．PLC实用技术（西门子）［M］．北京：机械工业出版社，2012.

[4] 宋伯生．PLC编程实用指南［M］．3版．北京：机械工业出版社，2017.

[5] 严盈富．PLC实战指南［M］．北京：电子工业出版社，2014.

[6] 韩战涛．西门子S7-200 PLC编程与工程实例详解［M］．北京：电子工业出版社，2013.